高等职业技术院校电类专业教材

PLC应用技术

（三菱 第二版）2023修订

PLC YINGYONG JISHU

主 编 瞿彩萍

中国劳动社会保障出版社

简介

本书主要内容包括：PLC 基础知识、FX 系列 PLC 的操作、PLC 应用基础、顺序功能图、数据处理类应用指令、程序控制类应用指令、特殊功能模块等。

本书由瞿彩萍主编，陈粟宋、佘艳、林尔付、李玲和陈雄成参加编写。

图书在版编目(CIP)数据

PLC 应用技术：三菱/瞿彩萍主编. —2 版. —北京：中国劳动社会保障出版社，2013（2023.7 重印）

高等职业技术院校电类专业教材

ISBN 978-7-5167-0730-2

Ⅰ.①P… Ⅱ.①瞿… Ⅲ.①plc 技术-高等职业教育-教材 Ⅳ.①TM571.6

中国版本图书馆 CIP 数据核字（2013）第 266000 号

中国劳动社会保障出版社出版发行

（北京市惠新东街 1 号 邮政编码：100029）

*

北京昌联印刷有限公司印刷装订 新华书店经销

787 毫米×1092 毫米 16 开本 15.75 印张 358 千字

2014 年 1 月第 2 版 2024 年 8 月第 16 次印刷

定价：31.00 元

营销中心电话：400-606-6496

出版社网址：http://www.class.com.cn

http://jg.class.com.cn

前　言

为了更好地适应全国高等职业技术院校电类专业教学要求，全面提升教学质量，人力资源和社会保障部教材办公室组织有关学校的一线教师和行业、企业专家，充分调研企业生产和学校教学情况，广泛听取各职业技术院校对教材使用情况的反馈意见，对2006年至2007年出版的全国高等职业技术院校电类专业基础平台教材和电气自动化技术专业模块教材进行了修订，并做了适当的补充开发。

本次教材修订（新编）工作的重点主要体现在以下四个方面：

第一，科学合理安排内容，融入先进教学理念。

根据电类专业毕业生所从事职业的实际需要和教学实际情况的变化，合理确定学生应具备的能力与知识结构，适当调整部分教材的内容及其深度、难度，如《数控机床电气检修（第二版）》中增加了教学中广泛使用的广数GSK980T系统的相关知识；根据相关工种及专业领域的最新发展，在教材中充实"四新"内容，如《变频技术及应用（三菱　第二版）》中改用目前广泛应用的较新型的FR-E740型通用变频器。同时，结合教学改革要求，在教材中融入较为成熟的课改理念和教学方法，以完成具体典型工作任务为主线组织教材内容，将理论知识的讲解与具体的任务载体有机结合，激发学生学习兴趣，提高学生实践能力。

第二，进一步完善教材体系，充分满足教学需求。

在进一步完善现有教材教学内容的基础上，适应专业发展趋势，新开发了《电力电子技术》《过程控制技术》《工业组态软件应用技术》《自动化综合实训》教材，以充分满足当前电气自动化技术专业教学的实际需求。同时，相关教材还可满足"生产过程自动化技术""工业网络技术""计算机控制技术"等其他电类专业方向的教学需要。

第三，涵盖国家职业技能标准，与职业技能鉴定要求相衔接。

教材编写坚持以国家职业技能标准为依据，涵盖《电工》等国家职业技能标准中（中、高级）的知识和技能要求，并在与教材配套的习题册中增加针对相关职业技能鉴定考试的练习题。同时，严格贯彻国家有关技术标准的要求。

第四，进一步开发辅助产品，提供优质教学服务。

根据大多数学校的教学实际需求，部分教材还配套开发了习题册，以便于学生巩固练习使用。本套教材均提供多媒体教学课件，可通过技工教育网（http://jg. class. com. cn）下载使用。

本次教材的修订（新编）工作得到了江苏、安徽、山东、河南、湖南、广东、广西、四川等省（自治区）人力资源和社会保障厅及一些高等职业技术院校的大力支持，教材的编审人员做了大量的工作，在此我们表示诚挚的谢意。

人力资源和社会保障部教材办公室

目　录
CONTENTS

国家级职业教育规划教材

课题一 PLC基础知识

任务1 认识PLC

知识点：

- 了解PLC的产生
- 掌握PLC的应用场合
- 了解常用的PLC产品

任务引入

可编程控制器（programmable controller）简称PLC。它以微处理器为基础，是综合了计算机技术、自动控制技术和通信技术发展起来的一种通用工业自动控制装置。PLC具有体积小、功能强、程序设计简单、灵活通用等一系列优点，而且具有高可靠性和较强的适应恶劣工业环境的能力，是实现工业生产自动化的支柱产品之一。本任务的主要内容是了解PLC在工业自动化生产及生活中的应用，从直观上初步认识PLC，包括PLC的实物外形、品牌、种类、主要技术指标及特点等知识。

相关知识

一、PLC的产生和应用

自20世纪60年代起，工业产品出现了多品种、小批量的发展趋势，而各种生产流水线的自动控制系统基本上是由继电器接触器控制系统构成的，产品的每一次改型都直接导致继电器接触器控制系统的重新设计和安装。为了尽可能减少重新设计和安装的工作量，降低成本，缩短周期，于是设想把计算机系统的功能完备、灵活、通用与继电器接触器控制系统的简单易懂、操作方便、价格便宜等优点结合起来，制造一种新型的工业控制装置。为此，美国通用汽车公司在1968年公开招标，要求用新的控制装置取代继电器接触器控制系统。1969年，美国数字设备公司（DEC）研制出了第一台PLC，型号为PDP-14，用它取代传统的继电器接触器控制系统，在美国通用汽车公司的汽车自动装配线上使用，取得了巨大成功。这种新型的工业控制装置以其简单易懂、操作方便、可靠性高、通用灵活、体积小、使用寿命长等一系列优点，很快在美国其他工业领域推广应用。

随着PLC应用领域的不断拓宽，PLC的定义也在不断完善。国际电工委员会（IEC）在1987年2月颁布的可编程控制器标准草案的第三稿中将PLC定义为："可编程控制器是一种数字运算操作的电子系统，专为在工业环境下应用而设计。它采用可编程序的存储器，用来在其内部存储执行逻辑运算、顺序控制、定时、计数和算术运算等操作的指令，并通过数字式和模拟式的输入和输出，控制各种类型的机械或生产过程。可编程控制器及其有关外围设备，都应按易于与工业系统联成一个整体、易于扩充其功能的原则设计。”

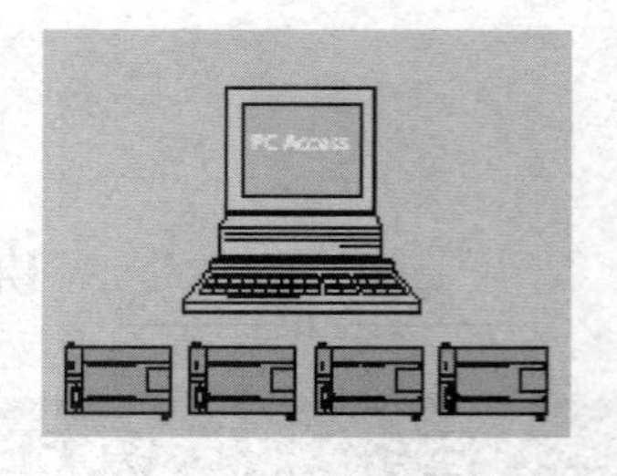

图 1-1　PLC 的通信联网

实际上，现在 PLC 的功能早已超出了它的定义范围，主要应用于开关量逻辑控制、运动控制、闭环过程控制、数据处理和通信联网等。图 1-1 所示是四台 PLC 通信联网的示意图，图 1-2 和图 1-3 所示是两个应用实例。

图 1-2　选用通用电气（GE）公司 PLC 的某开关量控制盘

图 1-3　选用 A-B 公司 PLC 的某造纸厂控制柜

二、常用的 PLC 产品

目前，世界上的 PLC 产品按地域可分成三大类：美国产品、欧洲产品和日本产品。美国和欧洲的 PLC 技术是在相互隔离的情况下独立研究开发的，产品有明显的差异性；日本的 PLC 技术是从美国引进的，对美国的 PLC 产品有一定的继承性。此外，日本的主推产品定位在小型 PLC 上，而欧美以大、中型 PLC 为主。

1. 美国 PLC 产品

美国是 PLC 生产大国，著名的 PLC 生产厂商有 A-B 公司、GE 公司、莫迪康（MODICON）公司、德州仪器（TI）公司、西屋公司等。

A-B 公司产品规格齐全、种类丰富，其中 PLC-5 系列为模块式结构，CPU 模块型号 PLC-5/10、PLC-5/12、PLC-5/15、PLC-5/25 属于中型 PLC，I/O 点配置范围为 256～1 024 点；CPU 模块型号 PLC-5/11、PLC-5/20、PLC-5/30、PLC-5/40、PLC-5/60、PLC-5/40L、PLC-5/60L 属于大型 PLC，I/O 点最多可配置到 3 072 点。该系列中 PLC-5/250 功能最强，最多可配置 4 096 个 I/O 点，具有强大的控制和信息管理功能。大型

机 PLC-3 系列最多可配置 8 096 个 I/O 点。小型 PLC 产品有 SLC500 系列等。

GE 公司的代表产品为小型机 GE-1、GE-1/J、GE-1/P 等，除 GE-1/J 外，均采用模块式结构。GE-1 用于开关量控制系统，最多可配置 112 个 I/O 点。GE-1/J 是更小型化的产品，其 I/O 点最多可配置到 96 点。GE-1/P 是 GE-1 的增强型产品，增加了部分应用指令（数据操作指令）、功能模块（如 A/D、D/A 等）、远程 I/O 功能等，其 I/O 点最多可配置到 168 点。中型机 GE-Ⅲ与 GE-1/P 相比增加了中断、故障诊断等功能，最多可配置 400 个 I/O点。大型机 GE-Ⅴ与 GE-Ⅲ相比增加了部分数据处理、表格处理、子程序控制等功能，并具有较强的通信功能，最多可配置 2 048 个 I/O 点。GE-Ⅵ/P 最多可配置 4 000 个 I/O 点。图 1-4~图 1-7 所示均为 GE 公司的 PLC 产品。

图 1-4 GE 公司 90-30 模块式 PLC

图 1-5 GE 公司 90-70 模块式 PLC

图 1-6 GE 公司 VersalMax PLC

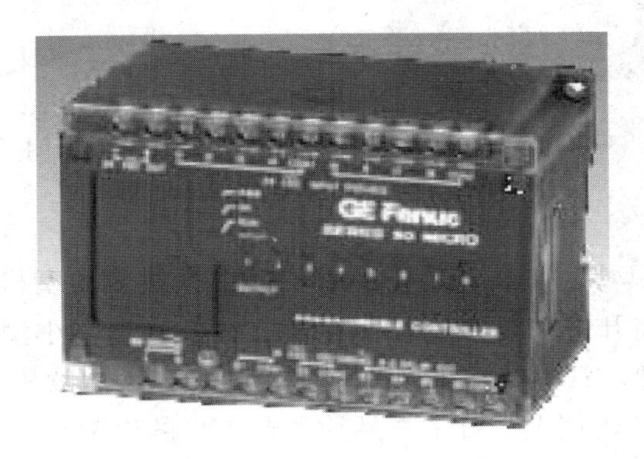

图 1-7 GE 公司 90Micro PLC

德州仪器公司的小型 PLC 产品有 510、520、TI100 等，中型 PLC 产品有 TI300、5TI 等，大型 PLC 产品有 PM550、530、560、565 等。除 TI100 和 TI300 无联网功能外，其他 PLC 都

可实现通信，构成分布式控制系统。

莫迪康公司有 M84 系列 PLC。其中 M84 是小型机，具有模拟量控制与上位机通信功能，I/O 点最多为 112 点。M484 是中型机，其运算功能较强，可与上位机通信，也可与多台 PLC 联网，最多可扩展 I/O 点为 512 点。M584 是大型机，容量大，数据处理和网络能力强，最多可扩展 I/O 点为 8 192 点。M884 是增强型中型机，它具有小型机的结构、大型机的控制功能，主机模块配置 2 个 RS-232C 接口，组网通信方便。

2. 欧洲 PLC 产品

德国的西门子（SIEMENS）公司、AEG 公司和法国的 TE 公司是欧洲著名的 PLC 制造商。德国西门子的电子产品以性能优良而久负盛名，在中、大型 PLC 产品领域与美国的 A-B公司齐名。

西门子主要的 PLC 产品是 S5、S7 系列。在 S5 系列中，S5-90U、S5-95U 属于微型整体式 PLC。S5-100U 是小型模块式 PLC，最多可配置 256 个 I/O 点。S5-115U 是中型 PLC，最多可配置 1 024 个 I/O 点。S5-115UH 是中型机，它是由两台 S5-115U 组成的双机冗余系统。S5-155U 为大型机，最多可配置 4 096 个 I/O 点，模拟量可达 300 余路。S5-155H 是大型机，它是由两台 S5-155U 组成的双机冗余系统。而 S7 系列是西门子公司在 S5 系列基础上推出的产品，性价比较高，其中 S7-200 系列属于微型 PLC，S7-300 系列属于中小型 PLC，S7-400 系列属于中高性能的大型 PLC。图 1-8～图 1-10 所示均为西门子公司的 PLC 产品。

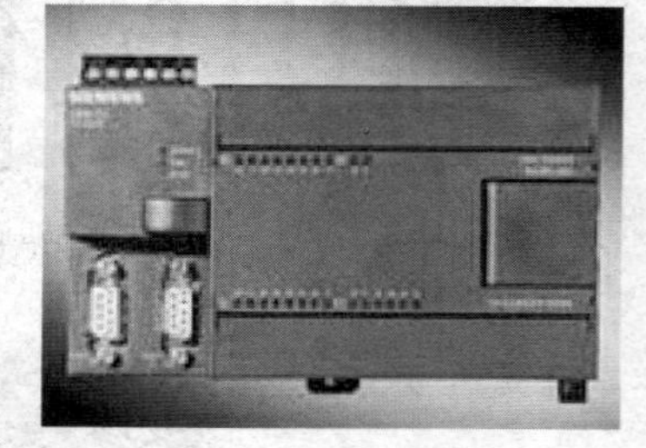

图 1-8　西门子 S7-200 系列 PLC

图 1-9　西门子 S7-300 系列 PLC

图 1-10　西门子 S7-400 系列 PLC

3. 日本 PLC 产品

日本的小型 PLC 最具特色，某些需要用欧美的中型机或大型机才能实现的控制，日本的小型机就可以解决。在开发较复杂的控制系统方面，日本的小型机明显优于欧美的小型机，所以十分受用户欢迎。日本有许多 PLC 制造商，如三菱、欧姆龙、松下、富士、日立、东芝等，在世界小型 PLC 市场上，日本产品约占有 70%的份额。

三菱公司的 PLC 产品进入中国市场较早，其小型机 F1/F2 系列是 F 系列的升级产品。F1/F2 系列加强了指令系统，增加了特殊功能单元和通信功能，比 F 系列 PLC 具有更强的控制能力。继 F1/F2 系列之后，20 世纪 80 年代末三菱公司又推出 FX 系列 PLC，在容量、速度、特殊功能、网络功能等方面都有了全面的加强。FX_2 系列是在 20 世纪 90 年代开发的高功能整体式小型机，它配有各种通信适配器和特殊功能单元。FX_{2N}系列是近些年推出的高功能整体式小型机，它是 FX_2 系列的换代产品。此后，三菱公司还不断推出了满足不同要求的微型 PLC，如 FX_{0S}、FX_{1S}、FX_{0N}、FX_{1N}等系列产品。

三菱公司的大、中型机有 A 系列、QnA 系列、Q 系列，具有丰富的网络功能，I/O 点数可达 8 192 点。其中 Q 系列具有超小的体积、丰富的机型和灵活的安装方式，同时具备双 CPU 协同处理、多存储器、远程口令等功能和特点，是三菱公司性能较高的 PLC。图 1-11~图 1-20 所示均为三菱公司的 PLC 产品。

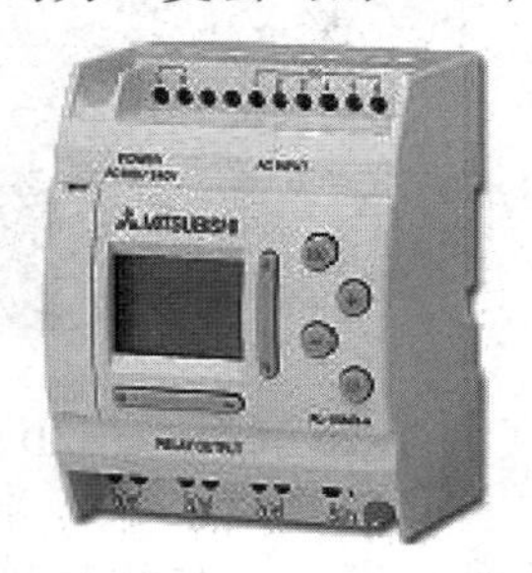

图 1-11　Alpha 系列 PLC

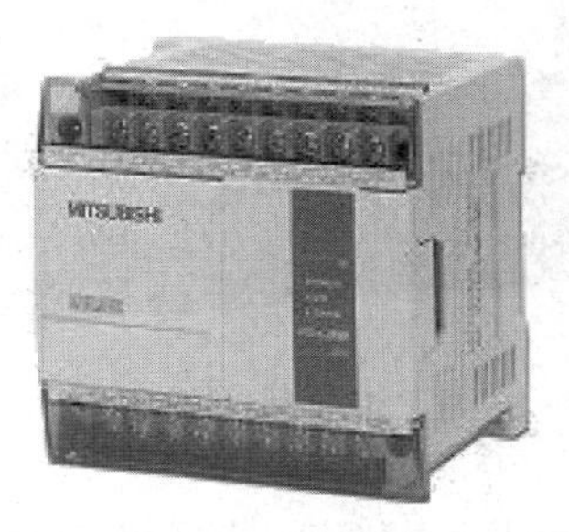

图 1-12　FX_{1N}系列 PLC

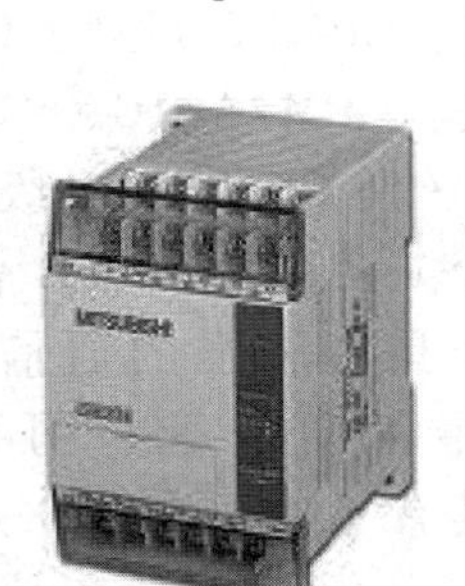

图 1-13　FX_{1S}系列 PLC

图 1-14　FX_{2NC}系列 PLC

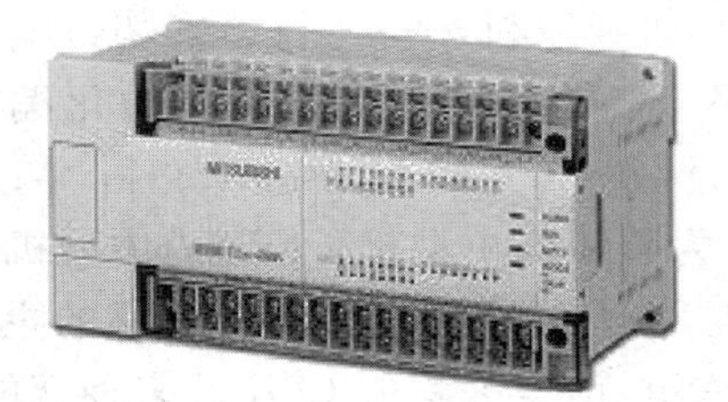

图 1-15　FX_{2N}系列 PLC

图 1-16　Ansh 系列 PLC

图 1-17　A 系列 PLC

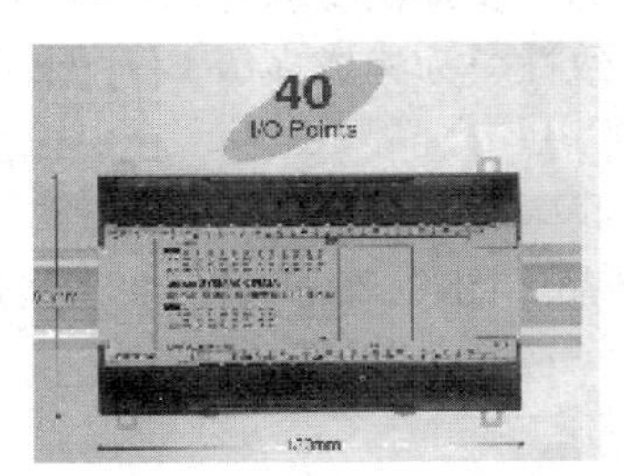

图 1-18　CPM2A CPU 模块

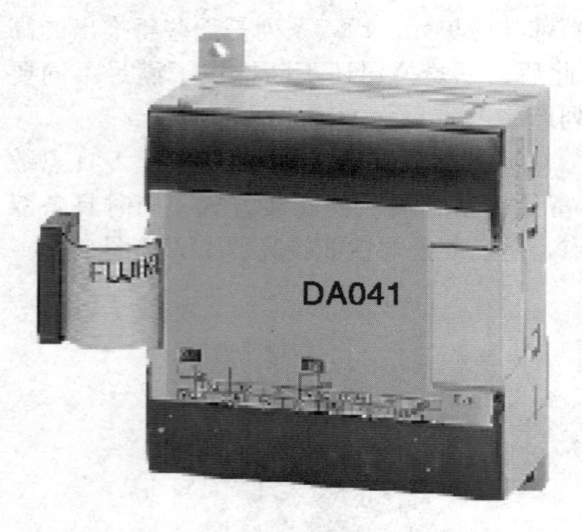

图 1-19　CPM2A D/A 模块

图 1-20　CPM2A A/D 模块

欧姆龙公司的 PLC 产品规格齐全。微型机以 SP 系列为代表，其体积极小，速度极快。小型机有 P 型、H 型、CPM1A 系列、CPM2A 系列、CPM2C 系列、CQM1 系列等。其中，P 型机现已被性价比更高的 CPM1A 系列所取代。CPM2A/2C、CQM1 系列内置 RS-232C 接口和实时时钟，并具有软 PID 功能，CQM1H 是 CQM1 的升级产品。中型机有 C200H、C200HS、C200HX、C200HG、C200HE、CS1 系列。C200H 曾经是畅销的高性能中型机，配有齐全的 I/O 模块和高功能模块，具有较强的通信和网络功能。C200HS 系列是 C200H 系列的升级产品，其指令系统更丰富、网络功能更强。C200HX/HG/HE 系列是 C200HS 系列的升级产品，具有 1 148 个 I/O 点，其容量是 C200HS 的 2 倍，速度是 C200HS 的 3.75 倍，是适应信息化的 PLC 产品。CS1 系列具有中型机的规模和大型机的功能，是一种极具推广价值的机型。大型机有 C1000H、C2000H、CV 等系列。C1000H、C2000H 系列可单机或双机热备运行，安装带电插拔模块，C2000H 可在线更换 I/O 模块，CV 系列中除 CVM1 外，均可采用结构化编程，易读、易调试，并具有强大的通信功能。

松下公司的 PLC 产品中，FP0 为微型机，FP1 为整体式小型机，FP3 为中型机，FP5、FP10、FP10S（FP10 的改进型）和 FP20 为大型机。松下公司近几年 PLC 产品的主要特点是指令系统功能强，部分机型还提供可以用 FP-BASIC 语言编程的 CPU 及多种智能模块，为复杂系统的开发提供了软件手段。FP 系列都配有通信机制，并且它们使用的应用层通信协议具有一致性，为构成多级 PLC 网络和开发 PLC 网络应用程序带来了方便。

4. 我国 PLC 产品

目前，我国有许多自主研发的 PLC 设备。图 1-21~图 1-24 所示是黄石科威自控有限公司的 PLC 产品，图 1-25 所示为北京凯迪恩自控有限公司的 PLC 产品。

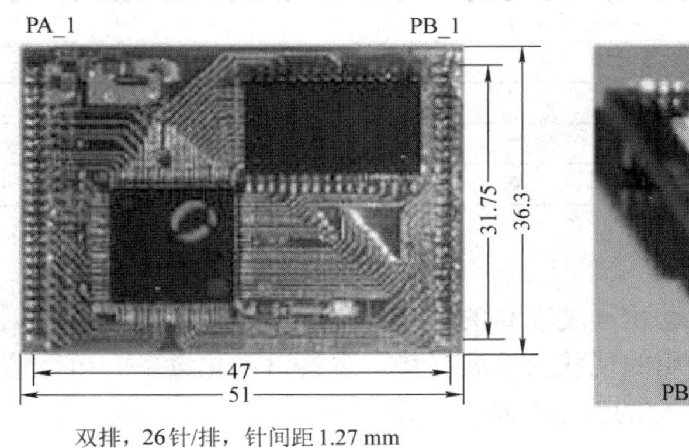

双排，26针/排，针间距1.27 mm

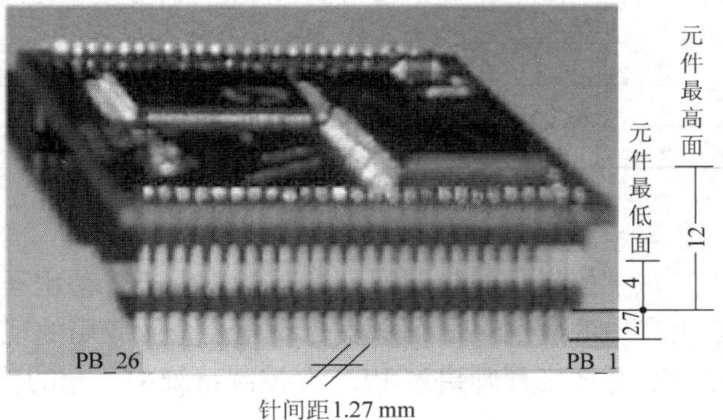

针间距1.27 mm

图 1-21　嵌入式 PLC 芯片组 EASYCORE1. 00

图 1-22　24 点混合型通用 PLC

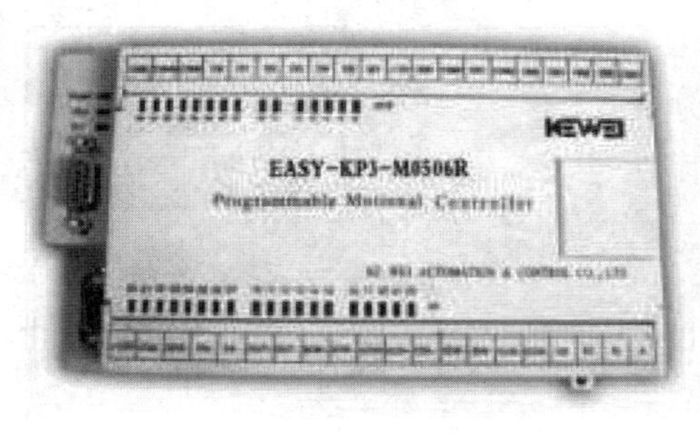

图 1-23　PLC 型运动控制器

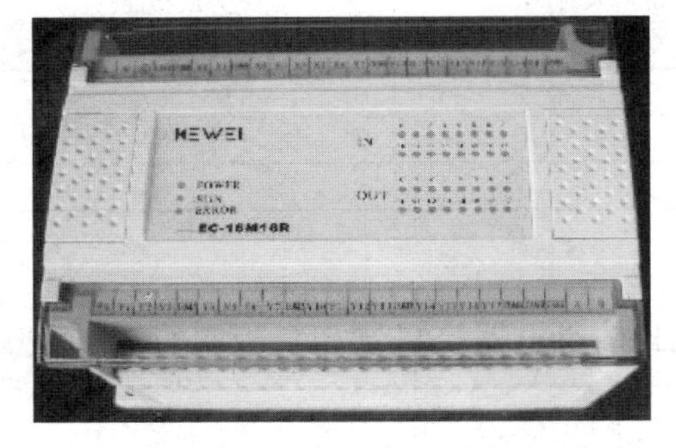

图 1-24　32 点开关型通用 PLC

图 1-25　凯迪恩 PLC

任务实施

一、参观学校 PLC 实训室

参观学校 PLC 实训室，指出实训设备中 PLC 各部分的结构组成；记录 PLC 的品牌及种类；查阅相关资料，了解 PLC 的主要技术指标及特点，填入表 1-1 中。

表 1-1　　参观 PLC 实训室记录表

序号	品牌及种类	主要技术指标	特点
1			
2			
3			
4			

二、参观工业自动化企业

在学校老师的带领下，参观工业生产自动化程度较高的企业，图 1-26 所示为 PLC 在工业生产中的应用。了解电气自动化在企业应用的现状及发展趋势，观察自动化设备的运行情况，听企业工程师讲解 PLC 在控制系统中所起的作用和地位，填写表 1-2。

a）

b）

图 1-26　PLC 在工业生产中的应用
a）某自动化生产线现场　b）学生观察 PLC 电气控制柜

表 1-2　　参观工业自动化企业记录表

序号	设备名称	PLC 品牌及种类	完成功能
1			
2			
3			
4			

三、比较继电器控制与 PLC 控制

通过上网检索、到图书馆查阅资料等形式，比较继电器控制与 PLC 控制的区别，并填写表 1-3。

表 1-3　　继电器控制与 PLC 控制的比较

比较项目	继电器控制	PLC 控制
控制逻辑		
控制速度		
定时控制		
设计与施工		
可靠性和维护性		
价格		

思考与练习

1. 简述 PLC 的定义。
2. PLC 可以应用在哪些领域?
3. 与一般的计算机控制系统相比，PLC 有哪些优点?
4. 与继电器控制系统相比，PLC 有哪些优点?
5. 列举常见的 PLC 生产厂商。

任务 2 一个简单的 PLC 系统——异步电动机点动运行电路

知识点:

- 了解 PLC 的内部结构
- 掌握各种开关量输入/输出接口
- 掌握 PLC 控制系统的组成
- 了解 PLC 的工作原理
- 了解输入、输出继电器
- 掌握编程语言和指令

技能点:

● 会利用取指令、取反指令和输出指令与输入、输出继电器编写梯形图程序实现简单的 PLC 控制，如一个开关控制一盏灯、异步电动机点动运行电路等

任务提出

本任务将在认识 PLC 内部结构、控制系统等基本知识的基础上，设计一个简单的由 PLC 控制异步电动机运行的控制电路，从而比较 PLC 系统与继电器接触器控制系统的区别和联系，进一步认识 PLC 的功能和特点。

图 1-27 所示是电动机点动运行电路，SB 为启动按钮，KM 为交流接触器，按下启动按钮 SB，KM 的线圈通电，KM 主触点闭合，电动机开始运行。放开 SB 后，KM 的线圈断电，KM 主触点断开，电动机 M 停止运行。用 PLC 控制电动机的点动运行电路的逻辑变量见表1-4。

表 1-4　　电动机点动运行电路中的逻辑变量

输入变量 SB	1	触点动作（常开触点接通，常闭触点断开）
	0	触点不动作（常开触点断开，常闭触点接通）
输出变量 KM	1	线圈通电吸合
	0	线圈断电释放

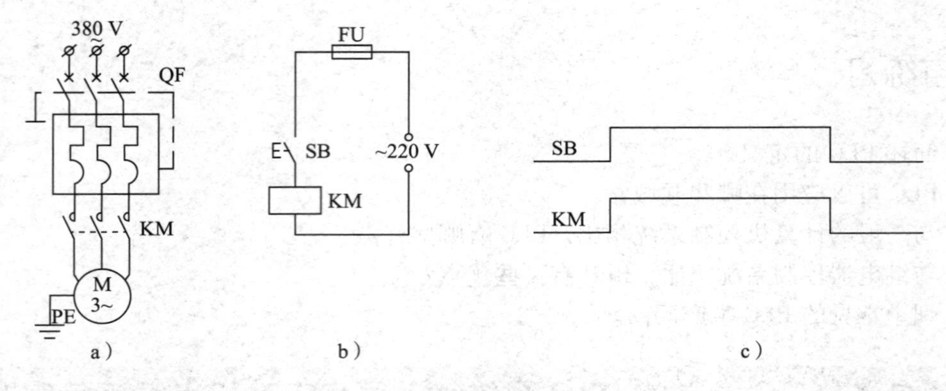

图 1-27　电动机点动运行电路
a）主电路　b）控制电路　c）时序图

一、PLC 的内部结构

PLC 主要由 CPU 模块、输入模块、输出模块、电源、编程软件等组成，CPU 模块通过输入模块将外部的控制信号读入 CPU 模块的存储器中，经过用户程序处理后，再将控制信号输出，通过输出模块来控制外部的执行机构。图 1-28 所示为 PLC 控制系统的示意图。

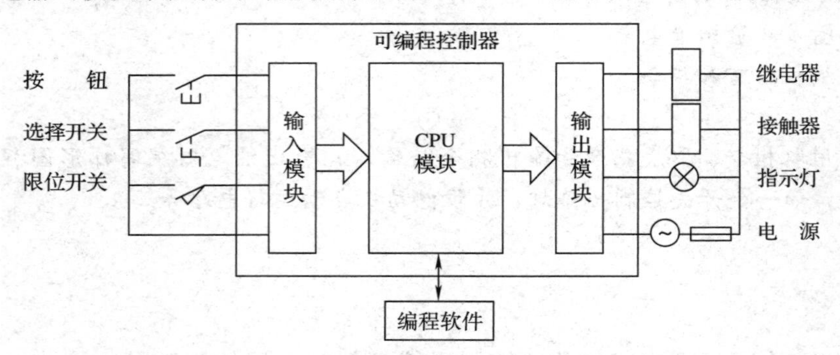

图 1-28　PLC 控制系统的示意图

如果把 PLC 的 CPU 模块、输入模块、输出模块、电源装在一个箱状机壳内，则称为整体式 PLC，小型 PLC 一般采用这种结构，图 1-11～图 1-15 所示均为整体式 PLC，而大、中型 PLC 通常采用搭积木的方式组成系统，称为模块式 PLC，如图 1-16、图 1-17 所示。模块式 PLC 由 I/O 底板和模块组成，图 1-29 所示是 C200Ha PLC 的 I/O 底板，图 1-30 所示是 C200Ha PLC 的电源单元。

1. CPU 模块

PLC 的 CPU 模块由 CPU 芯片和存储器组成。

（1）CPU 芯片

CPU 芯片是 PLC 的核心部件，PLC 的整个工作过程都是在 CPU 的统一指挥和协调下进行的，CPU 的主要任务有：

1）接收从编程软件或编程器输入的用户程序和数据，并存储在存储器中。

图 1-29 C200Ha PLC 的 I/O 底板

图 1-30 C200Ha PLC 的电源单元

2）用扫描方式接收现场输入设备的状态和数据，并存入相应的数据寄存器或输入映像寄存器中。

3）监测电源、PLC 内部电路工作状态和用户程序编制过程中的语法错误。

4）在 PLC 的运行状态下，执行用户程序，完成用户程序规定的各种算术逻辑运算、数据传输、存储等。

5）按照程序运行结果，更新相应的标志位和输出映像寄存器，通过输出部件实现输出控制、制表打印和数据通信等功能。

（2）存储器

PLC 的存储器有两种，一种是存放系统程序的存储器，另一种是存放用户程序的存储器。系统程序存储器为只读存储器（ROM、PROM、EPROM、EEPROM）。用户程序存储器一般为随机存储器（RAM），以方便用户修改程序。为了保证 RAM 中的信息不丢失，RAM 都有后备电池。固定不变的用户程序和数据可以固化在只读存储器中。

系统程序不能由用户直接存取，所以通常说的存储容量是指用户程序存储器的容量。用户程序存储器的容量不足时，还可以扩展存储器。

为方便电气工程技术人员使用，将 PLC 的数据单元称为继电器，不同用途的继电器在存储区中占有不同的区域，有不同的地址编号。

2. 开关量输入/输出接口

PLC 在工业生产现场工作时，要求有与工业过程相连接的接口和适合工业控制的编程语言。与工业过程相连接的接口即为 I/O 接口，也称 I/O 模块或 I/O 部件。对 PLC 的 I/O 接口有两个主要的要求：一是接口应有良好的抗干扰能力，二是接口应能满足工业现场各类信号的匹配要求，所以接口电路一般都包含光电隔离电路和 RC 滤波电路，以防止外部干扰脉冲和输入触点抖动造成错误的 I/O 信号。

（1）开关量输入接口

开关量输入电路的作用是将现场的开关量信号变成 PLC 内部处理的标准信号。按现场信号可接纳电源类型的不同，开关量输入接口可分为三类：直流输入接口、交直流输入接口、交流输入接口。

1）直流输入接口。直流输入接口原理图如图 1-31 所示，图中只画出了一个输入触点（图中输入端子）的输入电路，其他输入触点的输入电路与它相同，COM 是触点的公共端。

当输入端的现场开关（图中输入开关）接通时，光电耦合器导通，输入信号送入 PLC 内部电路，CPU 在输入阶段读入数字 1 供用户程序处理，同时 LED 输入指示灯点亮，指示输入端现场开关接通。反之，当输入开关断开时，光电耦合器截止，CPU 在输入阶段读入数字 0 供用户程序处理，同时 LED 输入指示灯熄灭，指示输入端现场开关断开。

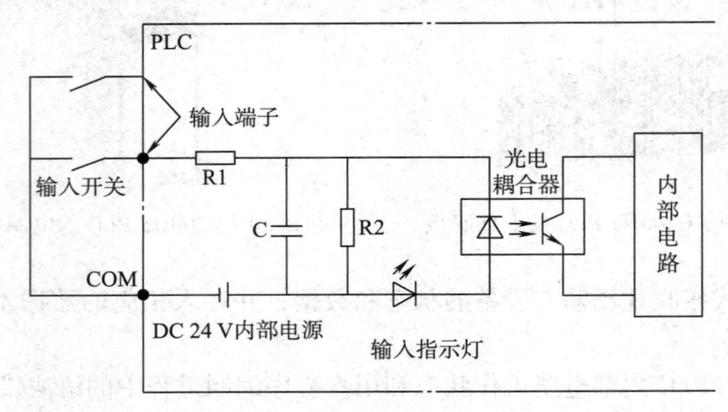

图 1-31 直流输入接口

直流输入接口所用的电源，一般由 PLC 内部的电源供给。

2）交直流输入接口。交直流输入接口原理图如图 1-32 所示。电路结构与直流输入接口基本相同，只是电源不仅可用直流电源，还可用交流电源。交直流输入接口所用的电源，一般由外部电源供给。

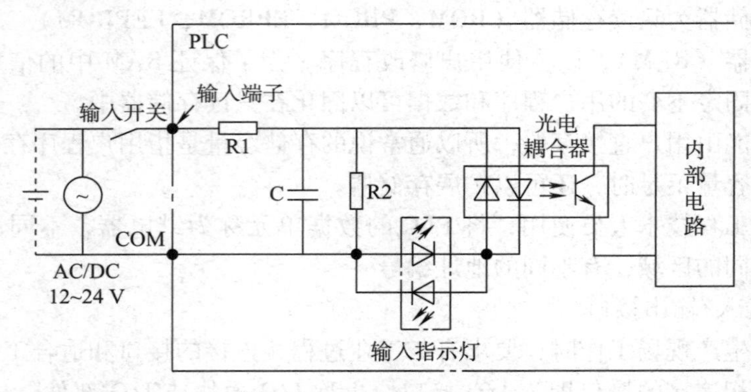

图 1-32 交直流输入接口

3）交流输入接口。交流输入接口原理图如图 1-33 所示。RC 电路起高频滤波的作用，以防止高频信号的串入。交流输入接口所用的电源，一般由外部电源供给。

（2）开关量输出接口

开关量输出电路的作用是将 PLC 的输出信号传送到用户输出设备（负载）。按负载所用电源类型的不同，开关量输出接口可分为三类：直流输出接口、交直流输出接口和交流输出接口。按输出开关器件种类的不同，开关量输出接口也可分为三类：晶体管型、继电器型和双向晶闸管型。其中晶体管型的接口只能接直流负载，为直流输出接口；继电器型的接口可接直流负载和交流负载，为交直流输出接口；双向晶闸管型的接口只能接交流负载，为交流输出接口。负载所需电源均由用户提供。

1）直流输出接口。直流输出接口（晶体管型）原理图如图 1-34 所示，图中只画出了一个输出接点。输出信号由 CPU 送给内部电路中的输出锁存器，再经光电耦合器送给输出

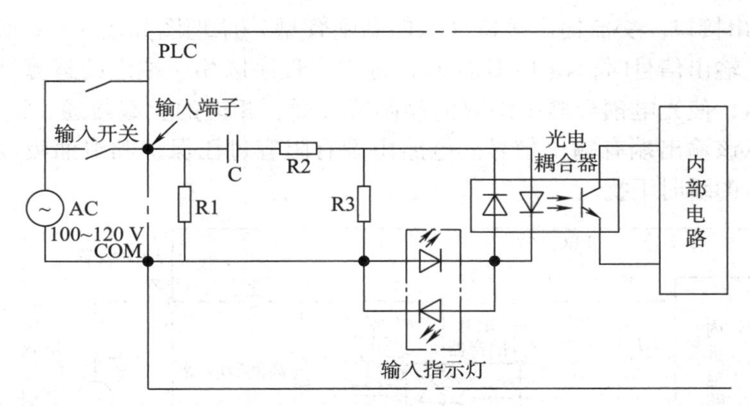

图 1-33 交流输入接口

晶体管 VT，VT 的饱和导通状态和截止状态相当于触点的接通和断开。当 VT 饱和导通时，LED 输出指示灯点亮，指示该输出端有输出信号。图中的稳压管 VD 用来抑制关断过电压和外部的浪涌电压，保护晶体管。晶体管输出电路的延迟时间小于 1 ms。

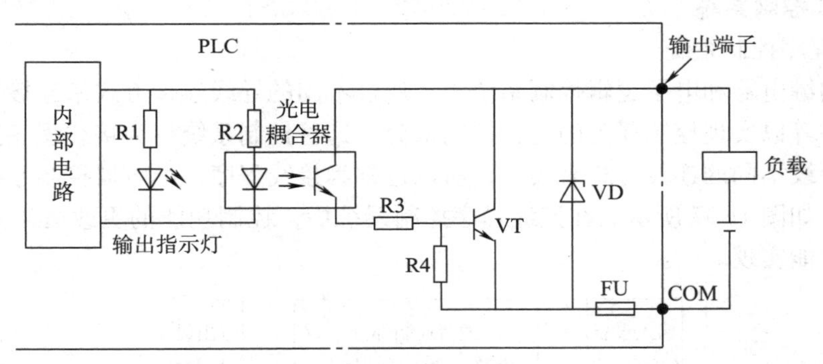

图 1-34 直流输出接口

2）交直流输出接口。交直流输出接口（继电器型）原理图如图 1-35 所示，用户程序决定 PLC 的信号输出。当需要某一输出端点产生输出信号时，由 CPU 控制，将用户程序区相应端点的运算结果输出，接通输出继电器线圈，使输出继电器的触点闭合，相应的负载接通，同时 LED 输出指示灯点亮，指示该输出端有输出信号。

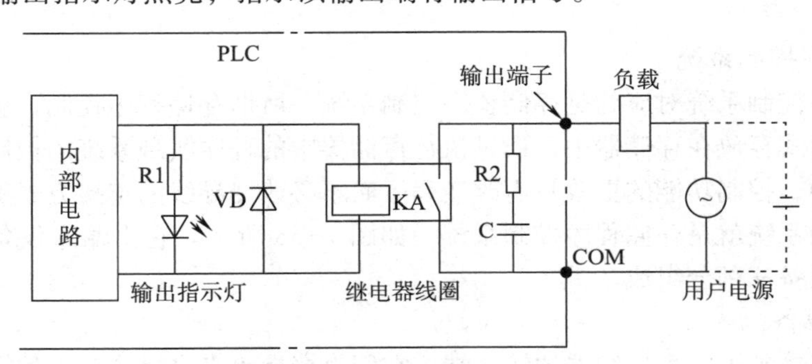

图 1-35 交直流输出接口

3）交流输出接口。交流输出接口（双向晶闸管型）原理图如图 1-36 所示。当需要某一输出端点产生输出信号时，由 CPU 控制，将用户程序区相应端点的运算结果经该端点的光电耦合器输出，使光电耦合器中的双向晶闸管导通，相应的负载接通，同时 LED 输出指示灯点亮，指示该输出端有输出信号。电路中设有阻容过压保护和浪涌吸收器，起限幅作用，以承受严重的瞬时干扰。

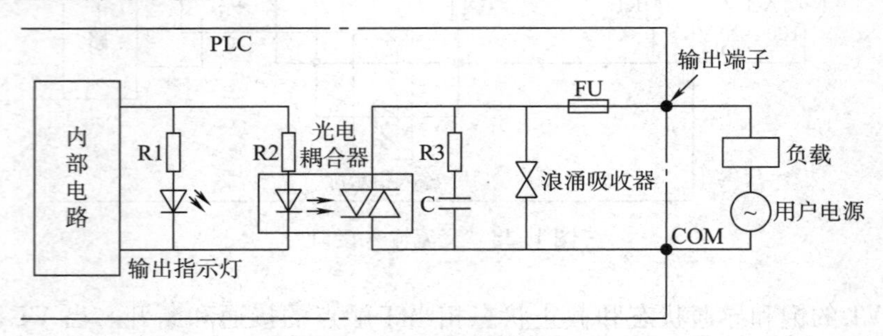

图 1-36　交流输出接口

二、PLC 控制系统

1. 接线程序控制系统

在传统的继电器和电子逻辑控制系统中，通过不同的导线连接方式来连接继电器、接触器、电子元件等以实现控制任务的逻辑控制部分。这种控制系统称为接线程序控制系统，逻辑程序通过导线不同的连接方式来实现，所以也称为接线程序，继电器控制系统就是接线程序控制系统，如图 1-37 所示。在接线程序控制系统中，控制功能的更改必须通过改变导线的连接方式才能实现。

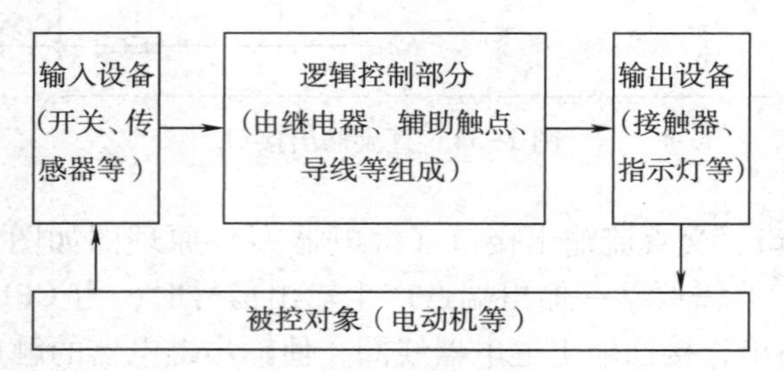

图 1-37　继电器控制系统

2. 存储程序控制系统

与接线程序控制系统对应的是存储程序控制系统。所谓存储程序控制，就是将控制逻辑以程序语言的形式存放在存储器中，通过执行存储器中的程序实现系统的控制要求。在存储程序控制系统中，控制功能的更改只需改变程序而不必改变导线的连接方式就能实现。

可编程控制系统就是存储程序控制系统，如图 1-38 所示。它由输入设备、PLC 内部控制电路、输出设备三部分组成。

（1）输入设备

输入设备连接到可编程控制器的输入端，它们直接接收来自操作台上的操作命令或来自被控对象的各种状态信息，并将产生的输入信号送到 PLC。常用的输入器件和设备包括各种控制开关和传感器，如控制按钮、限位开关、光电开关、继电器和接触器的触点、磁尺、热电阻、热电偶、光栅位移式传感器等。

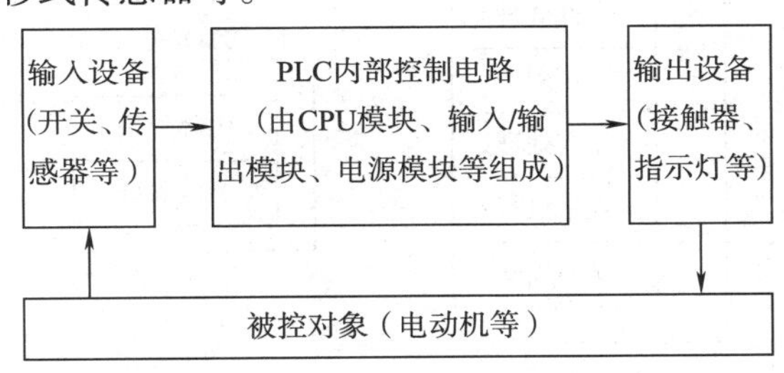

图 1-38　PLC 构成的控制系统

（2）PLC 内部控制电路

PLC 内部控制电路由 CPU 模块、输入/输出模块、电源模块等组成。执行按控制要求编制的程序，以完成控制任务。

（3）输出设备

输出设备与可编程控制器的输出端连接，将 PLC 的输出控制信号转换为驱动负载的信号。常用的输出设备有电磁开关、电磁阀、电磁继电器、电磁离合器、指示灯等。

可见，存储程序控制系统的输入、输出设备与继电器接触器控制系统的输入、输出设备相同，所不同的是逻辑控制部分，PLC 是利用软件编程来实现逻辑控制的。

对用户来说，不必考虑 PLC 内部由 CPU、RAM、ROM 等组成的复杂电路，只要将 PLC 看成内部由许多“软继电器”组成的控制器即可，以便用梯形图（类似于继电器控制电路的形式）编程。“软继电器”的线圈和触点的符号如图 1-39 所示。所谓“软继电器”，实质上是存储器中的每一位触发器（统称为映像寄存器），该位触发器为“1”状态，相当于继电器触点接通；该位触发器为“0”状态，相当于继电器触点断开。

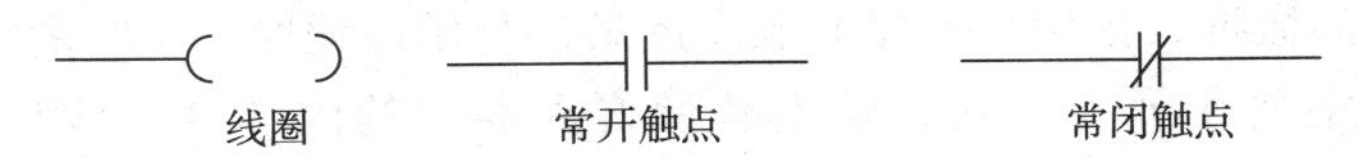

图 1-39　软继电器的线圈和触点符号

简单地说，PLC 的工作过程就是在 CPU 的统一管理下，通过执行用户程序完成控制任务。

三、PLC 的工作原理

1. 循环扫描工作方式

PLC 用户程序的执行采用循环扫描工作方式。它有两种基本的工作模式，运行（RUN）模式和停止（STOP）模式，如图 1-40 所示。

（1）停止模式

在停止模式下，PLC 只进行内部处理和通信服务工作。在内部处理阶段，PLC 检查 CPU 模块内部的硬件是否正常，进行监控定时器复位等工作。在通信服务阶段，PLC 与其他的具备 CPU 的智能装置通信。

（2）运行模式

在运行模式下，PLC 还要完成输入处理、程序执行和输出处理三个阶段的工作，程序执行过程如图 1-41 所示。

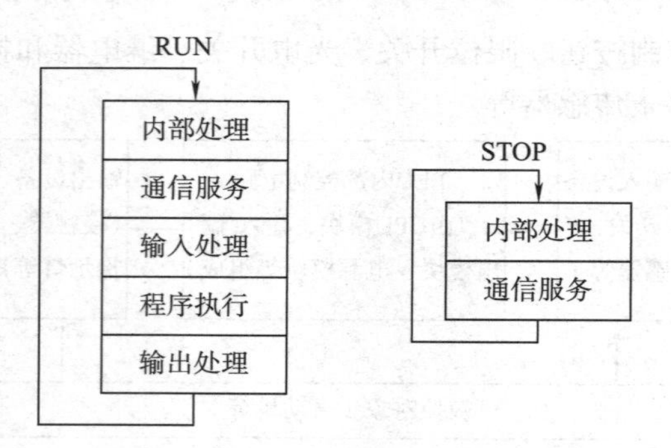

图 1-40　PLC 基本的工作模式

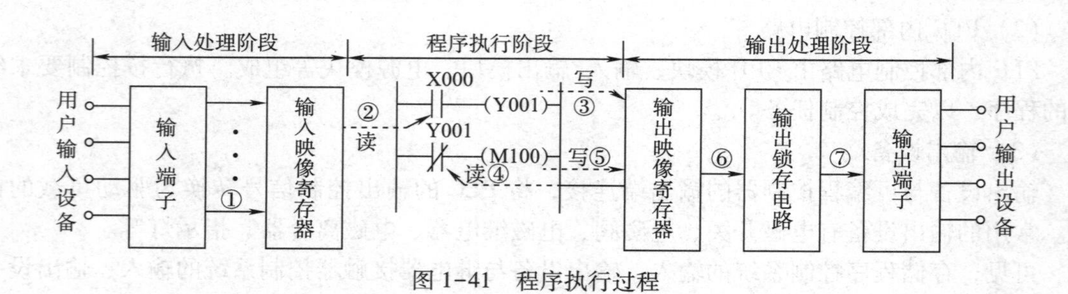

图 1-41　程序执行过程

输入采样阶段又称输入处理阶段。在此阶段，PLC 以扫描方式按顺序将所有输入信号的状态（开或关）读入输入映像寄存器中存储起来，称为对输入信号的采样，也称输入刷新。

程序执行阶段又称程序处理阶段。在此阶段，CPU 反复执行反映控制要求的用户程序来实现控制功能，为了使 PLC 的输出及时响应随时可能变化的输入信号，用户程序要不断地重复执行，直至 PLC 停机或切换到停止模式。PLC 执行程序的过程是：根据本次采样到输入映像寄存器中的数据，依用户程序的顺序逐条执行用户程序，执行的结果都存入输出映像寄存器中。所以对每个元件来说，输出映像寄存器中的内容会随程序执行的过程而随时改变。

应当注意的是，在程序执行阶段和输出刷新阶段，即使用户输入端的输入信号发生变化，输入映像寄存器的内容也不会改变。输入状态的变化只有在下一个扫描周期的输入采样阶段才会被读入。

要特别说明的是，对于程序执行顺序，若程序用梯形图表示，则总是按先上后下、先左后右的顺序扫描。若遇到跳转指令，则根据跳转条件是否满足来决定程序是否跳转。

输出刷新阶段又称输出处理阶段。在此阶段，PLC 将程序执行阶段中存入输出映像寄存器（即输出继电器的输出映像寄存器）中的内容（即输出继电器的状态）转存到输出锁存电路，再通过输出端驱动用户输出设备（负载），这就是 PLC 的实际输出。

PLC 重复地执行上述三个阶段，每重复一次的时间就是一个扫描周期（也称一个工作周期）。在每次扫描中，可编程控制器只对输入采样一次，输出刷新一次，这可以确保在程序执行阶段，同一个扫描周期的输入映像寄存器和输出锁存电路中的内容保持不变。

2. PLC 对输入/输出的处理规则

将图 1-41 所示的执行过程画成流程图的形式，可以更形象地说明输入/输出的处理规则，如图 1-42 所示。具体的处理规则如下：

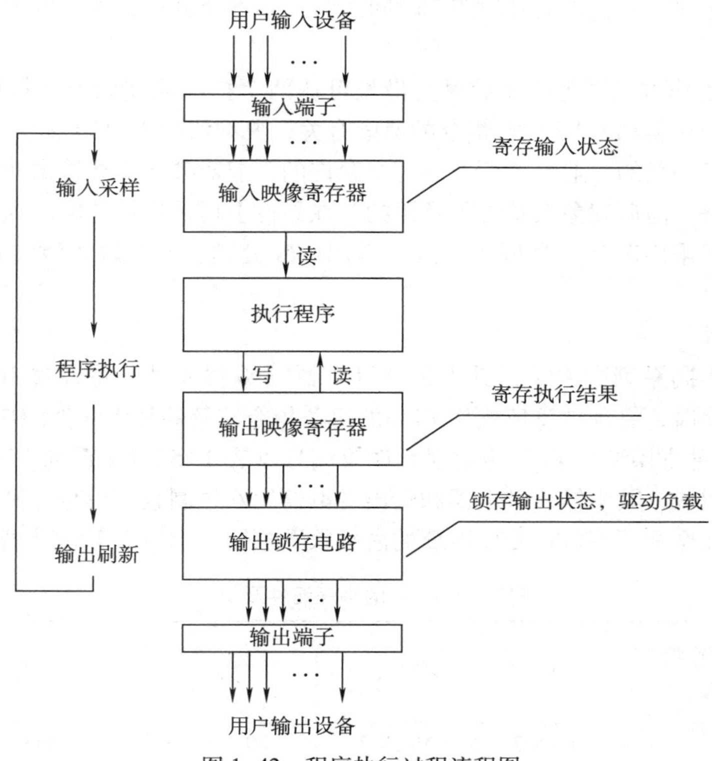

图 1-42 程序执行过程流程图

（1）输入映像寄存器中的数据取决于本次扫描周期输入采样阶段所刷新的状态，程序执行阶段和输出刷新阶段不会改变输入映像寄存器中的数据。

（2）输出映像寄存器中的数据由程序中的输出指令的执行结果决定，输入采样阶段和输出刷新阶段不会改变输出映像寄存器中的数据。

（3）输出锁存电路中的数据取决于上一个扫描周期输出刷新阶段所刷新的状态，输入采样阶段和程序执行阶段不会改变输出锁存电路中的数据。

（4）输出端子的输出状态由输出锁存电路中的数据确定。

（5）程序执行过程中所需的输入/输出数据由输入映像寄存器和输出映像寄存器读出。

3. 输入/输出滞后时间

PLC 与其他控制系统相比，有许多优越之处，例如，由于采用扫描工作方式，消除了复杂电路的内部竞争，但这也带来了输入/输出的响应滞后问题。

输入/输出滞后时间是指 PLC 的外部输入信号发生变化的时刻至它所控制的外部输出信号发生变化的时刻之间的时间间隔，它由输入模块滤波时间、输出模块的滞后时间和扫描工作方式产生的滞后时间三部分组成。

（1）输入模块的 RC 滤波电路用来滤除由输入端引入的干扰，消除外接输入触点动作产生的抖动所造成的影响，滤波电路的时间常数决定了输入滤波时间的长短，典型值约为10 ms。

（2）输出模块的滞后时间与模块类型有关，继电器型约为 10 ms，晶体管型一般小于 1 ms，双向晶闸管型在负载通电时的滞后时间约为 1 ms，负载由通电到断电时的最长滞后时间约为 10 ms。

（3）由扫描工作方式产生的滞后时间最长可达两个扫描周期以上。扫描周期与用户程序的长短、指令的种类和 CPU 执行指令的速度有关，典型值为 1~100 ms。

滞后现象对于一般的工业设备而言是完全允许的，但对某些需要输出对输入作出快速响应的实时控制设备，滞后现象又是必须克服的。在硬件上可采用快速响应模块、高速计数模块等，在软件上可采用改变信息刷新方式、运用中断处理、调整输入滤波器参数等措施加以克服。

四、编程元件

不同厂家、不同系列的 PLC，其内部软继电器（编程元件）的功能和编号各不相同。因此，在编制程序时，必须熟悉所选用 PLC 的每条指令涉及的编程元件的功能和编号。

FX 系列中几种常用型号 PLC 的编程元件及编号见表 1-5。FX 系列 PLC 编程元件的编号由字母和数字组成，其中输入继电器和输出继电器用八进制数字编号，其他均采用十进制数字编号。为了能全面了解 FX 系列 PLC 的内部软继电器，本节以 FX_{2N} 为样机进行介绍。

表 1-5　　**FX 系列 PLC 的编程元件及编号**

编程元件种类 \ PLC 型号		FX_{0S}	FX_{1S}	FX_{0N}	FX_{1N}	FX_{2N}（FX_{2NC}）
输入继电器 X（按八进制编号）		X0~X17（不可扩展）	X0~X17（不可扩展）	X0~X43（可扩展）	X0~X43（可扩展）	X0~X77（可扩展）
输出继电器 Y（按八进制编号）		Y0~Y15（不可扩展）	Y0~Y15（不可扩展）	Y0~Y27（可扩展）	Y0~Y27（可扩展）	Y0~Y77（可扩展）
辅助继电器 M	普通用	M0~M495	M0~M383	M0~M383	M0~M383	M0~M499
	保持用	M496~M511	M384~M511	M384~M511	M384~M1535	M500~M3071
	特殊用	M8000~M8255（具体见使用手册）				
状态寄存器 S	初始状态用	S0~S9	S0~S9	S0~S9	S0~S9	S0~S9
	返回原点用	—	—	—	—	S10~S19
	普通用	S10~S63	S10~S127	S10~S127	S10~S999	S20~S499
	保持用	—	S0~S127	S0~S127	S0~S999	S500~S899
	信号报警用	—	—	—	—	S900~S999
定时器 T	100 ms	T0~T55	T0~T62	T0~T62	T0~T199	T0~T199
	10 ms	T32~T55	—	T32~T62	T200~T245	T200~T245
	1 ms	—	—	T63	—	—
	1 ms 累积	—	T31	—	T246~T249	T246~T249
	100 ms 累积	—	—	—	T250~T255	T250~T255

续表

编程元件种类 \ PLC型号		FX_{0S}	FX_{1S}	FX_{0N}	FX_{1N}	FX_{2N} (FX_{2NC})
计数器C	16位加计数（普通）	C0~C13	C0~C15	C0~C15	C0~C15	C0~C99
	16位加计数（保持）	C14、C15	C16~C31	C16~C31	C16~C199	C100~C199
	32位加/减计数（普通）	—	—	—	C200~C219	C200~C219
	32位加/减计数（保持）	—	—	—	C220~C234	C220~C234
	高速计数器	C235~C255（具体见使用手册）				
数据寄存器D	16位普通用	D0~D29	D0~D127	D0~D127	D0~D127	D0~D199
	16位保持用	D30、D31	D128~D255	D128~D255	D128~D7999	D200~D7999
	16位特殊用	D8000~D8069	D8000~D8255	D8000~D8255	D8000~D8255	D8000~D8255
	16位变址用	V、Z	V0~V7 Z0~Z7	V、Z	V0~V7 Z0~Z7	V0~V7 Z0~Z7
指针N、P、I	嵌套用	N0~N7	N0~N7	N0~N7	N0~N7	N0~N7
	跳转用	P0~P63	P0~P63	P0~P63	P0~P127	P0~P127
	输入中断用	I00 * ~I30 *	I00 * ~I50 *	I00 * ~I30 *	I00 * ~I50 *	I00 * ~I50 *
	定时器中断用	—	—	—	—	I6 * * ~I8 * *
	计数器中断用	—	—	—	—	I010~I060
常数K、H	16位	K：-32 768~32 767			H：0000~FFFFH	
	32位	K：-2 147 483 648~2 147 483 647			H：00000000~FFFFFFFFH	

1. 输入继电器（X）

输入继电器与输入端相连，它是专门用来接收PLC外部开关信号的元件。PLC通过输入接口将外部输入信号状态（接通时为“1”，断开时为“0”）读入并存储在输入映像寄存器中。

输入继电器必须由外部信号驱动，不能用程序驱动，所以在程序中不可能出现其线圈。由于输入继电器反映输入映像寄存器的状态，所以其触点的使用次数不限。

FX系列PLC的输入继电器以八进制数字编号，FX_{2N}型PLC的输入继电器编号范围为X000~X267（184点），X000在PLC上标为X0。应注意的是，基本单元输入继电器的编号是固定的，扩展单元和扩展模块是按与基本单元最靠近开始，顺序进行编号。例如，基本单元FX_{2N}-64M的输入继电器编号为X000~X037（32点），如果接有扩展单元或扩展模块，则扩展的输入继电器从X040开始编号。

2. 输出继电器（Y）

输出继电器的作用是将 PLC 内部信号输出传送给外部负载（用户输出设备）。输出继电器线圈由 PLC 内部程序的指令驱动，其线圈状态传送给输出单元，再由输出单元对应的硬触点来驱动外部负载。

每个输出继电器在输出单元中都对应有唯一一个常开硬触点，但在程序中供编程的输出继电器，不管是常开还是常闭触点，都可以使用无数次。

FX 系列 PLC 的输出继电器也是以八进制数字为编号，其中 FX_{2N} 系列 PLC 输出继电器的编号范围为 Y000~Y267（184 点），Y000 在 PLC 上标为 Y0。与输入继电器相同，基本单元的输出继电器编号是固定的，扩展单元和扩展模块的编号也是按与基本单元最靠近开始，顺序进行编号。

在实际使用中，输入、输出继电器的数量要视具体系统的配置情况而定。

五、编程语言和指令

1. 梯形图

梯形图是在传统电器控制系统中常用的接触器、继电器等图形表达符号的基础上演变而来的。它与电气控制线路图相似，继承了传统电气控制逻辑中使用的框架结构、逻辑运算方式和输入/输出形式，具有形象、直观、实用的特点。因此，这种编程语言为广大电气技术人员所熟知，是 PLC 的第一编程语言。PLC 的梯形图使用的内部继电器，定时/计数器等，都是由软件来实现的，使用方便、修改灵活，是电气控制线路硬接线无法比拟的。

2. 指令表

指令表是一种与汇编语言类似的助记符编程表达方式。虽然各个 PLC 生产厂家的指令表形式不尽相同，但基本功能相差无几。以下是点动控制电路的指令表。

步序号	指令	数据
0	LD	X0
1	OUT	Y0
2	END	

可以看出，指令是指令表程序的基本单位，每个指令都由地址（步序号）、操作码（指令）和操作数（数据）三部分组成。

3. 取指令、取反指令和输出指令

LD（取指令）是常开触点与左母线连接的指令，每一个以常开触点开始的逻辑行都用此指令。

LDI（取反指令）是常闭触点与左母线连接的指令，每一个以常闭触点开始的逻辑行都用此指令。

LDP（取上升沿指令）是与左母线连接的常开触点的上升沿检测指令，仅在指定位元件的上升沿（由 OFF→ON）接通一个扫描周期。

LDF（取下降沿指令）是与左母线连接的常开触点的下降沿检测指令。

OUT（输出指令）是对线圈进行驱动的指令。

任务实施

一、程序设计

选用图 1-15 所示的三菱公司 FX_{2N}系列 PLC（本书均选用该系列 PLC，此后不再说明），它的局部图如图 1-43 所示。

图 1-43 FX_{2N}系列 PLC 局部图

为了实现电动机的点动运行控制，PLC 需要一个输入触点和一个输出触点，输入/输出点分配见表 1-6。

表 1-6 **输入/输出点分配表**

输入			输出		
输入继电器	输入元件	作用	输出继电器	输出元件	作用
X0	SB	启动按钮	Y0	KM	控制电动机用交流接触器

由此列出点动控制电路的逻辑表达式：

$$Y0 = X0$$

画出 PLC 控制电路接线图如图 1-44a 所示，针对电动机点动运行电路的控制要求画出梯形图，如图 1-44b 所示。程序也可以写成指令表的形式，如图 1-44c 所示。

```
LD    X000    ；接在左侧母线上的 X000 的常开触点，逻辑实现的条件
OUT   Y000    ；Y000 的线圈，逻辑条件满足时的结果
END           ；程序结束
```

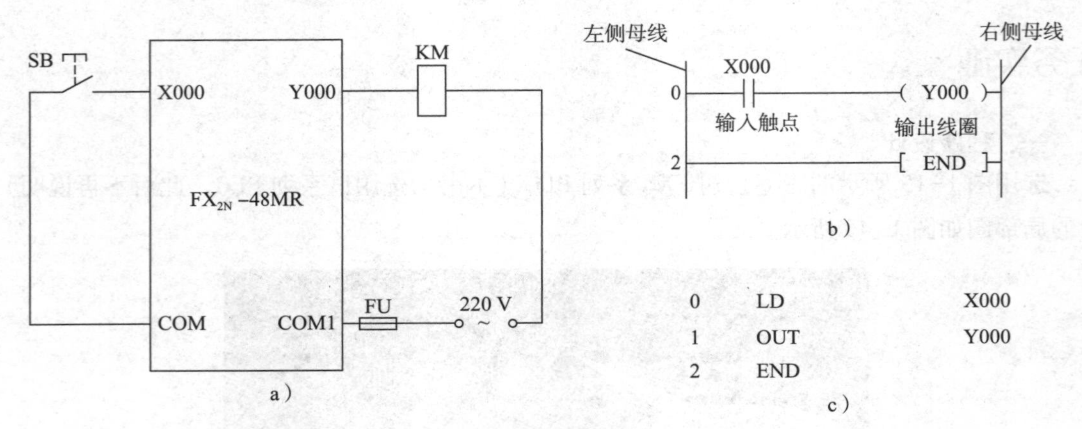

图 1-44　PLC 实现的异步电动机点动控制电路

a）PLC 接线图　b）梯形图　c）指令表

二、原理分析

为了说明系统的工作过程，将图 1-44 改画成图 1-45。首先是输入处理阶段，CPU 将 SB 常开触点的状态通过输入模块读入相应的输入映像寄存器，如按下 SB，则读入 X000 的输入映像寄存器的数据为 1；其次在程序执行阶段，先执行 LD X000 指令，将 X000 的输入映像寄存器的数据 1 保存到运算结果寄存器，再执行 OUT Y000 指令，将运算结果寄存器的值 1 存放到输出映像寄存器，遇到 END 指令，程序结束，转入输出处理阶段；在输出处理阶段，将 Y000 的输出映像寄存器的值 1 送到输出模块，输出模块内对应的物理继电器的常开触点接通，使 Y000 外接的交流接触器 KM 的线圈得电，KM 的主触点接通，电动机 M 得电运行。反之，若未按下 SB，则读入 X000 的输入映像寄存器的数据为 0，执行程序后将 0 存放到 Y000 的输出映像寄存器，在输出阶段再将输出映像寄存器中的 0 送到输出模块，输出模块内对应的物理继电器的常开触点断开，使外接的交流接触器 KM 的线圈失电，KM 的主触点断开，电动机 M 失电停止。

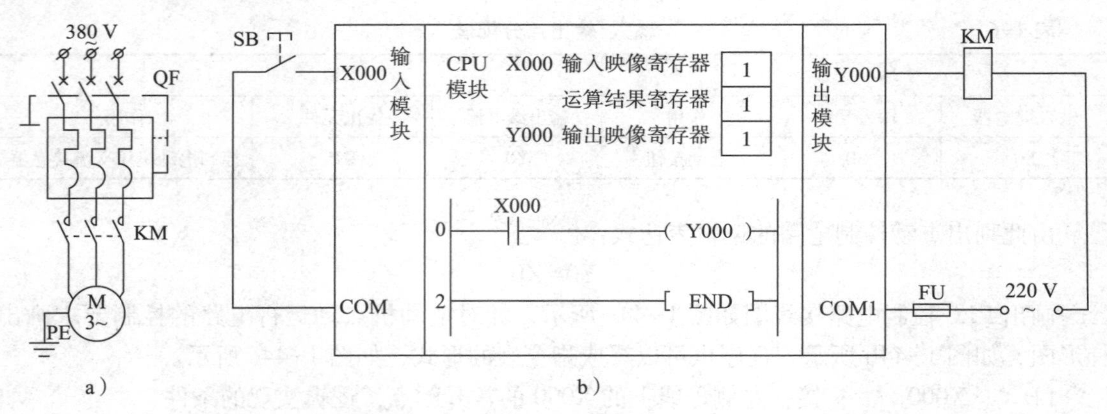

图 1-45　PLC 实现的点动电路工作原理

a）主电路　b）控制电路

思考与练习

1. CPU模块由哪几部分组成？CPU芯片的作用是什么？
2. PLC常用哪几种存储器？它们各有什么特点？分别用来存储什么信息？
3. 开关量输入接口有哪几种类型？各有哪些特点？
4. 开关量输出接口有哪几种类型？各有哪些特点？
5. 接线程序控制系统和存储程序控制系统的区别是什么？
6. 请列举一些PLC控制系统中常用的输入/输出设备。
7. 简述PLC扫描周期的含义。
8. 有哪些因素能影响PLC的输入/输出滞后时间？
9. FX系列PLC有哪些编程元件？

10. 将按钮SB接到FX_{2N}系列PLC的输入接口X000，在输出接口Y000接指示灯HL。要求按下SB时，HL点亮；松开SB时，HL熄灭。请完成以下工作：①写出输入/输出分配表；②设计出控制电路图（提示：画控制电路图时，要根据所选用的PLC机型确定电源等）；③写出实现控制要求的逻辑表达式；④画出梯形图。

课题二　FX 系列 PLC 的操作

任务 1　GX Developer 编程软件的安装

技能点：

- 会安装编程软件 GX Developer

任务提出

GX Developer 是三菱通用性较强的编程软件，它能够完成 Q 系列、QnA 系列、A 系列(包括运动控制 CPU)、FX 系列 PLC 梯形图、指令表、SFC 等的编辑。该编程软件能够将编辑的程序转换成 GPPQ、GPPA 格式的文档，当选择 FX 系列时，还能将程序存储为 FXGP(DOS)、FXGP（WIN）格式的文档，以实现与 FX-GP/WIN-C 软件的文件互换。该编程软件能够将 Excel、Word 等软件编辑的说明性文字、数据等通过复制、粘贴等简单操作导入程序中，使软件的使用和程序的编辑更加便捷。

三菱公司还有很多用于 FX 系列的不同版本的编程软件，如 SWOPC-FXGP/WIN-C 等，这些编程软件的基本功能彼此相似，对初学者来说没有太大区别。本书使用 GX Developer 编程软件进行程序设计，所设计的程序在 SWOPC-FXGP/WIN-C，GX Works 2 等编程软件中也基本可以实现。

本任务的主要内容是完成 GX Developer 编程软件的安装。

任务实施

一、安装 GX Developer 的通用环境

1. 把 GX Developer 编程软件安装光盘放入计算机的光驱中，找到“＊:\GX Developer\SW8D5C-GPPW-C”中的“EnvMEL”文件夹，双击文件夹图标，如图 2-1 所示。

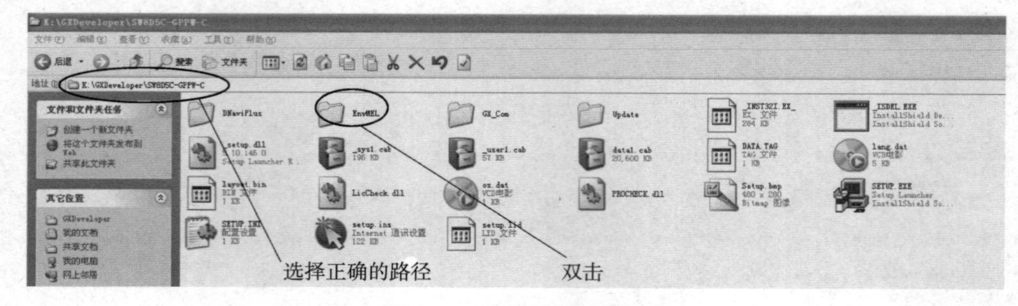

图 2-1　选择文件对话框

在文件夹“EnvMEL”中找到文件“SETUP. EXE”，双击文件图标，弹出“设置”对话框，如图 2-2 所示，表示系统正在做软件安装前的准备，准备过程需 1~2 min。准备工作完成后弹出图 2-3 所示的“欢迎”对话框。

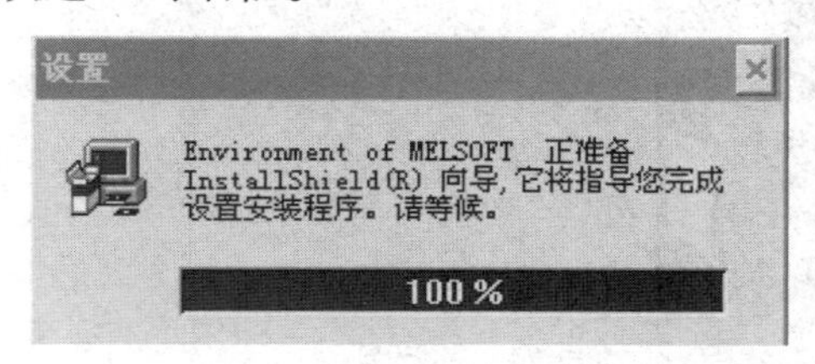

图 2-2 “设置”对话框

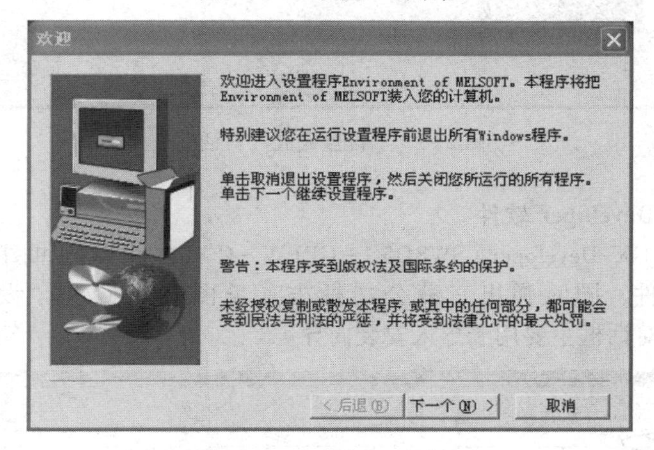

图 2-3 “欢迎”对话框

2. 在“欢迎”对话框中单击“下一个”按钮，弹出“信息”对话框，如图 2-4 所示。

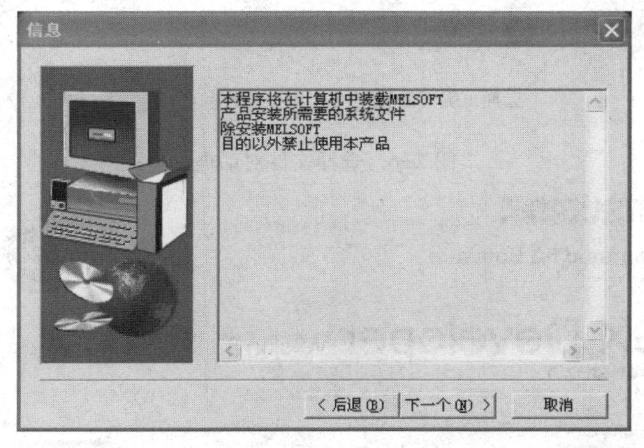

图 2-4 “信息”对话框

3. 在“信息”对话框中单击“下一个”按钮，弹出安装程序窗口，要等待几分钟，最后弹出“设置完成”对话框，如图 2-5 所示。单击“结束”按钮，完成设置，通用环境安装完成。

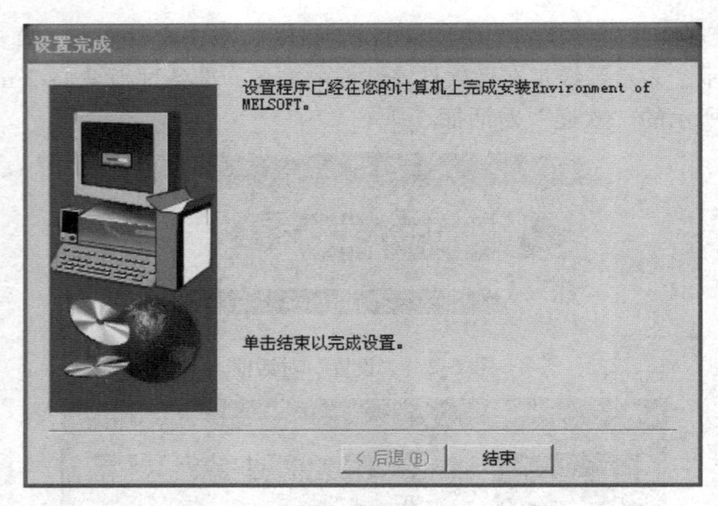

图 2-5　“设置完成”对话框

二、安装 GX-Developer 软件

1. 弹出“＊:\GX Developer\SW8D5C-GPPW-C”文件夹，如图 2-6 所示，双击“SETUP. EXE”文件，同时弹出三菱公司标志（见图 2-7）和“设置”对话框（见图 2-8），“设置”对话框主要用于导入安装向导。

图 2-6　选择文件对话框

图 2-7　三菱公司标志

2. 安装向导安装完成后，弹出“安装”对话框，提示退出其他应用程序，包括杀毒软件、防火墙、IE、办公软件等，因为这些软件可能会影响安装的正常进行，如图 2-9 所示。如未退出相关应用程序，应先退出，再重新开始安装。

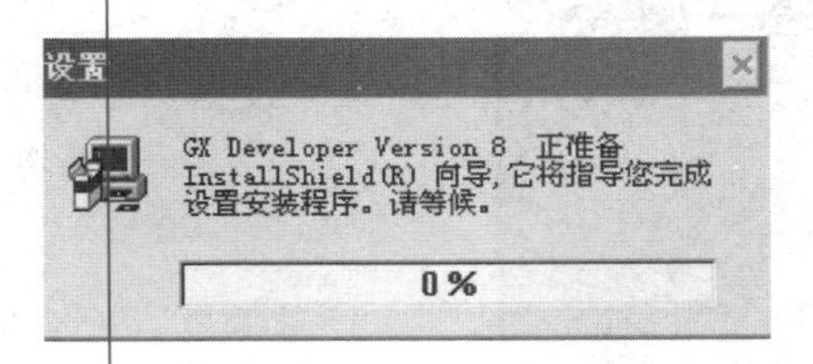

图 2-8 “设置”对话框

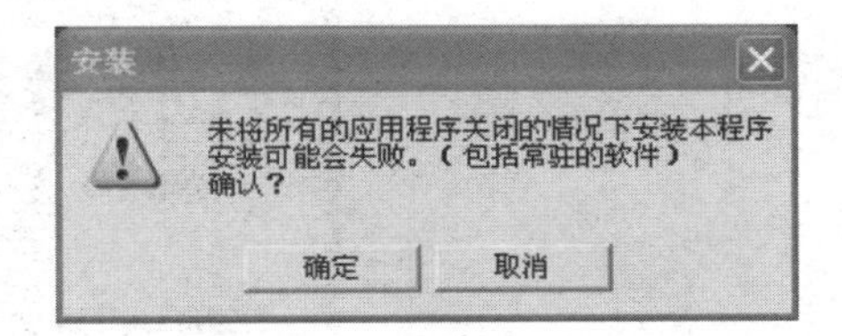

图 2-9 “安装”对话框

3. 单击“确定”按钮，弹出“欢迎”对话框，如图 2-10 所示。

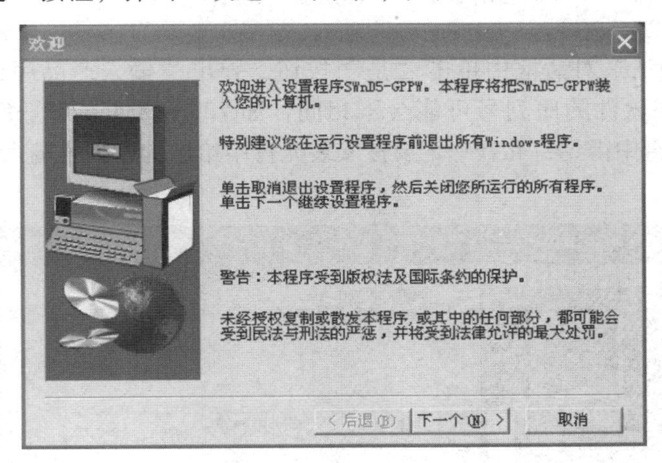

图 2-10 “欢迎”对话框

4. 在“欢迎”对话框中单击“下一个”按钮，弹出“用户信息”对话框。在该对话框中输入用户的相关信息，如图 2-11 所示。也可直接跳过进入下一步。

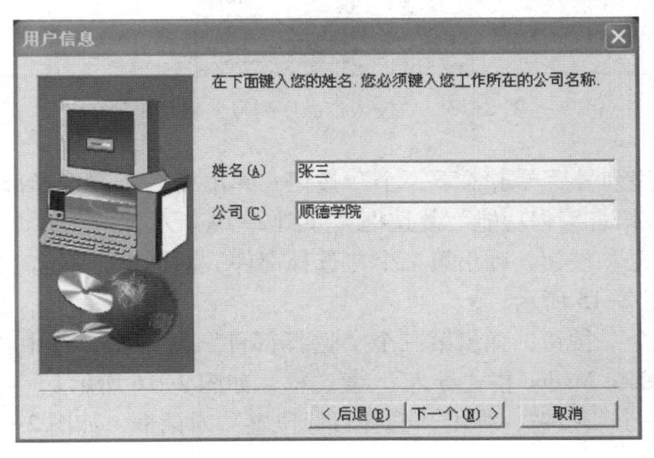

图 2-11 “用户信息”对话框

5. 在“用户信息”对话框中单击“下一个”按钮，将弹出“注册确认”对话框，如图 2-12 所示。

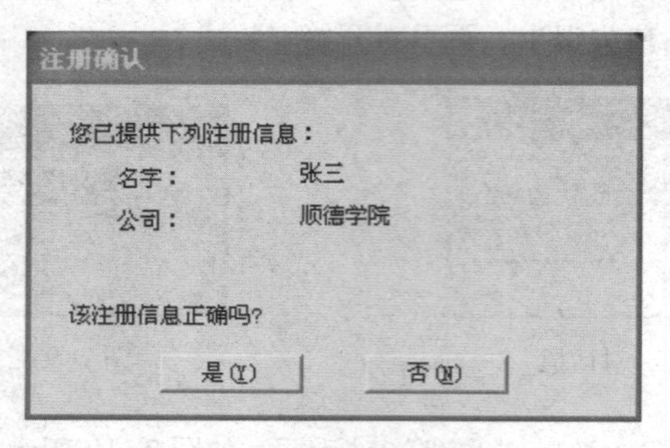

图 2-12　“注册确认”对话框

6. 在“注册确认”对话框中单击“是”按钮，弹出“输入产品序列号”对话框，如图 2-13 所示。不同软件的序列号可能会不相同，如 123-123456789、570-986818410 等，序列号可在安装光盘中得到，此处一定要按安装光盘中给出的序列号输入，否则会提示序列号错误而停止安装。

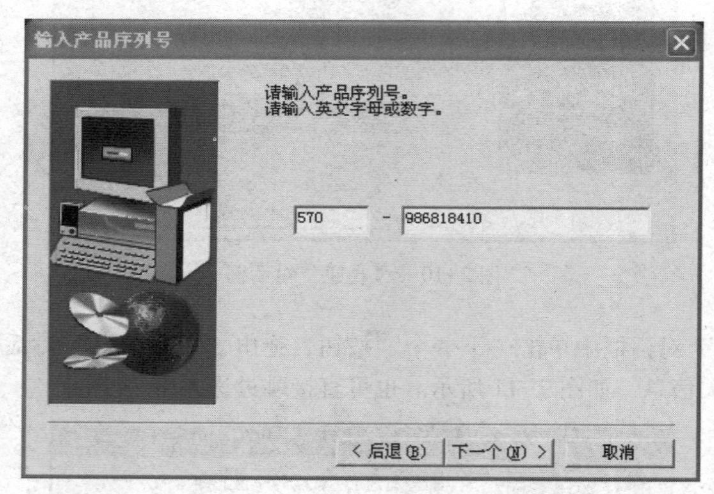

图 2-13　“输入产品序列号”对话框

7. 输入正确的序列号后单击“下一个”按钮，弹出第一个“选择部件”对话框，选中“结构化文本（ST）语言编程功能”复选框，如图 2-14 所示。

8. 单击“下一个”按钮，弹出第二个“选择部件”对话框，不选“监视专用 GX Developer”复选框，如图 2-15 所示。

9. 单击“下一个”按钮，弹出第三个“选择部件”对话框，选中“MEDOC 打印文件的读出”和“从 Melsec Medoc 格式导入 ”复选框，如图 2-16 所示。

10. 单击“下一个”按钮，弹出“选择目标位置”对话框，如图 2-17 所示。

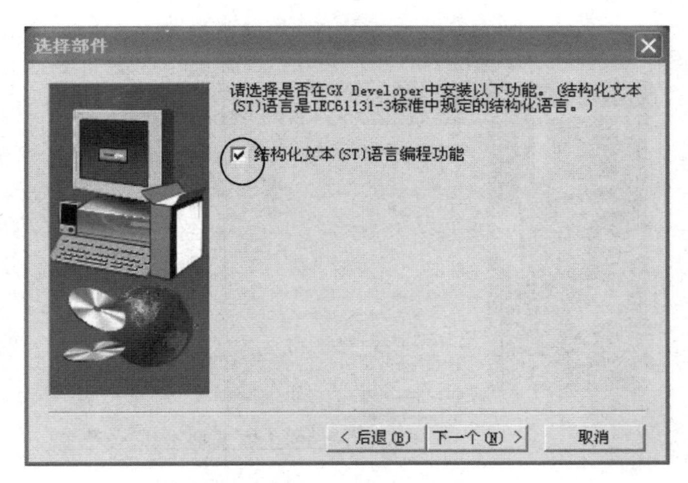

图 2-14 “选择部件”对话框之一

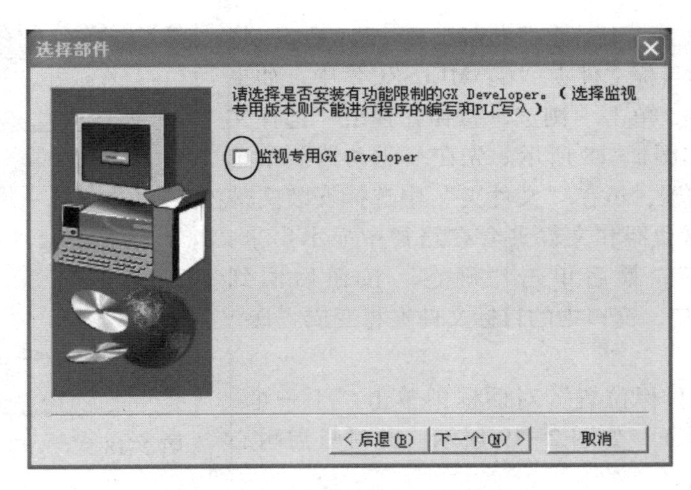

图 2-15 “选择部件”对话框之二

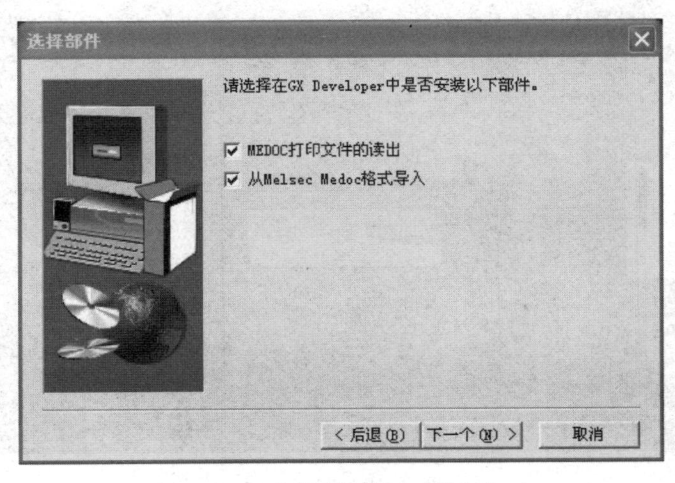

图 2-16 “选择部件”对话框之三

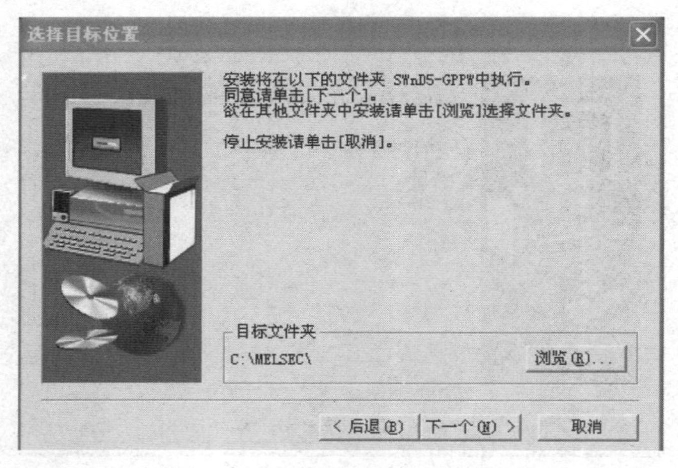

图 2-17 “选择目标位置”对话框

此时可直接单击“下一个”按钮，GX-Developer 将安装到系统设置的目标文件夹“C:\MELSEC”中。如果需要改变目标目录，单击“浏览”按钮，弹出“选择文件夹”对话框，如图 2-18 所示。先在“驱动器”中选择要安装到的驱动器，再在“文件夹”中选择安装文件夹，选择的安装驱动器和文件夹会在路径中显示出来，如“D:\MELSEC”，最后单击“确定”按钮后回到图 2-17 所示的窗口，窗口中的目标文件夹将变成“D:\MELSEC”。

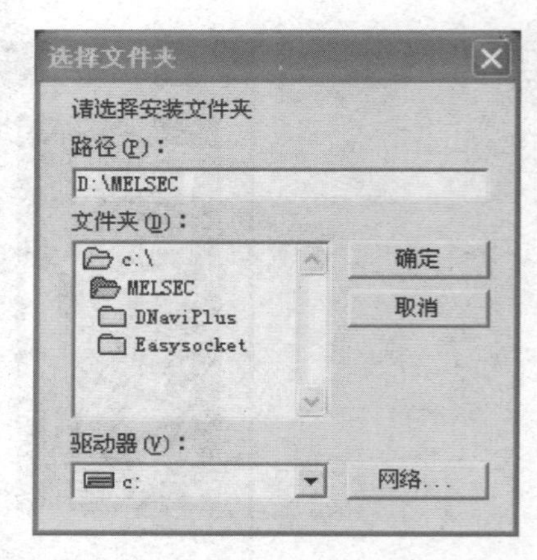

图 2-18 “选择文件夹”对话框

11. 在“选择目标位置”对话框中单击“下一个”按钮，弹出安装界面，如图 2-19 所示，此时只需耐心等待安装完毕即可。

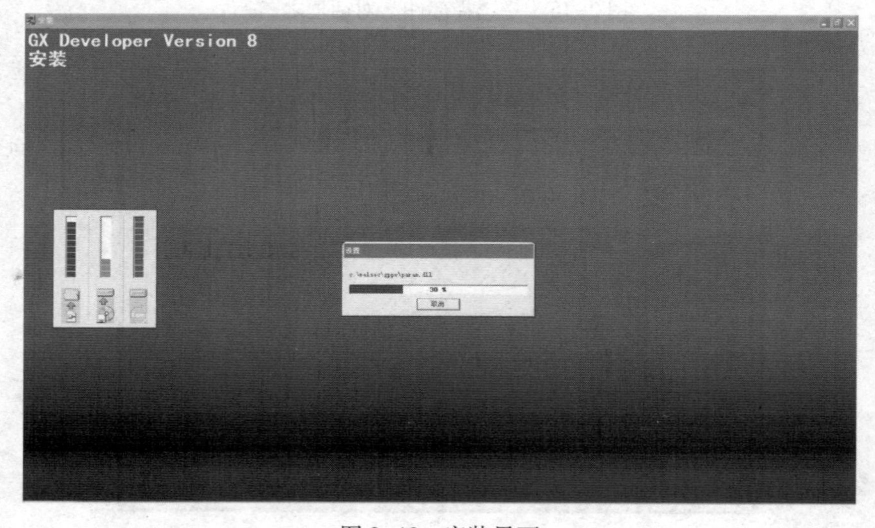

图 2-19 安装界面

12. 软件安装结束后，弹出“信息”对话框，如图 2-20 所示。单击“确定”按钮，完成 GX Developer 编程软件的安装。

图 2-20 “信息”对话框

13. 安装结束后，软件将在桌面上建立一个和 GX Developer 相对应的图标，同时在“开始”菜单→“程序”菜单中建立“MELSOFT 应用程序”→“GX Developer”选项，如图 2-21 所示。双击图标或选择“GX Developer”选项，就可以启动 GX Developer 软件。

图 2-21 “GX Developer”选项

思考与练习

归纳总结软件安装过程中遇到的问题及相应的解决办法。

任务 2 GX Developer 编程软件的应用

技能点：

- 会利用工具栏、菜单栏等编辑梯形图程序、语句表程序和顺序功能图程序

任务提出

本任务的主要内容是利用 GX Developer 软件完成图 2-22 所示梯形图的编辑输入，熟悉软件的基本功能和使用方法。

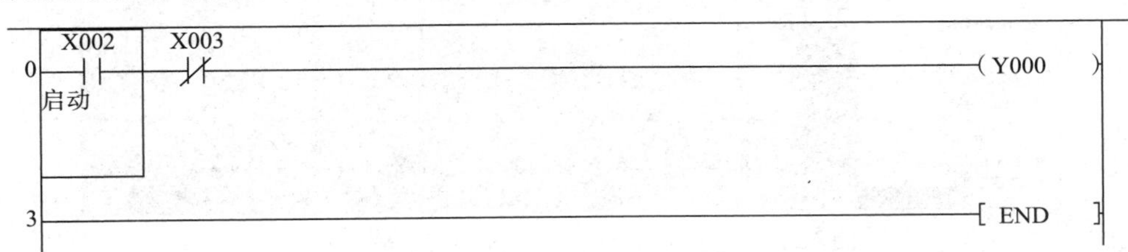

图 2-22 梯形图

相关知识

一、GX Developer 的启动

双击桌面上的“GX Developer”图标，启动 GX Developer，弹出图 2-23 所示的窗口。

图 2-23　GX Developer 程序窗口

二、工程的新建

执行“工程”→“创建新工程”命令，如图 2-24 所示，创建一个新的用户程序（也可在工具栏中直接单击“🗋”图标）。弹出的“创建新工程”对话框如图 2-25 所示，“PLC 系列”选择“FXCPU”，“PLC 类型”选择“FX2N（C）”，在“程序类型”中选择“梯形图”，在“工程名”中输入工程名，并设定工程存放的驱动器和路径，然后单击“确定”按钮，弹出程序编辑界面，如图 2-26 所示（这里输入的工程名为“测试”，也可以不输入工程名而直接单击“确定”按钮，这时工程名的位置显示“工程未设置”）。

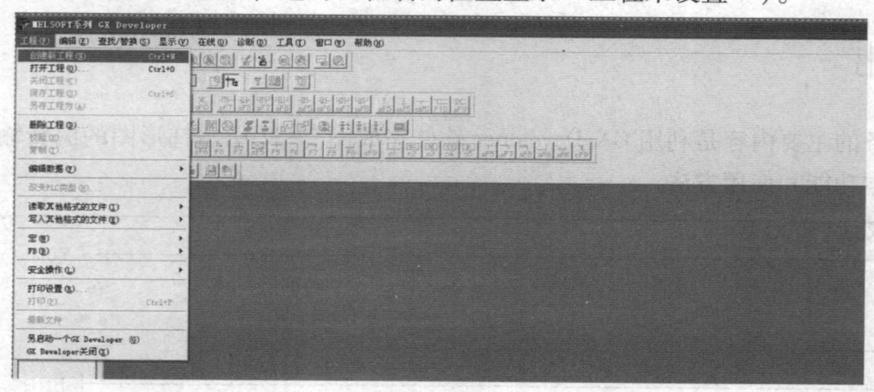

图 2-24　执行“工程”→“创建新工程”命令

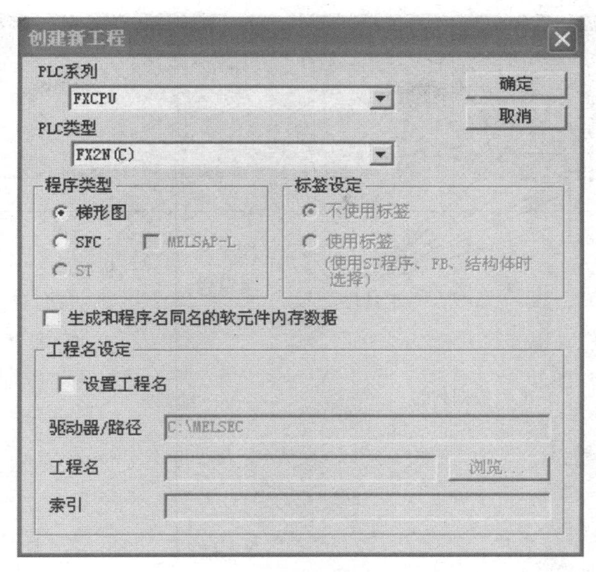

图 2-25 创建新工程

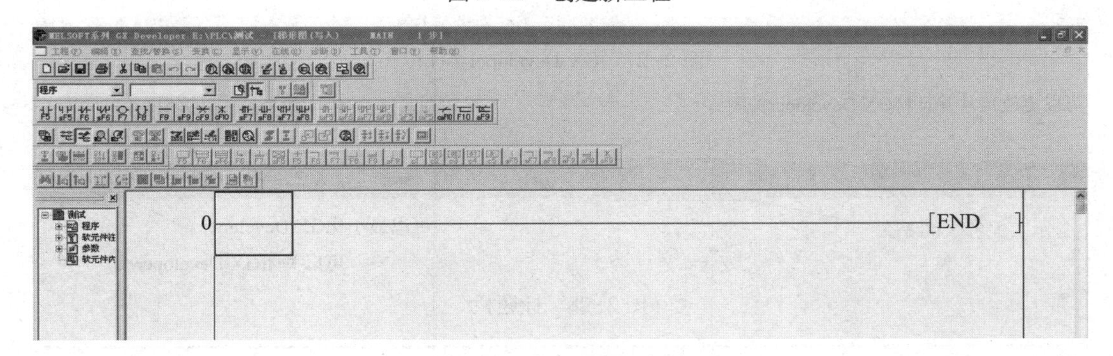

图 2-26 程序编辑界面

三、GX Developer 的窗口组成

弹出程序编辑界面后，屏幕显示如图 2-27 所示，屏幕区域分为标题栏、菜单栏、工具栏、工程数据列表、编辑区和状态栏。

1. 标题栏

标题栏如图 2-28 所示，标题栏显示打开工程的名称和路径，可以更改尺寸并且将 GX Developer 关闭，要批量关闭多个窗口时，选择“窗口”→“全部关闭”命令。

2. 菜单栏

允许使用鼠标或者键盘执行菜单栏中的各种命令，如图 2-29 所示。如可以用菜单栏中的“编辑”菜单进行撤销、剪切、插入等操作。

3. 工具栏

提供常用命令和工具的快捷键，设置每个工具条的内容和外观。GX Developer 编程软件中有很多快速工具栏，如标准工具栏（见图 2-30）、梯形图符号工具栏（见图 2-31）。

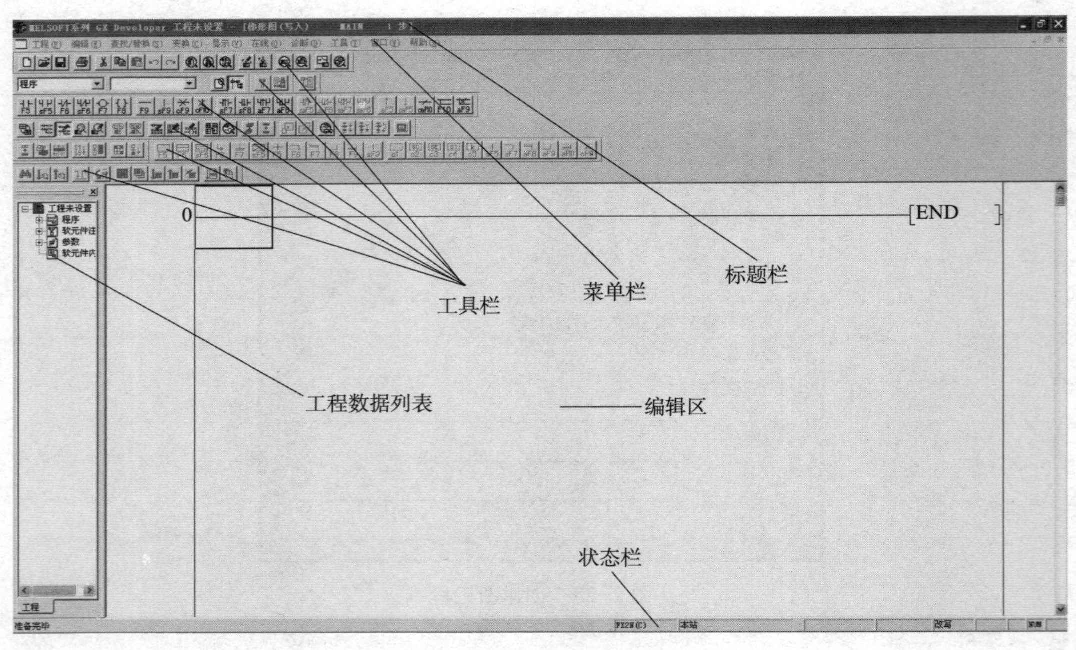

图 2-27　GX Developer 窗口

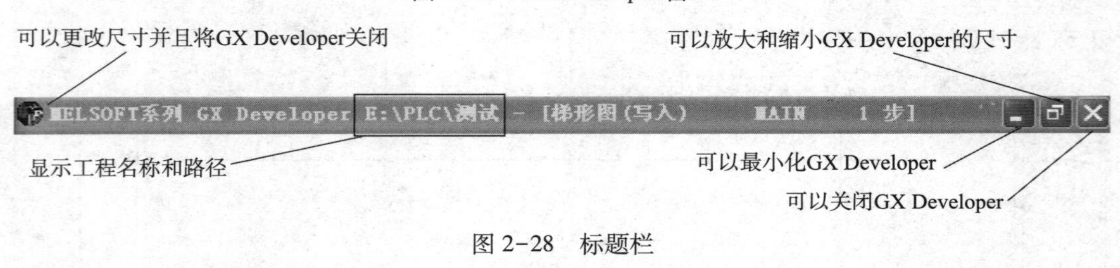

图 2-28　标题栏

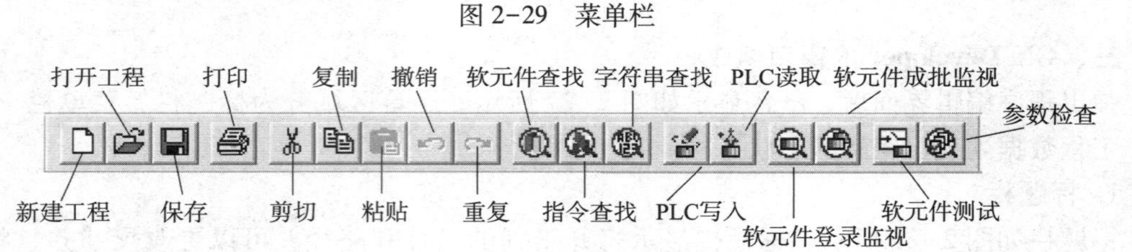

图 2-29　菜单栏

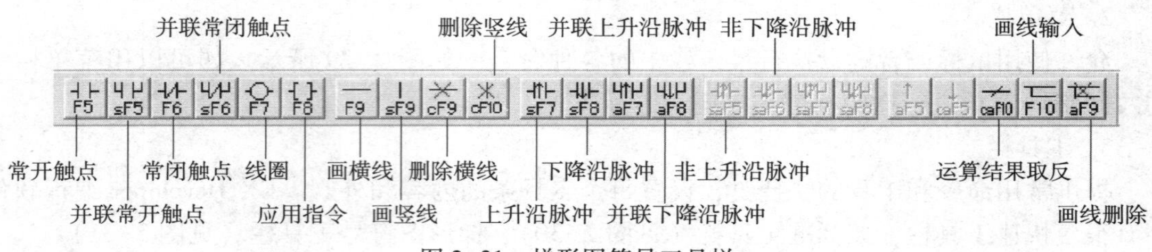

图 2-30　标准工具栏

并联常闭触点　删除竖线　并联上升沿脉冲　非下降沿脉冲　画线输入

常开触点　常闭触点　线圈　画横线　删除横线　下降沿脉冲　非上升沿脉冲　运算结果取反

并联常开触点　应用指令　画竖线　上升沿脉冲　并联下降沿脉冲　画线删除

图 2-31　梯形图符号工具栏

4. 工程数据列表

以分类列表方式显示工程数据，可以直接调用梯形图创建等对话框，如图 2-32 所示。

5. 编辑区

用于对梯形图、注释和参数进行设置，如图 2-33 所示。

6. 状态栏

显示 GX Developer 当前的状态信息，如图 2-34 所示。

四、GX Developer 的菜单使用

1. 工程菜单

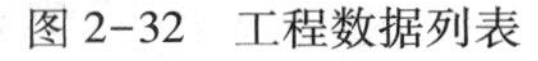

图 2-32 工程数据列表

(1) 新建工程（“Ctrl”+“N”）

功能：创建一个新的工程（与标准工具栏中“ ”图标的功能相同）。

操作方法：执行“工程”→“创建新工程”命令，或同时按“Ctrl”+“N”键。此功能已在图 2-24~图 2-26 中介绍，这里不再赘述。

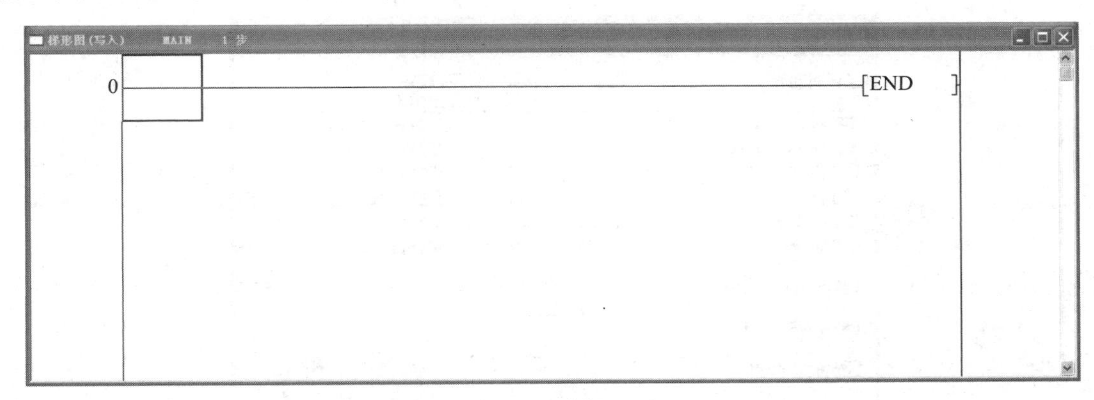

图 2-33 编辑画面

图 2-34 状态栏

(2) 打开文件（“Ctrl”+“O”）

功能：打开一个已有的工程以及注释数据等（与标准工具栏中“ ”图标的功能相同）。

操作方法：以打开“E:\PLC\测试”工程为例。执行“工程”→“打开工程”命令，或同时按“Ctrl”+“O”键，弹出“打开工程”对话框，将“工程驱动器”由“-c-”改为“-e-”，如图 2-35 所示；双击对话框中显示的“PLC”，对工程路径进行指定，如图 2-36 所示；单击对话框中的“测试”图标，指定打开工程名，单击“打开”按钮，打开所指定的工程，如图 2-37 所示。

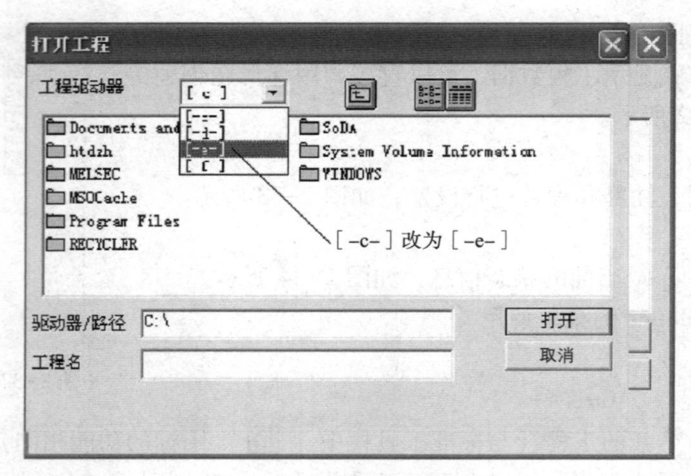

图 2-35　选择工程驱动器

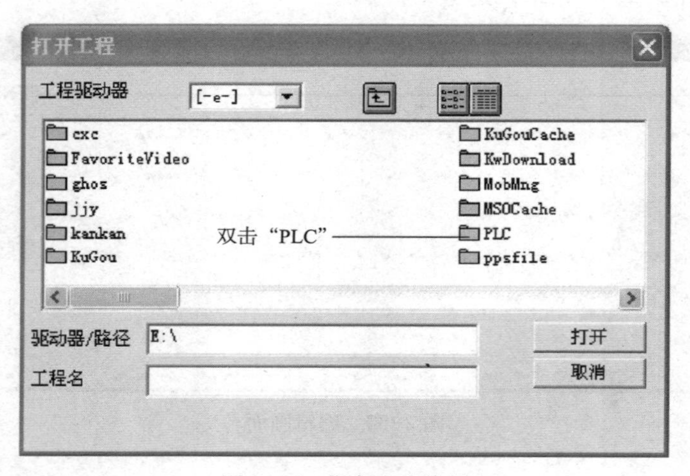

图 2-36　指定工程路径

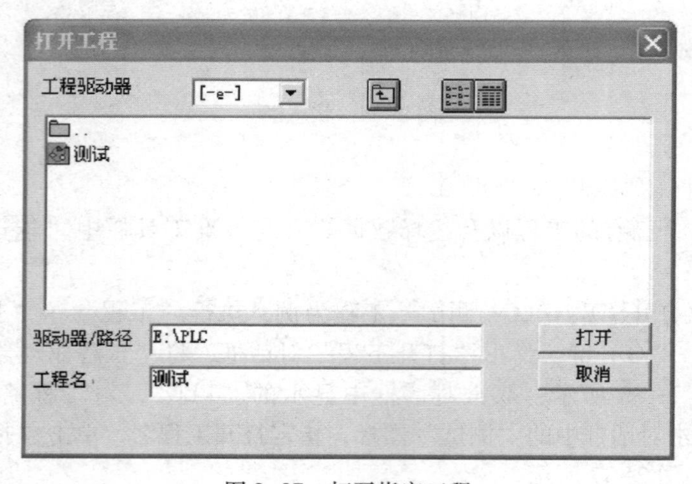

图 2-37　打开指定工程

(3) 保存工程 ("Ctrl" + "A")

功能：指定保存文件的文件名及路径，保存程序以及注释数据等（与标准工具栏中"💾"图标的功能相同）。

操作方法：执行"工程"→"保存"命令，弹出图 2-38 所示的"另存工程为"对话框，选择保存工程的驱动器；对工程路径进行指定；对工程进行命名；设置工程索引，工程索引字数在半角 32 个字符（全角 16 个字符）以内；最后单击"保存"按钮。

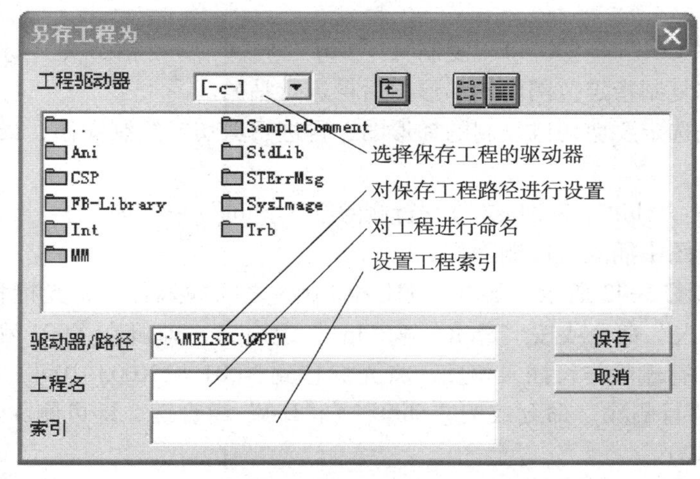

图 2-38 "另存工程为"对话框

2. 编辑菜单

(1) 撤销 ("Ctrl" + "Z")

功能：恢复原来的状态。

操作方法：执行"编辑"→"撤销"命令或者按快捷键"Ctrl"+"Z"。

(2) 返回至梯形图变换后的状态

功能：编辑梯形图时，返回至梯形图变换后的状态重新编辑梯形图。

操作方法：执行"编辑"→"返回至梯形图变换后的状态"命令。图 2-39 所示是原梯形图，当编辑 LD X001、ANI X002 后，梯形图如图 2-40 所示。若想放弃这次编辑，就可以执行"编辑"→"返回至梯形图变换后的状态"命令，这时会弹出确认对话框，如图 2-41 所示，单击"是"按钮，梯形图即可恢复图 2-39 所示的状态。

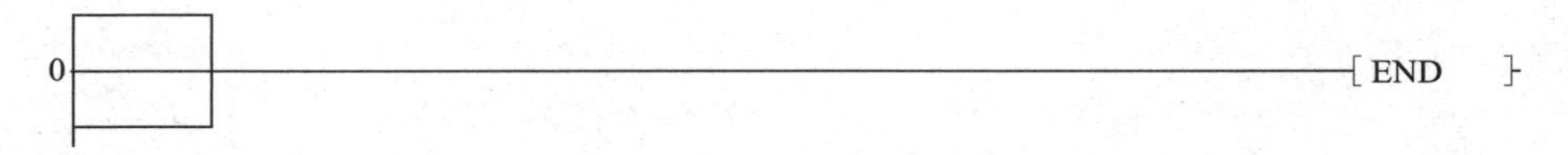

图 2-39 原梯形图

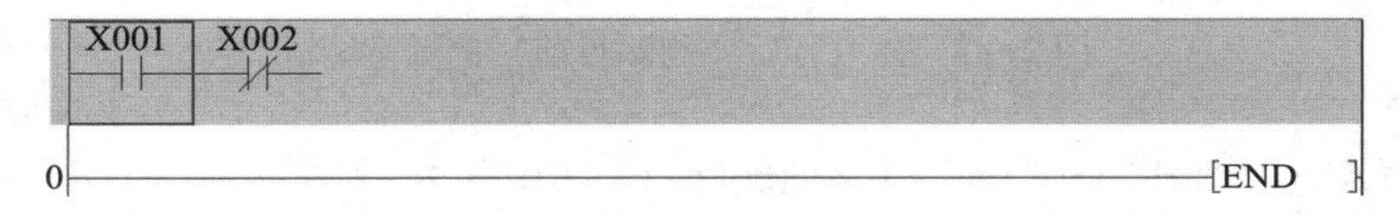

图 2-40 增加指令 LD X001 和 ANI X002 后的梯形图

图 2-41　确认对话框

（3）剪切（“Ctrl”+“X”）/复制（“Ctrl”+“C”）/粘贴（“Ctrl”+“V”）

功能：剪切或复制指定范围内的梯形图后再进行粘贴。

操作方法：先选定要剪切或复制的梯形图，再进行剪切或复制操作，最后选定目标位置进行粘贴。

（4）行插入（“Shift”+“Ins”）/行删除（“Shift”+“Del”）

功能：在梯形图中插入行或删除行。

操作方法：如图 2-42 所示，要在 X001 和 X003 之间插入行，将光标移到 X003，执行“编辑”→“行插入”命令或按“Shift”+“Ins”组合键，即可在 X001 和 X003 之间插入行（见图 2-43）。行删除与行插入相反，将光标移到 X001 与 X003 中间，如图 2-43 所示，执行“编辑”→“行删除”命令或按“Shift”+“Del”组合键，即可删除 X001 和 X003 之间的行（见图 2-42）。

图 2-42　插入行前（删除行后）的示意图

图 2-43　插入行后（删除行前）的示意图

（5）列插入（“Ctrl”+“Ins”）/列删除（“Ctrl”+“Del”）

功能：在梯形图中插入列或删除列。

操作方法：如图 2-44 所示，要在 X001 和 X002 之间插入列，将光标移到 X002，执行“编辑”→“列插入”命令或按“Ctrl +Ins”组合键，即可在 X001 和 X002 之间插入列（见图 2-45）。列删除与列插入相反，将光标移到 X001 与 X002 中间，如图 2-45 所示，执行“编辑”→“列删除”命令或按“Ctrl +Del”组合键，即可删除 X001 和 X002 之间的列（见图 2-44）。

图 2-44 插入列前（删除列后）的示意图

图 2-45 插入列后（删除列前）的示意图

（6）NOP 批量插入

功能：批量插入 NOP 指令。

操作方法：将光标移至要插入的行的位置（任意），执行“编辑”→“NOP 批量插入”命令，“NOP 批量插入”对话框如图 2-46 所示，输入插入 NOP 的个数，单击“确定”按钮。

（7）NOP 批量删除

功能：批量删除 NOP 指令。

操作方法：将光标移至要删除的行的位置（任意），执行“编辑”→“NOP 批量删除”命令，弹出确认对话框，单击“是”按钮，如图 2-47 所示。

（8）划线写入/划线删除

功能：在梯形图中写入划线或删除划线。

操作方法：划线写入，将光标移至要写入划线的位置，执行“编辑”→“划线写入”命令或单击“ ”图标。划线删除，将光标移至要删除的划线位置，执行“编辑”→“划线删除”命令或单击“ ”图标。

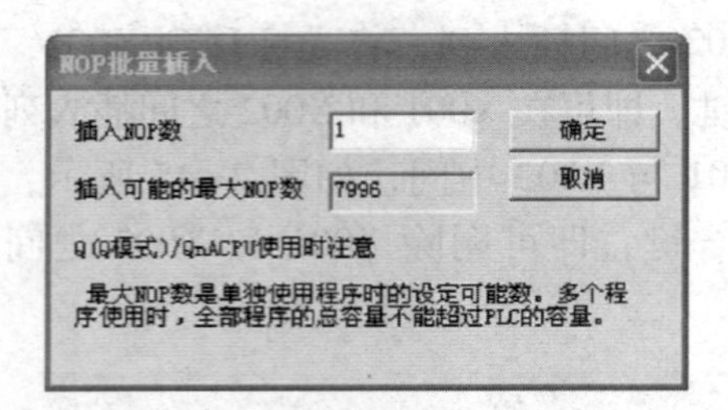

图 2-46　“NOP 批量插入”对话框

图 2-47　批量删除 NOP

（9）TC 设置值改变

功能：将程序所用的定时器、计数器的设置值进行列表显示，对设置值进行批量变更，对于 SFC，显示的程序内的定时器、计数器的设置值可以进行变更。

操作方法：执行“编辑”→“ TC 设置值改变”命令，弹出“TC 设置值改变”对话框，如图 2-48 所示。

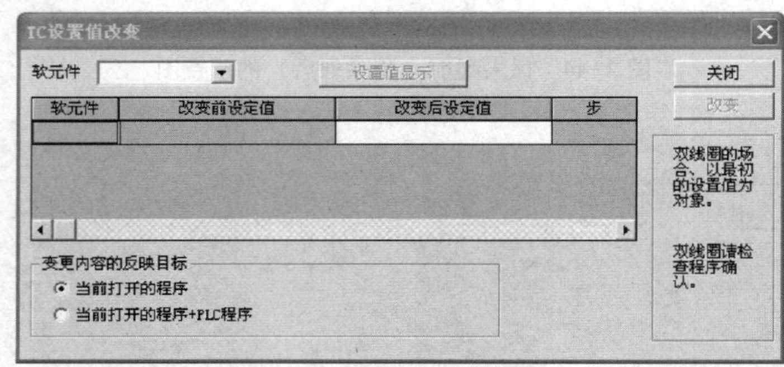

图 2-48　“TC 设置值改变”对话框

利用“软元件”下拉菜单指定定时器、计数器；再单击“设置值显示”按钮，使指定的定时器、计数器当前的设置值在“改变前设定值”中显示出来；在“改变后设定值”中输入变更后的值。“变更内容的反映目标”应根据程序选择相应的选项；最后单击“改变”按钮，对设置值执行变更。

3. 查找/替换菜单

（1）软元件查找

功能：查找程序中的软元件，对处于打开状态工程中的其他程序也可以进行查找。

操作方法：执行“查找/替换”→“软元件查找”命令，或单击“ ”图标，弹出“软元件查找”对话框，如图 2-49 所示。“查找软元件”下拉菜单用于指定要查找的软元件，在梯形图/列表中查找标签、软元件时，仅查找与标签、软元件完全一致的字符串。“查找选项”可以设置查找对象的类型。

（2）指令查找

功能：查找程序中的指令。

操作方法：执行“查找/替换”→“指令查找”命令，或单击“ ”图标，弹出“指令查找”对话框，如图 2-50 所示。“查找指令”下拉菜单用于指定要查找的指令符号及指令名，可指定的指令符号如图2-51所示。

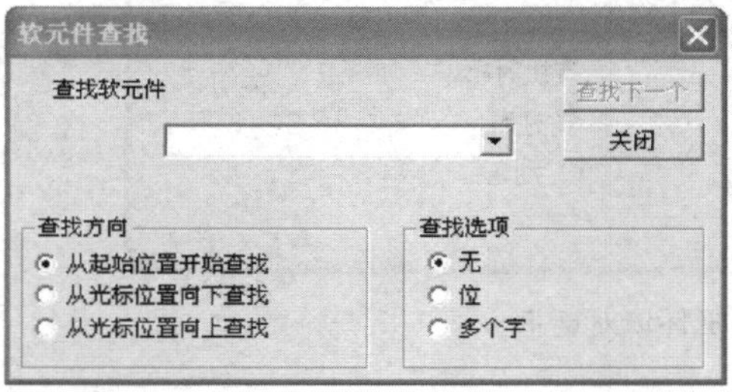

图2-49 “软元件查找”对话框

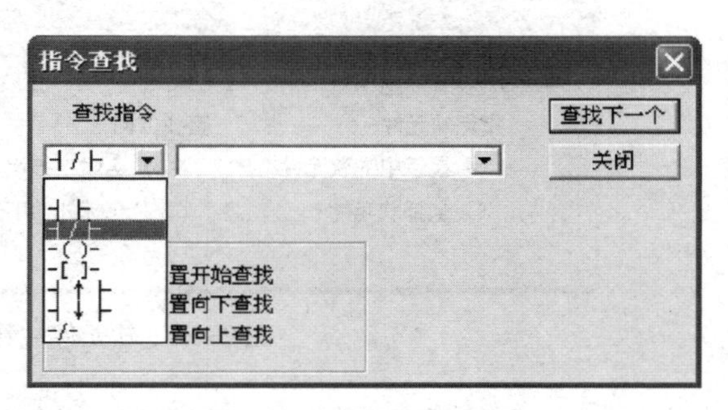

图2-50 “指令查找”对话框

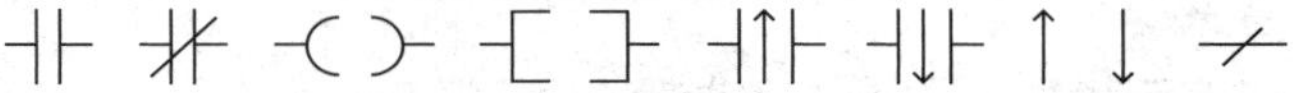

图2-51 可指定的指令符号

（3）步号查找

功能：编辑行间声明/注解时，查找步号并将其显示在画面中。

操作方法：执行“查找/替换”→“步号查找”命令，弹出“步号查找”对话框，如图2-52所示。指定要查找的步号，单击“确定”按钮，将显示所指定的梯形图。

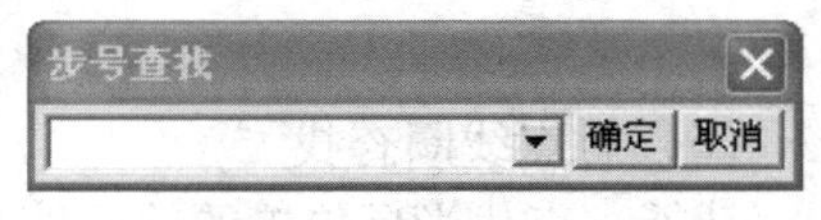

图2-52 “步号查找”对话框

（4）字符串查找

功能：查找程序、软元件注释、软元件内存等各编辑画面中的字符串。

操作方法：执行“查找/替换”→“字符串查找”命令，或单击“ ”图标，在不同环境下，会弹出不同的对话框，梯形图/列表编辑环境的对话框如图2-53所示；软元件注释编辑环境的对话框如图2-54所示；软元件内存编辑环境的对话框如图2-55所示。“查找字符串”下拉菜单用于指定要查找的字符串（应指定为半角64个字符或全角32个字符以内）。若选择“指定软元件”中“显示中的软元件”，则仅查找处于显示状态的元件，而选择“全部软元件”也会对未显示在画面中的软元件进行查找。在“查找对象”中可对查找对象的注释、别名、标签（仅在标签程序）进行选择。

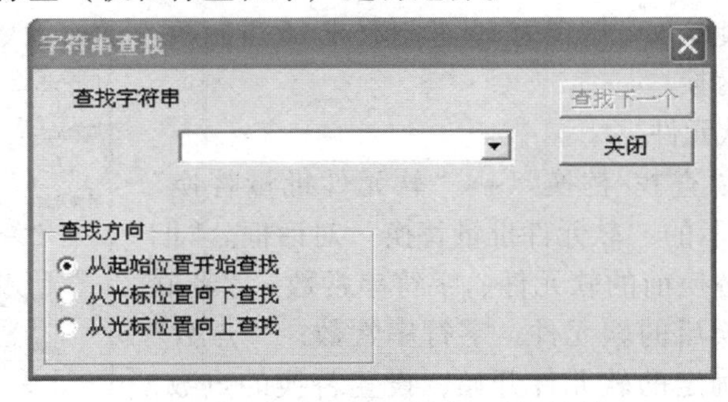

图2-53 梯形图/列表编辑环境对话框

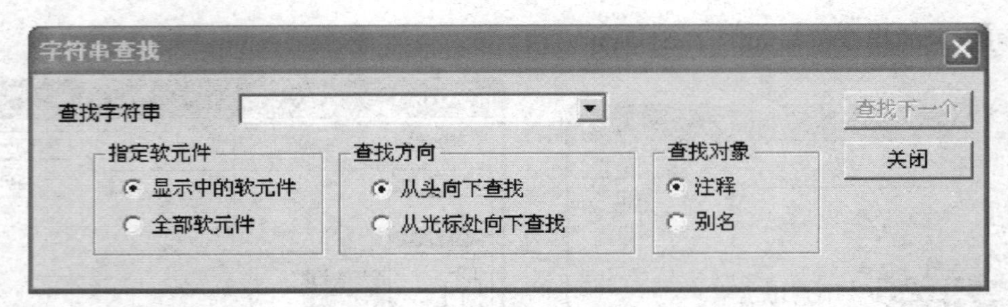

图 2-54　软元件注释编辑环境对话框

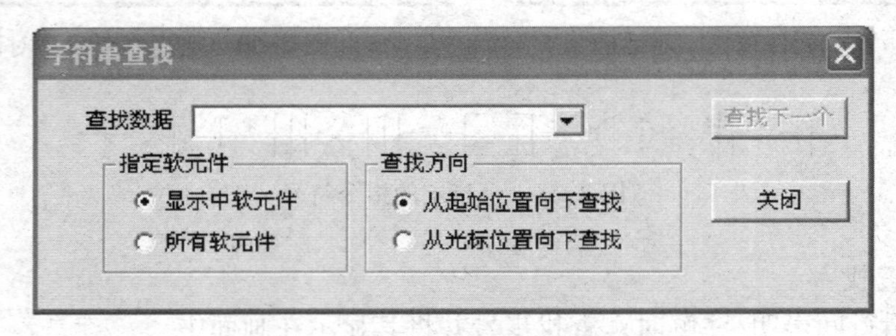

图 2-55　软元件内存编辑环境对话框

（5）触点线圈查找

功能：查找光标位置的软元件对应的触点、线圈。

操作方法：执行“查找/替换”→“触点线圈查找”命令，弹出图 2-56 所示的“触点线圈查找”对话框。“触点/线圈”用于选择查找对象是触点还是线圈，软元件输入栏用于设置要查找的软元件，单击“查找”按钮，查找从程序的起始位置开始执行，有多个程序时，其他程序也将成为查找对象。

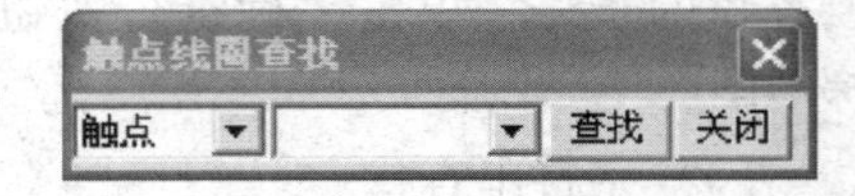

图 2-56　“触点线圈查找”对话框

（6）软元件替换

功能：替换当前编辑程序的软元件、字符串等。

操作方法：执行“查找/替换”→“软元件替换”命令，弹出图 2-57 所示的“软元件替换”对话框。“旧软元件”下拉菜单用于指定替换前的软元件、字符串常数，“新软元件”下拉菜单用于指定替换后的软元件、字符串常数，“替换点数”的设置从旧软元件设置中确定的软元件开始，替换点数可指定为 10 进制数或 16 进制数。

（7）软元件批量替换

功能：替换多个软元件。

操作方法：执行“查找/替换”→“软元件批量替换”命令，弹出图 2-58 所示的“软元件批量替换”对话框。“旧软元件”栏用于指定替换前的软元件、字符串常数；“新软元件”栏用于指定替换后的软元件、字符串常数；“点数”栏以旧软元件设置中确定的软元件开始，设置替换的点数，替换点数可设置为 10 进制数或 16 进制数；“点数形式”栏

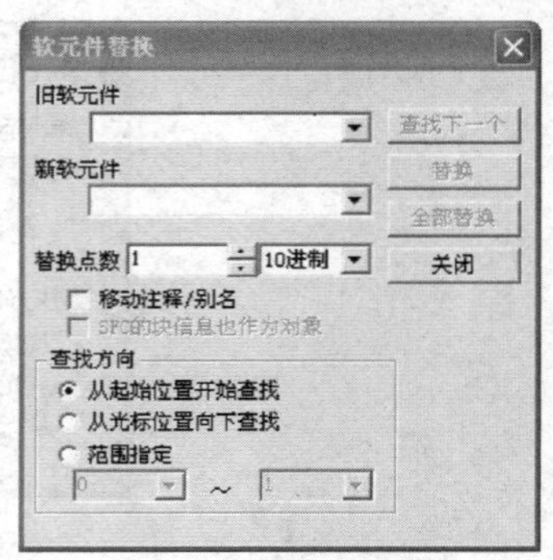

图 2-57　“软元件替换”对话框

用于设置替换点数为 10 进制数或 16 进制数。

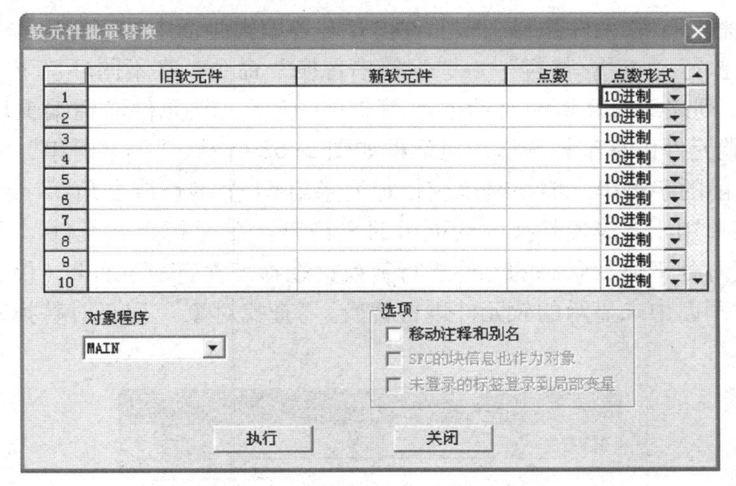

图 2-58 “软元件批量替换”对话框

（8）指令替换

功能：替换当前编辑程序的指令。

操作方法：执行“查找/替换”→“指令替换”命令，弹出的“指令替换”对话框如图 2-59 所示。“旧指令”下拉菜单用于指定替换前的指令，“新指令”下拉菜单用于指定替换后指令。

（9）常开常闭触点互换

功能：将当前编辑程序中的指令软元件的常开触点变更为常闭触点，将常闭触点变更为常开触点。

操作方法：执行“查找/替换”→“常开常闭触点互换”命令，弹出“常开常闭触点互换”对话框，如图 2-60 所示。“软元件”下拉菜单用于指定要互换常开/常闭触点的软元件；“替换点数”用于设置指定软元件开始的常开/常闭触点的连续替换点数，在标签编程的情况下，如果将“替换点数”设置为 1 以外的数字，将不能进行替换，因此必须设置为 1 点，即使已设置了 2 点以上，也只能变更为 1 点。

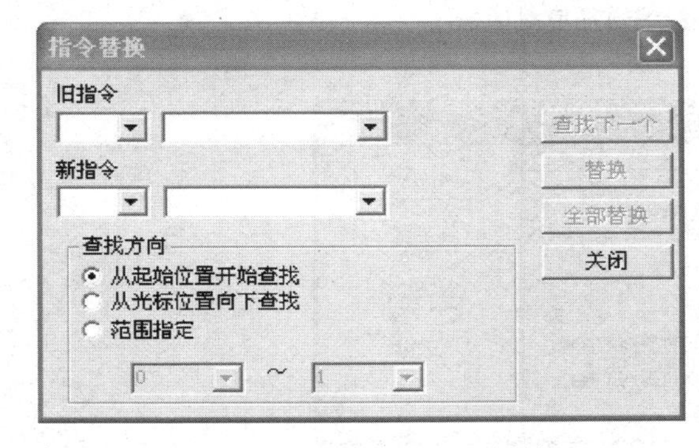

图 2-59 “指令替换”对话框

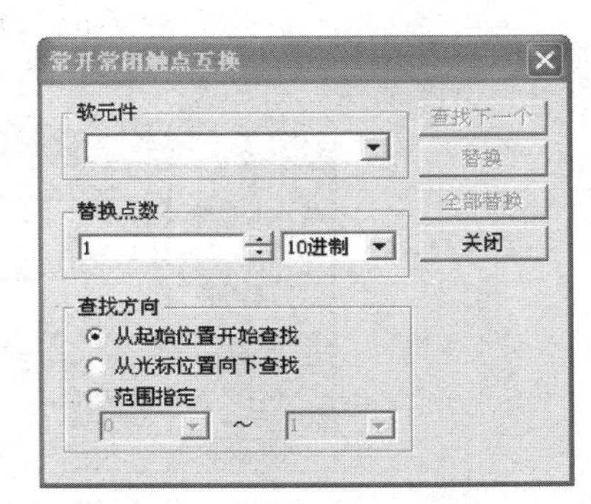

图 2-60 “常开常闭触点互换”对话框

（10）字符串替换

功能：替换程序、软元件注释、软元件内存等各编辑画面中的字符串。

操作方法：执行“查找/替换”→“字符串替换”命令，在不同环境下，会弹出不同的对话框，梯形图/列表编辑环境的对话框如图 2-61 所示；软元件注释编辑环境的对话框如图 2-62 所示；软元件内存编辑环境的对话框如图 2-63 所示。“旧字符串”下拉菜单用于指定要替换的变更前的字符串，旧字符串应指定为半角 64 个字符或全角 32 个字符以内；“新字符串”下拉菜单用于指定要替换的变更后的字符串。在“指定软元件”中选择“显示中的软元件”则仅对处于显示状态的元件进行替换；选择“全部软元件”（仅软元件注释编辑环境）则也会对画面中未显示的软元件进行替换。“查找对象”用于对替换对象的注释、别名进行选择。

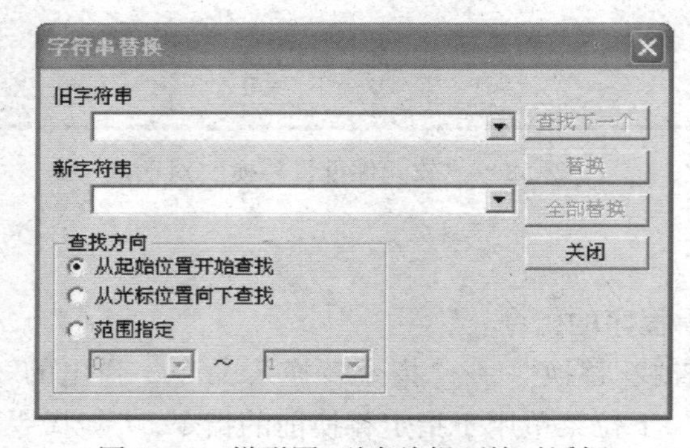

图 2-61　梯形图/列表编辑环境对话框

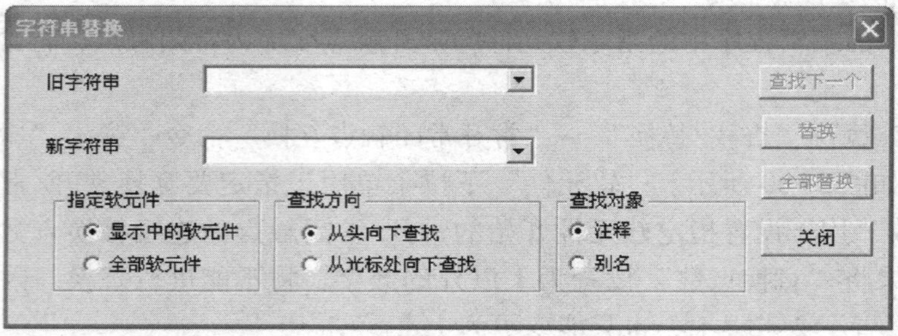

图 2-62　软元件注释编辑环境对话框

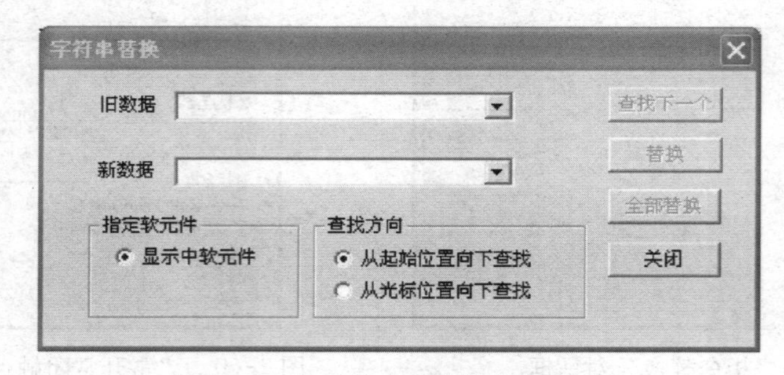

图 2-63　软元件内存编辑环境对话框

4. 窗口菜单

（1）重叠显示

窗口重叠排列，所有的标题栏都可以被看见，如图 2-64 所示。

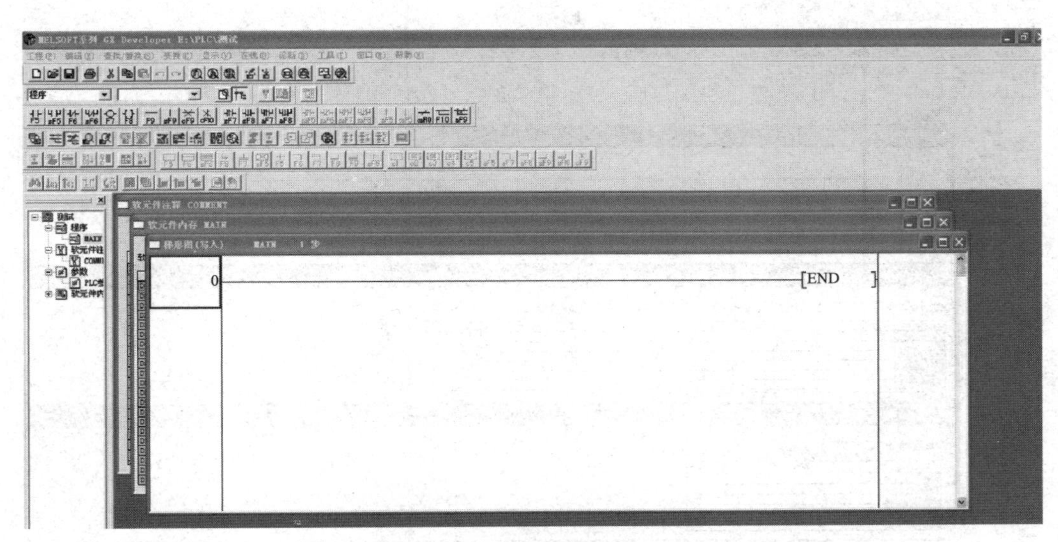

图 2-64　重叠显示

（2）左右并列显示

被打开的窗口由左到右依次排列，如图 2-65 所示。

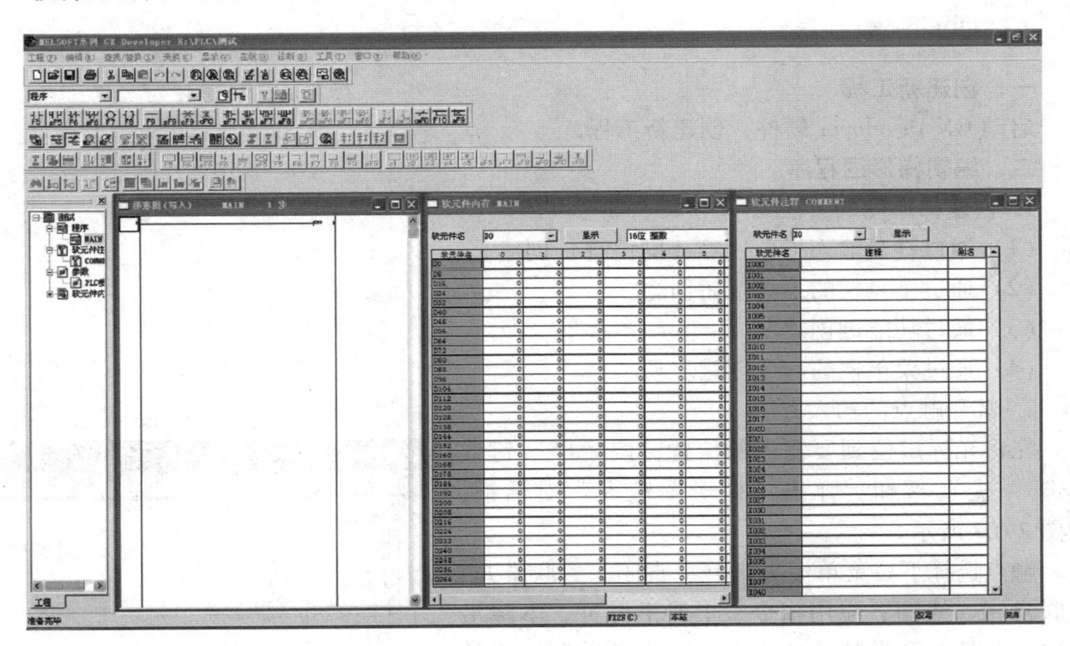

图 2-65　左右并列显示

（3）上下并列显示

被打开的窗口由上到下依次排列，如图 2-66 所示。

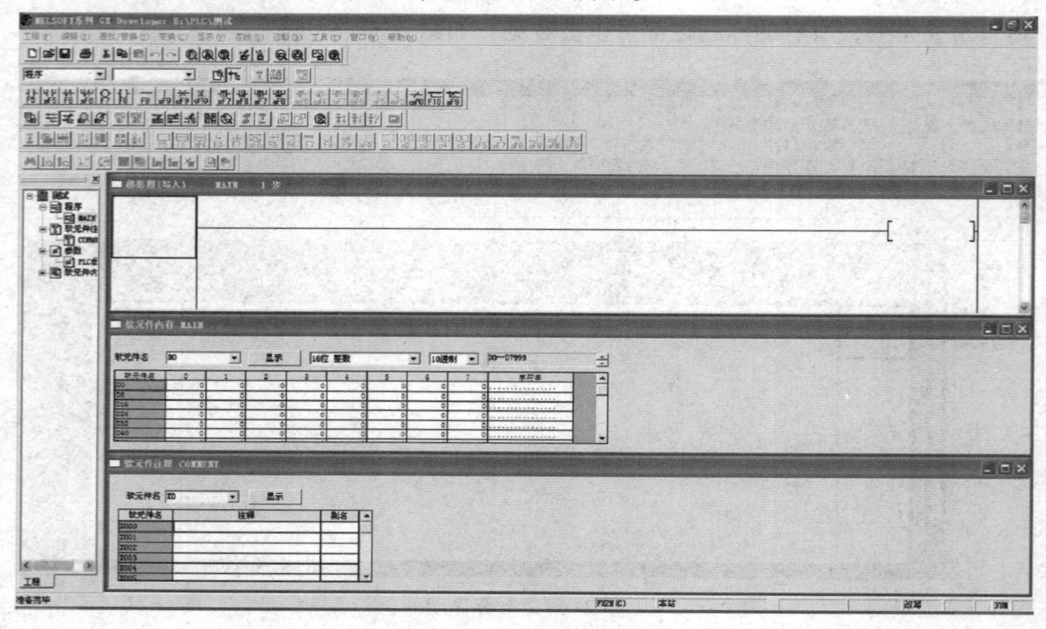

图 2-66　上下并列显示

任务实施

一、创建新工程

启动 GX Developer 软件，创建新工程。

二、编辑梯形图程序

1. 创建梯形图的方法

（1）通过键盘输入指令代号（助记符）创建。

（2）通过工具栏的工具按钮创建。

（3）通过功能键创建。

（4）通过菜单栏的命令创建。

2. 常开触点的输入方法

先将光标定位到要输入的位置，按“F5”键或单击“F5”按钮，弹出“梯形图输入”对话框，如图 2-67 所示。

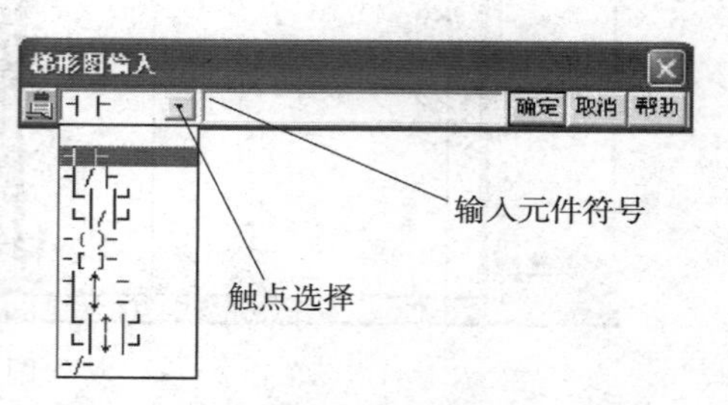

图 2-67　“梯形图输入”对话框

触点选择下拉菜单中有常开、常闭、并联常开、并联常闭、线圈、应用指令、上升沿脉冲、下降沿脉冲、并联上升沿脉冲、并联下降沿脉冲和运算结果取反几个触点类型。例如，选择常开触点符号，并输入“X002”，如图 2-68 所示。单击“确定”按钮，GX Developer 程序编辑的界面如图 2-69 所示。

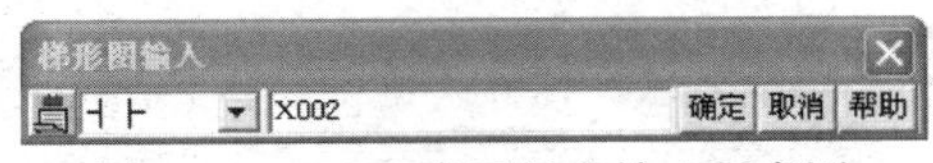

图 2-68　X002 常开触点输入示意图

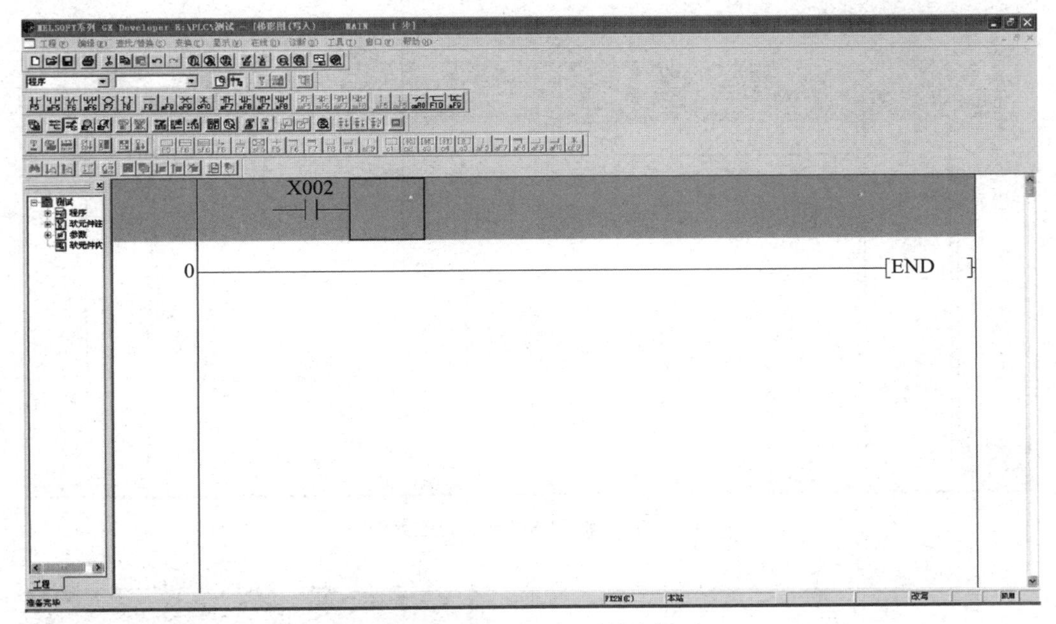

图 2-69　输入 X002 后的主界面

3. 常闭触点的输入方法

先将光标定位到要输入的位置，按“F6”键或单击“ ”按钮，弹出“梯形图输入”对话框，其操作方法与输入常开触点的方法相同。例如，输入常闭触点 X003（见图 2-70），单击“确定”按钮，GX Developer 程序编辑的界面如图 2-71 所示。

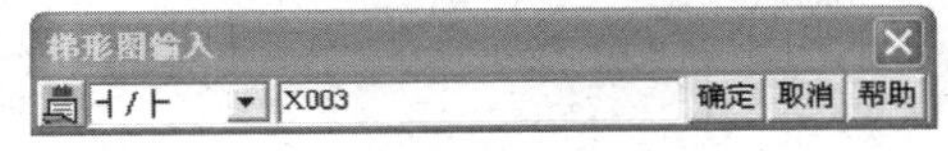

图 2-70　X003 常闭触点输入示意图

如果在输入过程中出现错误（见图 2-72），单击“确定”按钮就会弹出“指令帮助”对话框（见图 2-73），在该对话框的“指令选择”选项卡中选择合适的指令，再单击“确定”按钮即可。例如，选择输出线圈 Y000（见图 2-74），单击“确定”按钮，GX Developer 程序编辑的界面如图 2-75 所示。

4. 并联触点的输入方法

先将光标定位到要输入的位置，按“Shift”+“F5”键或单击“ ”按钮，弹出“梯形图输入”对话框，其操作方法与输入常开触点的方法相同。例如，输入并联触点 Y000（见图 2-76），单击“确定”按钮，GX Developer 程序编辑的界面如图 2-77 所示。

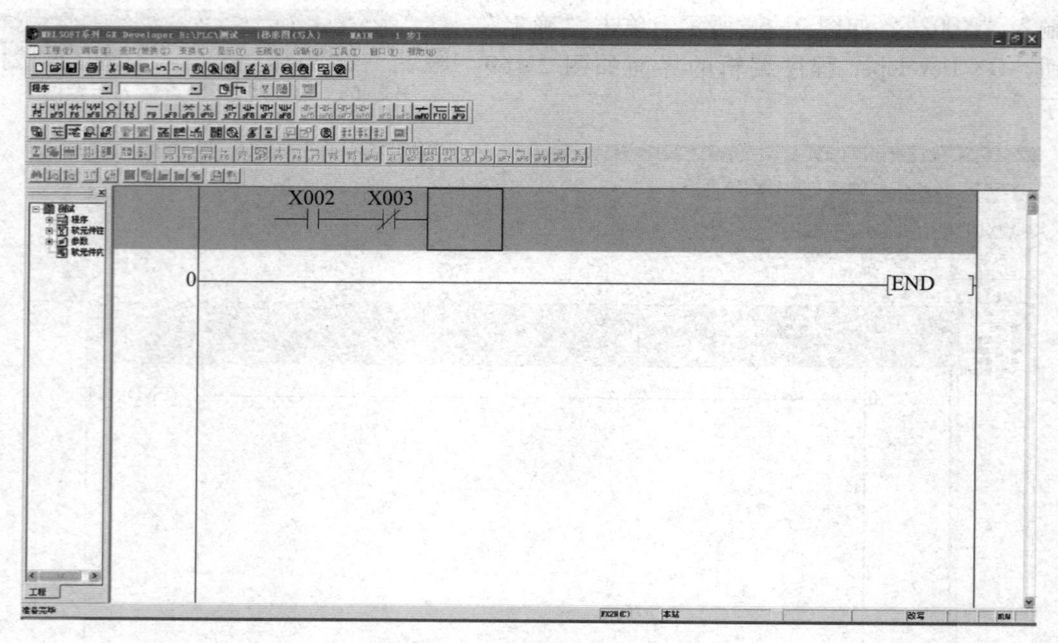

图 2-71　输入 X003 后的主界面

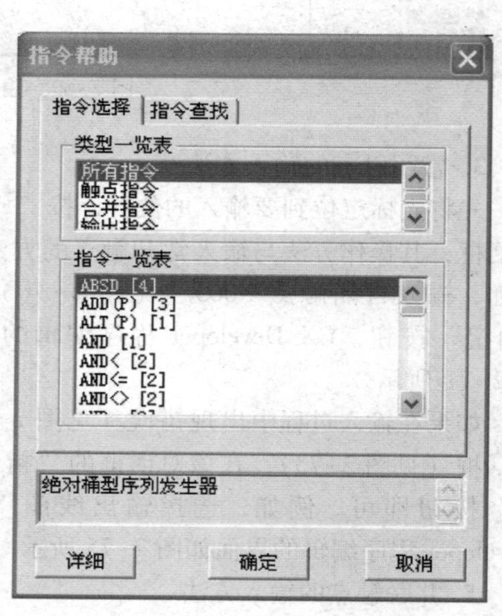

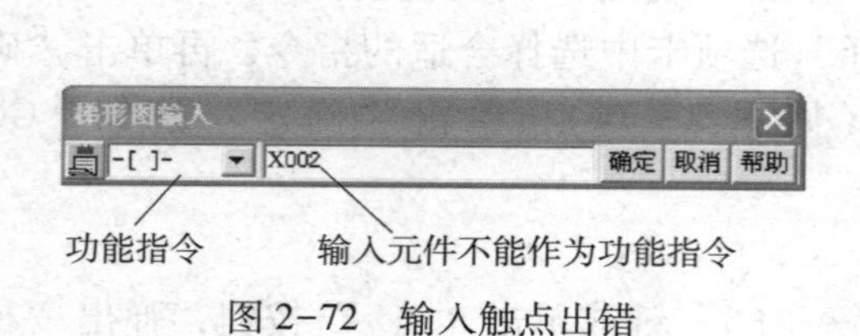

图 2-72　输入触点出错

图 2-73　“指令帮助”对话框

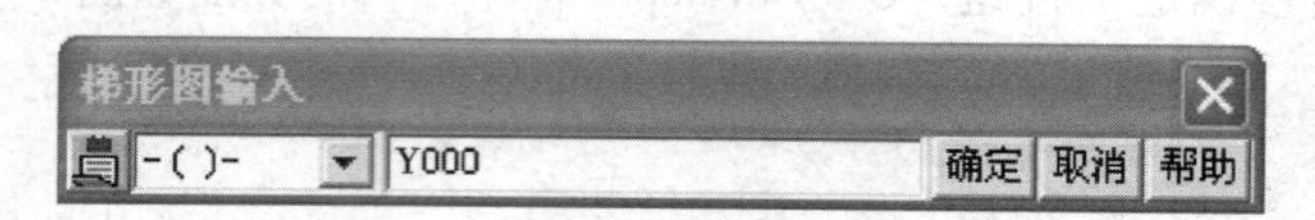

图 2-74　Y000 输出线圈输入示意图

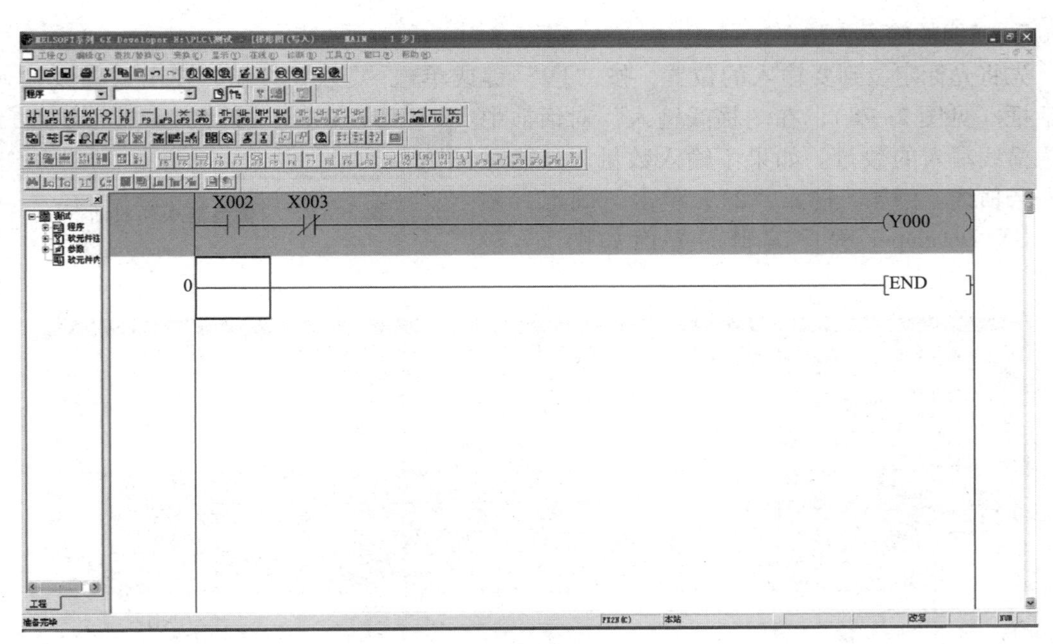

图 2-75 输入 Y000 后的主界面

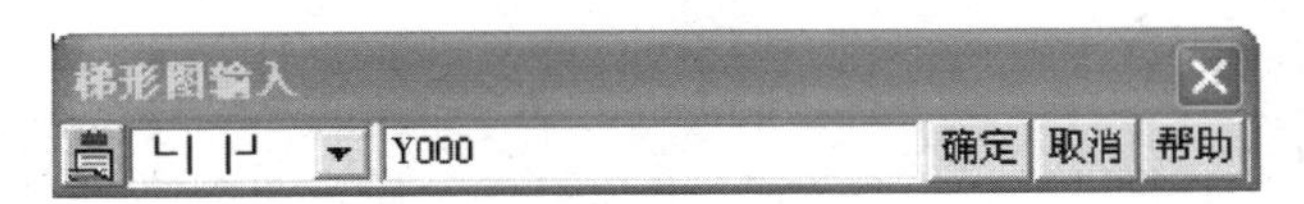

图 2-76 并联 Y000 常开触点输入示意图

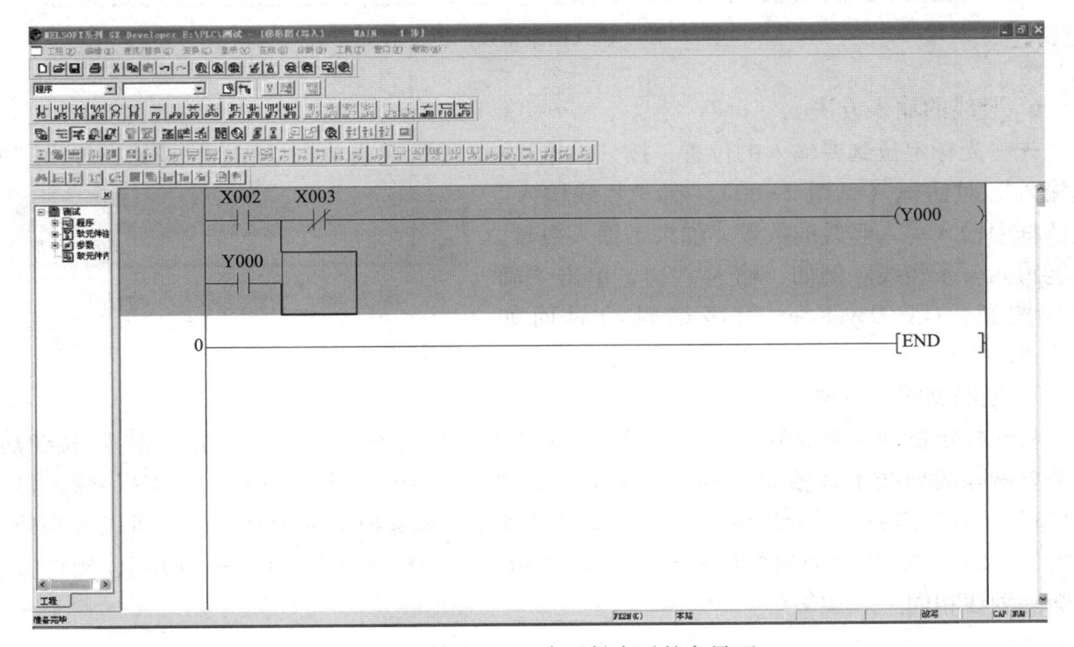

图 2-77 输入 Y000 常开触点后的主界面

5. 横线的输入方法

先将光标定位到要输入的位置，按“F9”键或单击“ F9 ”按钮，弹出“横线输入”对话框（见图 2-78），在“横线输入”对话框中输入横线写入的数量。如果不输入数量，只能写入一条横线。例如，输入“2”，单击“确定”按钮，GX Developer 程序编辑的界面如图 2-79 所示。

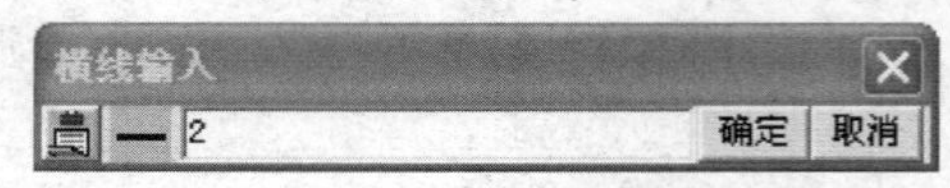

图 2-78　“横线输入”对话框

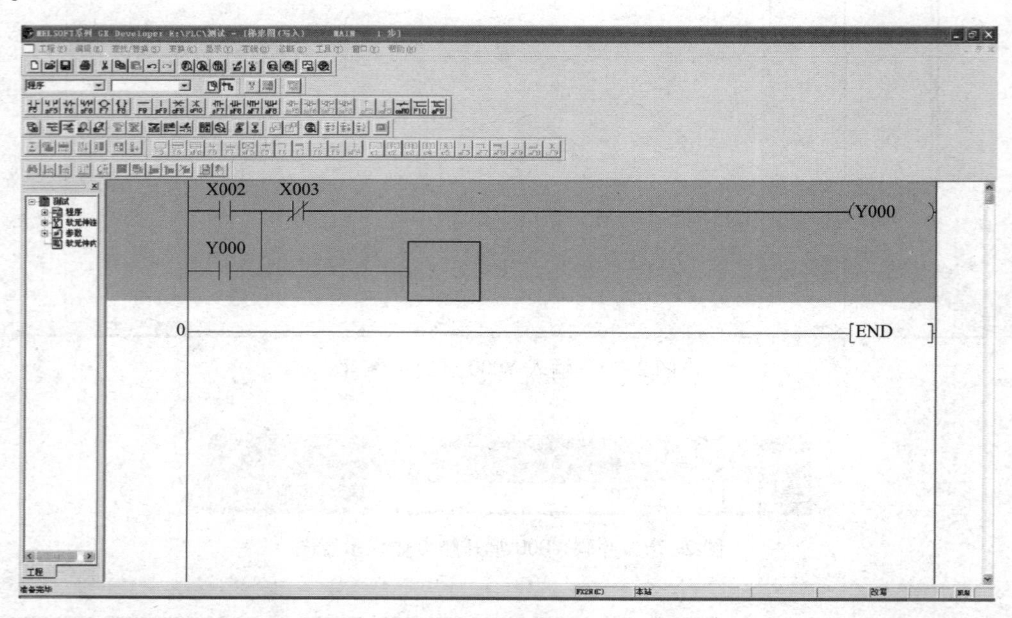

图 2-79　输入两条横线后的主界面

6. 竖线的输入方法

先将光标定位到要输入的位置，按“Shift”+“F9”键或单击“ sF9 ”按钮，弹出“竖线输入”对话框（见图 2-80），在“竖线输入”对话框中输入写入竖线的数量。如果不输入数量，只能写入一条竖线。例如，输入“2”，单击“确定”按钮，GX Developer 程序编辑的界面如图 2-81 所示。

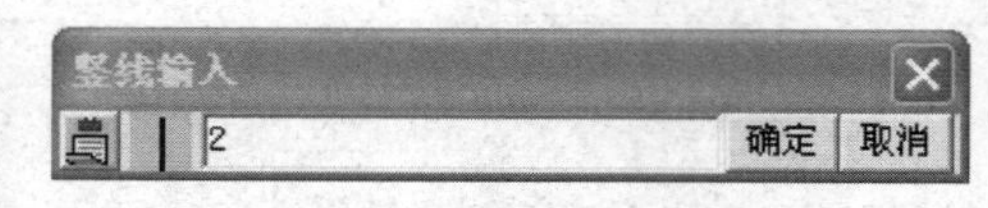

图 2-80　“竖线输入”对话框

7. 删除划线的方法

将光标定位到要删除的位置，划线删除是以光标的左侧为始点，单击“ aF9 ”按钮后，在需要删除的划线上拖拽鼠标即可将其删除。也可以按快捷键“Alt”+“F9”后，再按“Shift”+方向键在需要删除的划线上移动将其删除。删除横线或者竖线时，可以分别使用“ cF9 ”“ cF10 ”按钮，对应的快捷键分别是“Ctrl”+“F9”和“Ctrl”+“F10”，操作方法与删除划线相同。

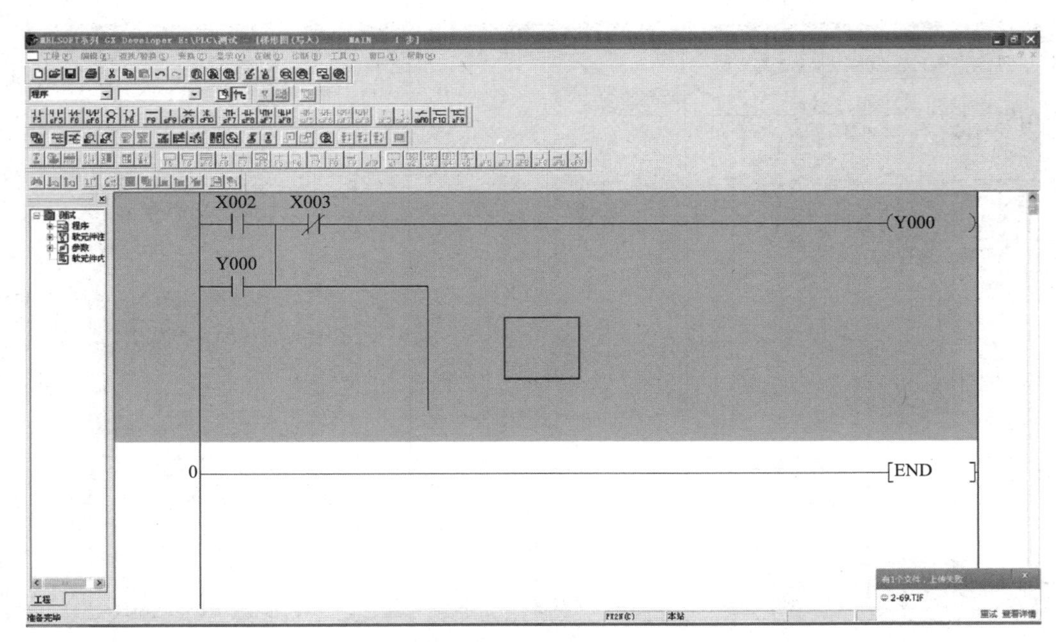

图 2-81 输入两条竖线后的主界面

8. 删除触点/线圈的方法

将光标移至要删除的触点处，通过“Delete”键可以删除梯形图触点。例如，删除 Y000 常开触点，如图 2-82 所示，按“Delete”键后，GX Developer 程序编辑的界面如图 2-83 所示。删除线圈的操作方法与删除触点相同。

图 2-82 删除 Y000 常开触点的示意图

9. 创建软元件注释的方法

将光标移动到要创建软元件注释的位置，如 X002，单击图 2-84 中的“ ”按钮，然后双击 X002 软元件，弹出图 2-85 所示的“注释输入”对话框，在文本框中输入文字“启动”，单击“确定”按钮，弹出图 2-86 所示的 X002 软元件的注释信息。

三、变换和检查梯形图程序

1. 梯形图程序的变换

当梯形图程序输入完毕后，程序呈现灰色状态，选择菜单栏中的“变换”→“变换”命令或按“F4”快捷键或单击工具栏中的“ ”按钮，都可以变换梯形图程序，变换后程序呈现白色状态，如图 2-87 所示。

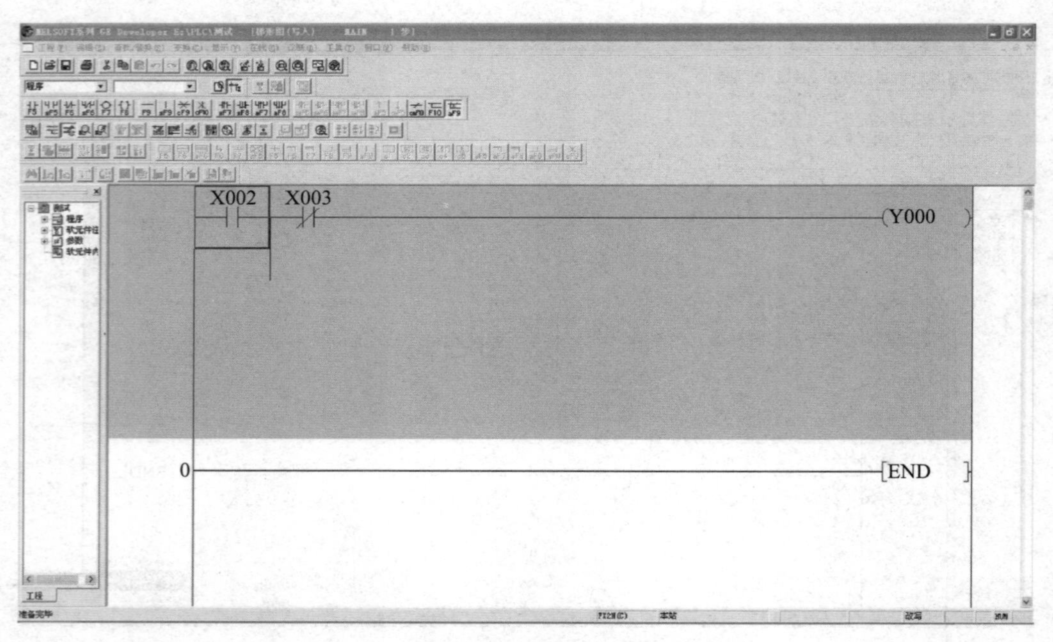

图 2-83　删除 Y000 常开触点后的主界面

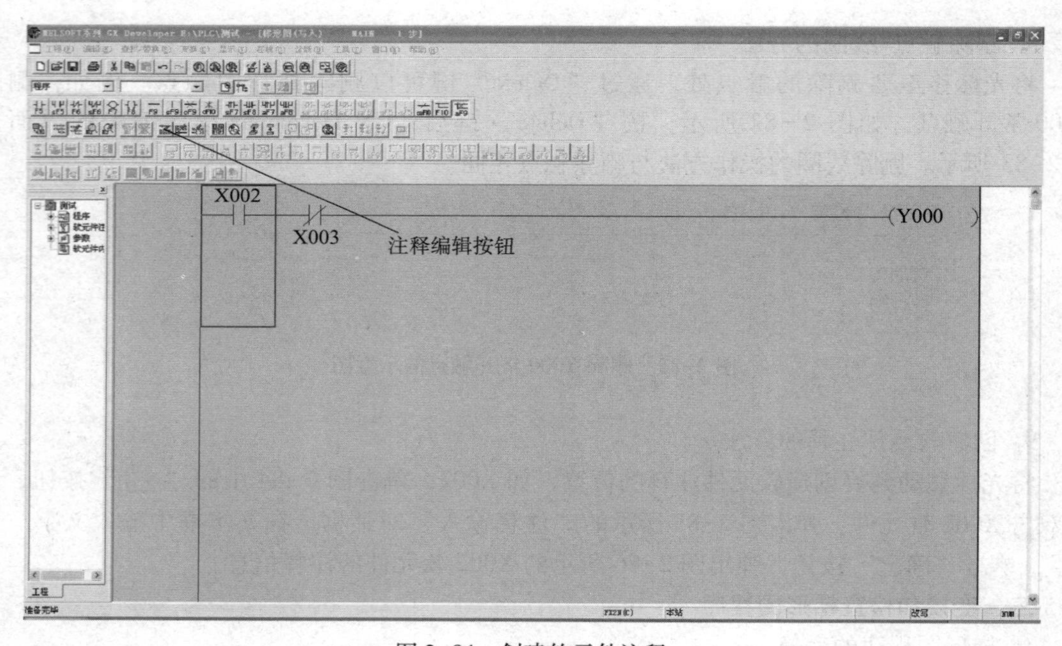

图 2-84　创建软元件注释

图 2-85　“注释输入”对话框

图 2-86　注释信息

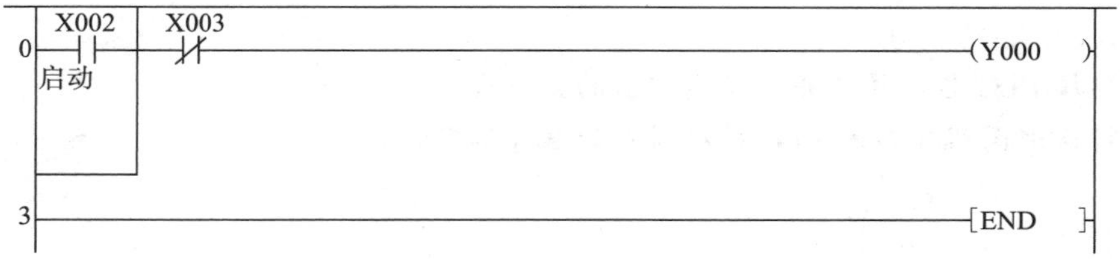

X002　X003
0　启动　Y000
3　END

图 2-87　梯形图变换后的程序

2. 梯形图程序的检查

梯形图程序变换后可以进行程序检查。选择菜单栏中的“工具”→“程序检查”命令或单击工具栏中的“ ”按钮，会弹出“程序检查（MAIN）”对话框，如图 2-88 所示。单击“执行”按钮对主程序进行检查，如果信息框中显示“MAIN 没有错误”，说明梯形图程序语法正确。如果程序存在错误，则软件会弹出提示，指出错误的位置和原因。

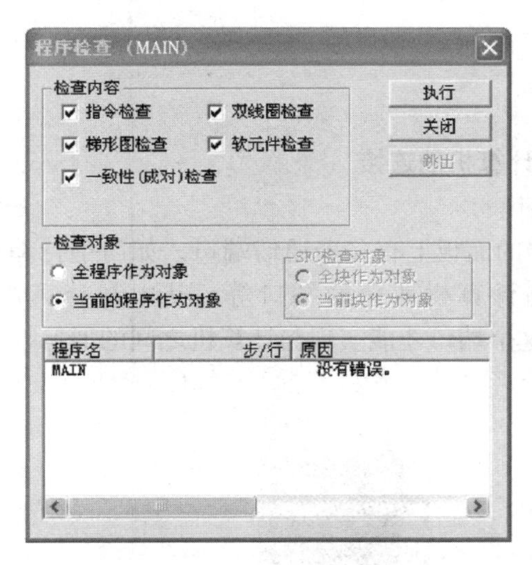

图 2-88　“程序检查（MAIN）”对话框

四、保存工程并退出

确保程序无误后，按照正确的方法保存并退出软件程序，完成本次任务的操作。

思考与练习

将课题一任务 3 设计的异步电动机点动运行电路的程序输入编程软件并保存。

任务 3　FX 系列 PLC 与计算机的连接、通信和程序调试

技能点：

- 会连接 PLC 与计算机并完成通信前的系统设置
- 会将梯形图程序写入 PLC 并对写入的程序进行调试

任务提出

通用计算机软件丰富、界面友好、操作便利，使用通用计算机作为可编程控制器的编程工具十分方便。在 PLC 与计算机连接构成的系统中，计算机主要完成数据处理、参数修改、图像显示、报表打印、PLC 程序编制、工作状态监视等任务。而 PLC 则直接面向现场，面向设备进行实时控制。

本任务的主要内容是完成 PLC 与计算机连接、通信的设置，并完成上一任务中输入程序的模拟调试。

任务实施

一、FX 系列 PLC 与计算机的连接

1. PLC 通信端口的选择

FX 系列可编程控制器的面板上有多个通信端口，如与手持编程器通信的端口、与特殊功能模块通信的端口、与计算机通信的端口等。其中与计算机通信的端口 RS-422 如图 2-89 所示，只有选择这个端口才能实现与计算机之间的通信。

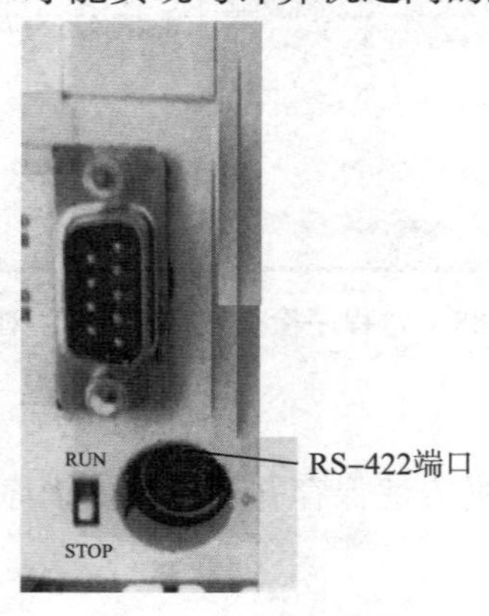

图 2-89　RS-422 通信端口

2. 计算机通信端口的选择

计算机的后面板上也有很多端口，如视频输出端口、音频输出端口、USB 端口等。可用于与 FX 系列可编程控制器通信的有 RS-232C 端口（见图 2-90）、USB 端口。

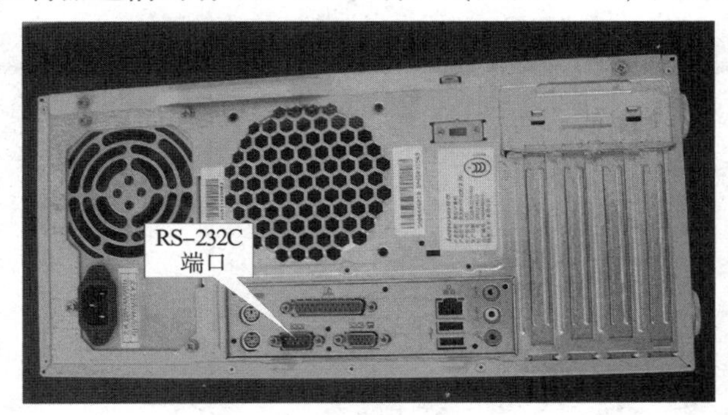

图 2-90　RS-232C 通信端口

3. PLC 与计算机的通信电缆

仔细观察，会发现两个端口所选用的电缆不同，计算机的 RS-232C 端口有 9 针，而 PLC 与计算机通信的端口 RS-422 却只有 7 针，因此通信时要在两者之间进行转换。FX 系列 PLC 与计算机通信使用的是“RS-232C/RS-422 转换器”，这三者组成了 FX 系列可编程控制器与计算机的通信电缆。图 2-91a 所示是 RS-232C 通信电缆，图 2-91b 所示是 USB 端口通信电缆。一般在购买 PLC 时，都会附带相应的通信电缆。

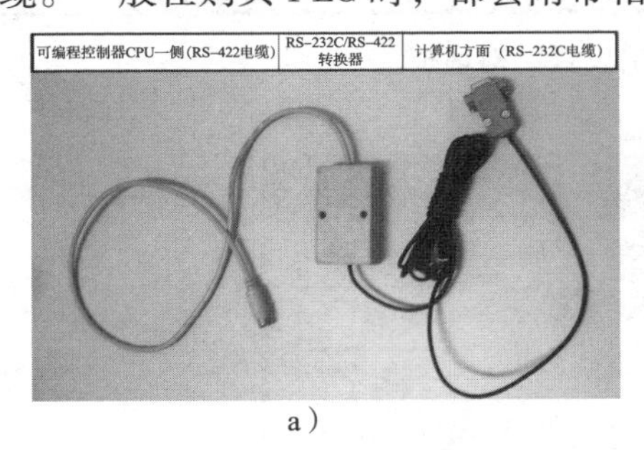

a）

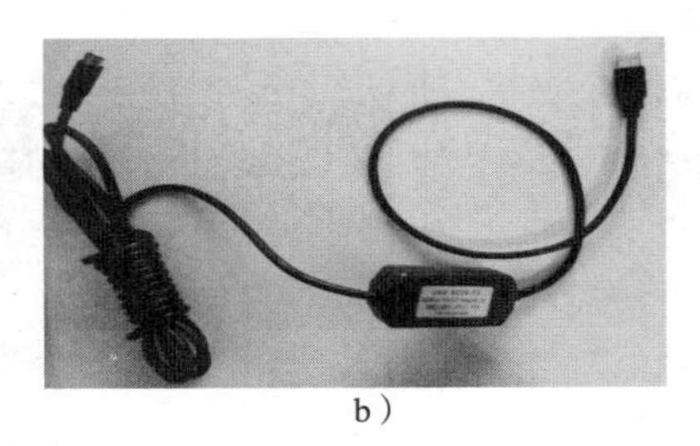

b）

图 2-91　通信电缆

a）RS-232C 端口的通信电缆　b）USB 端口的通信电缆

图 2-92 所示是通信电缆连接计算机和 PLC 的示意图。

图 2-92　PLC 与计算机连接的示意图

4. 系统设置

连接计算机和 PLC 后，启动计算机，接通 PLC 电源，运行 GX Developer，先进行必要的系统设置，计算机和 PLC 之间才能通信。

功能：选择计算机的 RS-232C 端口与 PLC 相连。

操作方法：执行“在线”→“传输设置”命令，弹出“传输设置”对话框，如图 2-93 所示。先进行端口设置，选择正确的 COM 端口，双击“ ”按钮弹出“PC

I/F 串口详细设置”对话框，如图 2-94 所示。选择“RS-232C”端口选项（如果是 USB 端口的通信线，则选择“USB”端口选项），单击“确认”按钮。返回图 2-93 所示对话框，单击“确认”按钮，这时 GX Developer 编程软件与计算机连接完毕。

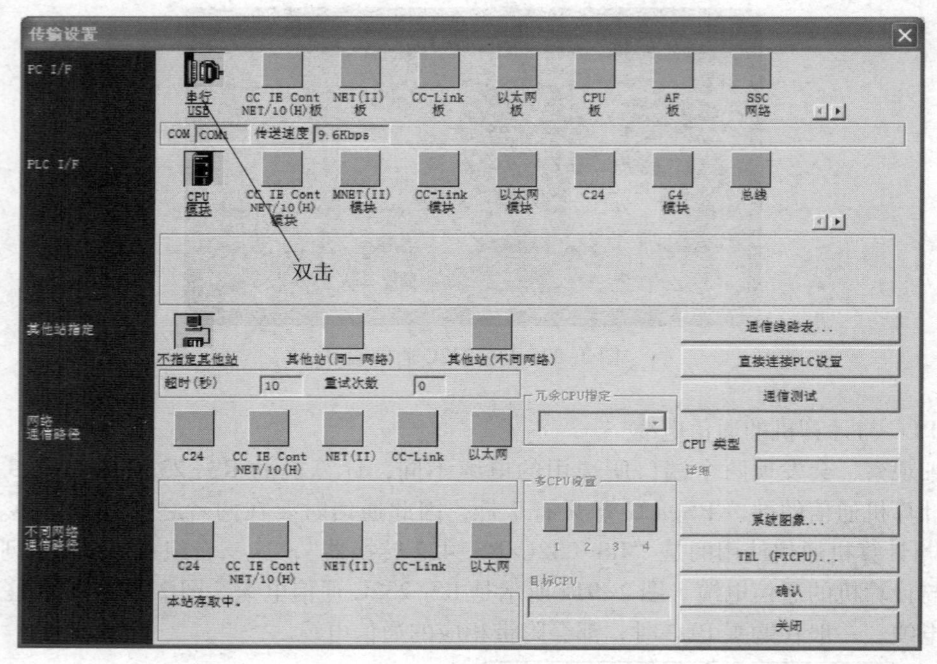

图 2-93　“传输设置”对话框

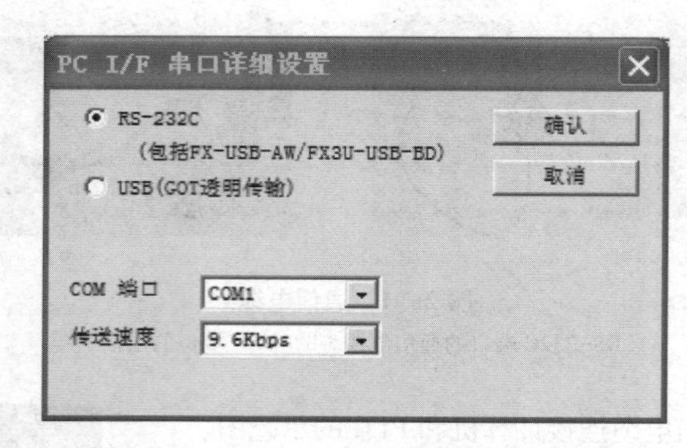

图 2-94　“PC I/F 串口详细设置”对话框

二、程序的调试

程序的调试分为模拟调试和现场调试，这是程序调试必需的两个阶段。为了保护 PLC 连接的外部设备，在现场调试前必须进行模拟调试。由于现场调试涉及其他硬件设备，因此这里只介绍程序的模拟调试。

1. 写入程序

在执行 PLC 写入前，必须使 PLC 置于“STOP”状态，否则无法写入程序。执行“在线”→“PLC 写入”命令，弹出“PLC 写入”对话框，如图 2-95 所示。

选中对话框中的“程序”下面的“MAIN”复选框，然后单击“执行”按钮，如图 2-96 所示。

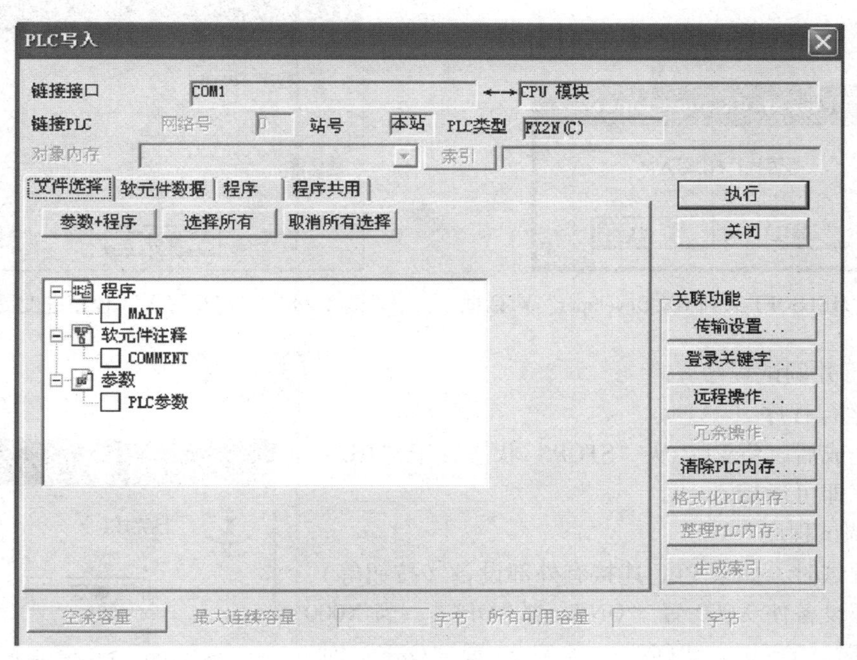

图 2-95 “PLC 写入”对话框

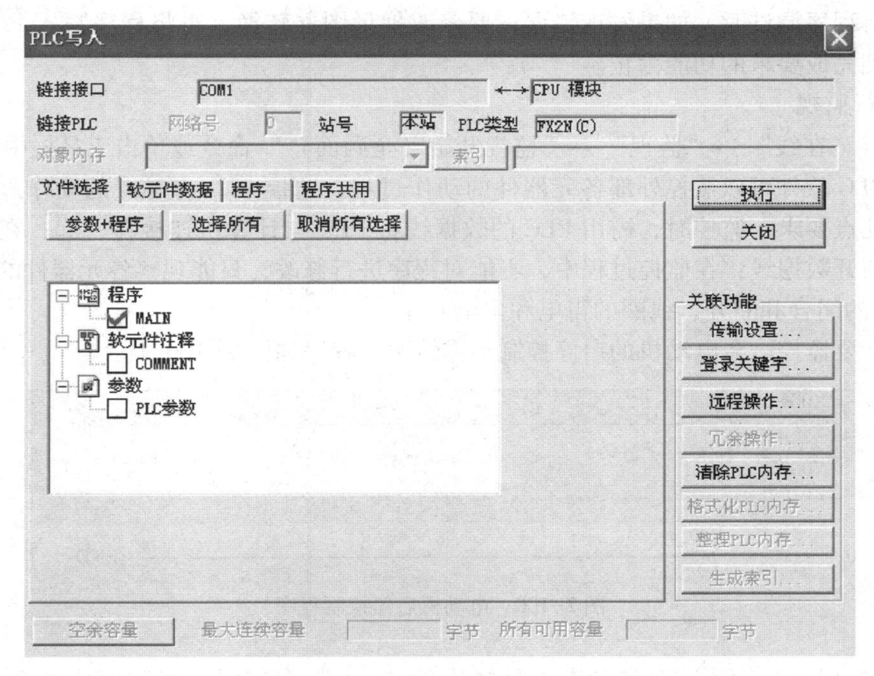

图 2-96 选中“MAIN”复选框

此时弹出“MELSOFT 系列 GX Developer”对话框，如图 2-97 所示。单击“是”按钮，会弹出“PLC 写入”程序进度提示框，如图 2-98 所示；程序写入完毕弹出程序完成提示框，如图 2-99 所示，单击“确定”按钮，程序就写入 PLC 中了。

图 2-97 “MELSOFT 系列 GX Developer”对话框

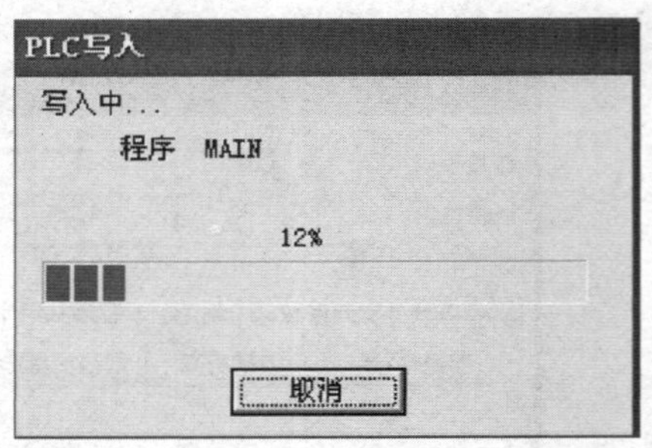

图 2-98 “PLC 写入”程序进度提示框

2. 运行并调试程序

（1）运行程序

写入完成后，将 PLC 从“STOP”状态置于“RUN”状态，程序即可运行。

（2）调试程序

程序调试时，如果 PLC 连接有外部设备（按钮等），可通过外部设备使 X000 置“ON”或“OFF”。当 X000 置“ON”时，Y000 为“ON”；当 X000 置“OFF”时，Y000 为“OFF”，从而实现电动机的点动控制。

图 2-99 程序完成提示框

在进行程序调试时，如果发现错误，要修改梯形图并转换，再将程序写入 PLC 后运行调试，直到完成要求的功能为止。

3. 运行监视

当执行“在线”→“监视”→“监视开始（全画面）”命令或单击工具栏中的“ ”按钮时，PLC 软件可以监控外部各元器件的动作过程。监控 PLC 各触点的动作过程，必须遵循以下几点要求：监控时，需用 PLC 的数据线将 PLC 与计算机连接在一起；在监控过程中，不能断开数据线；在监控过程中，不能对程序进行修改，只能观察各元器件的动作情况（包括触点的闭合和断开，线圈的得电和失电）。

例如，要监控一台电动机的启停控制动作情况，程序如图 2-100 所示。

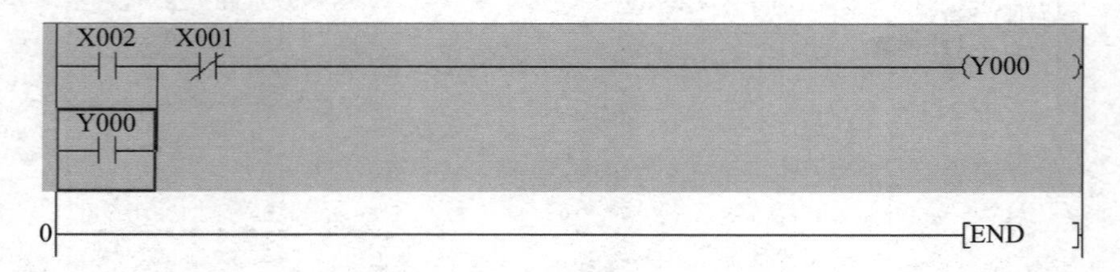

图 2-100 电动机启停控制程序

当按“Ctrl”+“F3”键或单击工具栏中的“ ”按钮时，程序变成图 2-101 所示状态。

当 X002 所接的外部设备的状态由 OFF 变为 ON 时，输出设备 Y000 得电，其效果如图 2-102 所示。

当 X002 所接的外部设备的状态由 ON 变为 OFF 时，效果图如图 2-103 所示。

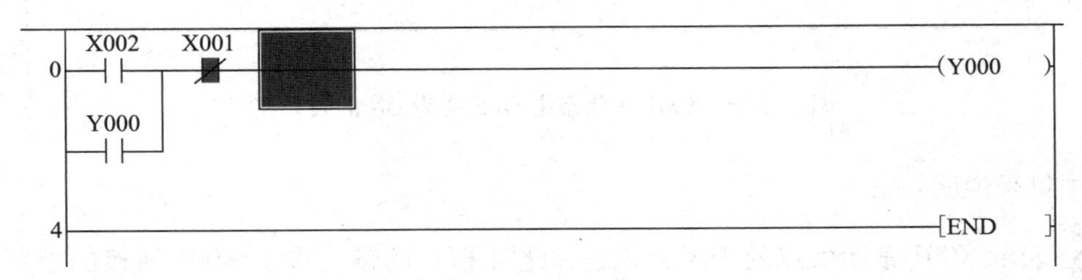

图 2-101　监控后的动作示意图

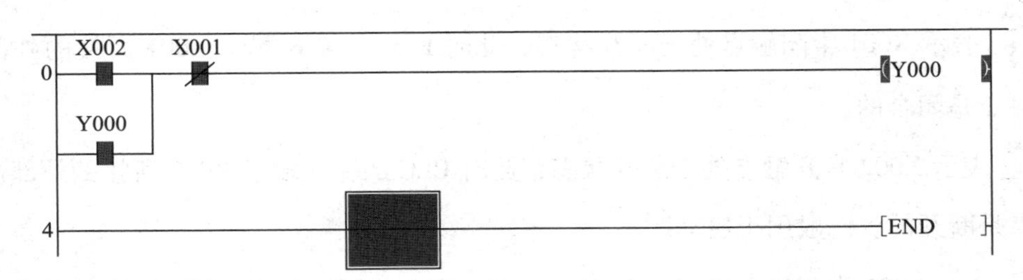

图 2-102　X002 的状态由 OFF 变为 ON 的效果图

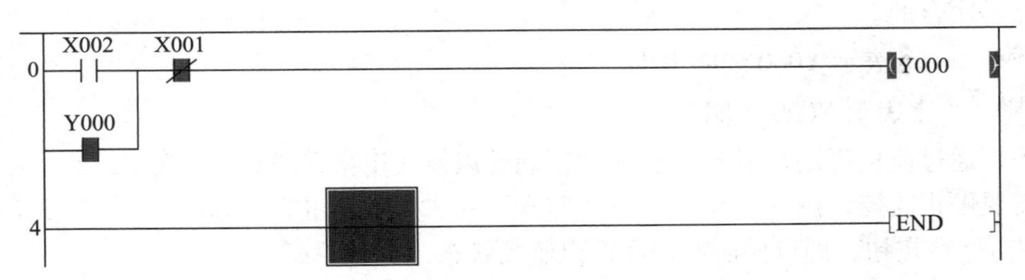

图 2-103　X002 的状态由 ON 变为 OFF 的效果图

当 X001 的状态由 ON 变为 OFF 时，线圈 Y000 失电，效果图如图 2-104 所示。当再次恢复 X001 通电时，效果图如图 2-105 所示。

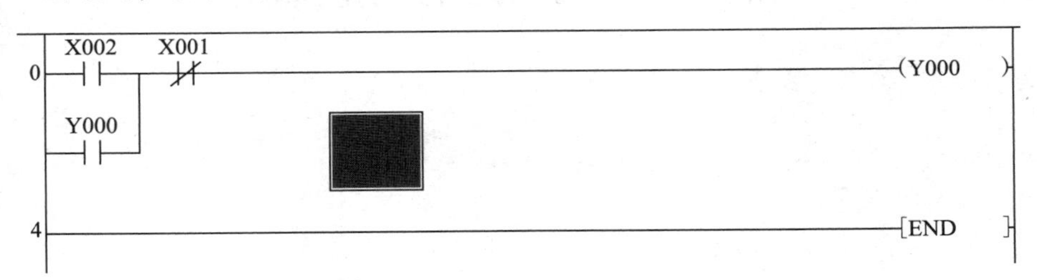

图 2-104　X001 的状态由 ON 变为 OFF 的效果图

图 2-105　X001 的状态由 OFF 变为 ON 的效果图

图中符号说明：

X001 表示 X001 常闭触点处于闭合状态，此时 PLC 的输入端子 X001 所接的外部设备的常开触点是断开的。一般用于停止或者过载。

X001 表示 X001 常闭触点处于断开状态，此时 PLC 的输入端子 X001 所接的外部设备的常开触点是闭合的。

X002 表示 X002 常开触点处于断开状态，此时 PLC 的输入端子 X002 所接的外部设备的常开触点是断开的。一般用于启动。

X002 表示 X002 常开触点处于闭合状态，此时 PLC 的输入端子 X002 所接的外部设备的常开触点是闭合的。

Y000 表示 Y000 线圈得电。

Y000 表示 Y000 线圈失电。

因此，通过监控可以判断 PLC 程序的正确性以及发生错误的具体位置。

若需要停止监控，执行“在线”→“监视”→“监视停止（全画面）”或者单击工具栏中的“ ”按钮，即可使所有程序退出监控状态。

思考与练习

对课题一任务 3 编写的异步电动机点动运行程序进行监控调试。

课题三　PLC 应用基础

任务 1　三相异步电动机连续运行控制电路

知识点：

- 掌握触点串联、并联指令
- 掌握自保持与解除指令
- 了解软元件的常开、常闭触点的使用

技能点：

- 分别利用触点串并联指令和自保持与解除指令编写起“启—保—停”作用的梯形图，应用于灯光控制、电动机连续运行等

任务提出

图 3-1 所示是三相异步电动机连续运行电路，KM 为交流接触器，SB1 为启动按钮，SB2 为停止按钮，KH 为过载保护热继电器。当按下 SB1 时，KM 的线圈通电吸合，KM 主触点闭合，电动机开始运行，同时 KM 的辅助常开触点闭合而使 KM 线圈保持吸合，实现了电动机的连续运行，直到按下停止按钮 SB2。本任务的主要内容是研究用 PLC 来实现图 3-1 所示的控制电路。

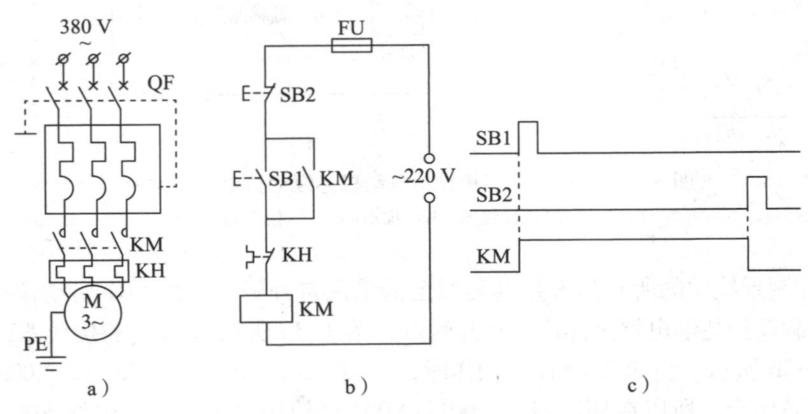

图 3-1　三相异步电动机连续运行电路

a）主电路　b）控制电路　c）时序图

任务分析

为了将图 3-1b 所示的控制电路用 PLC 来实现，PLC 需要 3 个输入点和 1 个输出点，输入/输出点分配见表 3-1。

表 3-1　　输入/输出点分配表

输　入			输　出		
输入继电器	输入元件	作用	输出继电器	输出元件	作用
X000	SB1	启动按钮	Y000	KM	运行用交流接触器
X001	SB2	停止按钮			
X002	KH	过载保护			

根据输入/输出点分配，画出 PLC 的接线图，当接线不同时，设计出的梯形图也是不同的。这里用三种方案实现任务。

1. PLC 控制系统中的触点类型沿用继电器控制系统中的触点类型，即 SB1 启动按钮在继电器系统中使用常开触点，PLC 系统中仍使用常开触点；SB2 停止按钮和 KH 过载保护热继电器原来使用常闭触点，PLC 系统中仍使用常闭触点，图 3-2a 所示为 PLC 的接线图，由此设计的梯形图如图 3-2b 所示。当 SB2、KH 不动作时，X001、X002 接通，X001、X002 的常开触点闭合，常闭触点断开，所以在梯形图中 X001、X002 要使用常开触点，确保 X001、X002 的外接器件不动作时，X001、X002 接通，为启动做好准备。只要按下 SB1，X000 接通，X000 的常开触点闭合，驱动 Y000 动作，使 Y000 外接的 KM 线圈吸合，KM 的主触点闭合，主电路接通，电动机 M 运行。梯形图中 Y000 的常开触点接通，使得 Y000 的输出保持，维持电动机 M 的连续运行，直到按下 SB2，此时 X001 不通，X001 常开触点由闭合变为断开，使 Y000 断开，Y000 外接的 KM 线圈释放，KM 的主触点断开，主电路断开，电动机 M 停止运行。

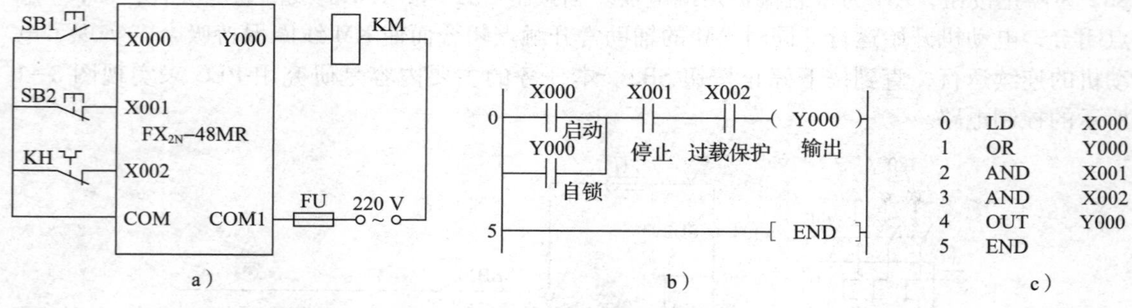

图 3-2　PLC 实现三相异步电动机连续运行电路方案一

a）PLC 接线图　b）梯形图　c）指令表

2. PLC 控制系统中的所有输入触点类型全部采用常开触点，即 SB1 启动按钮、SB2 停止按钮和 KH 过载保护热继电器全部接入常开触点，图 3-3a 所示为 PLC 的接线图，由此设计的梯形图如图 3-3b 所示。当 SB2、KH 不动作时，X001、X002 不接通，X001、X002 的常开触点断开，常闭触点闭合，所以在梯形图中 X001、X002 要使用常闭触点，确保 X001、X002 的外接器件不动作时，X001、X002 接通，为启动做好准备。只要按下 SB1，X000 接通，X000 的常开触点闭合，驱动 Y000 动作，使 Y000 外接的 KM 线圈吸合，KM 的主触点闭合，主电路接通，电动机 M 运行。梯形图中 Y000 的常开触点接通，使得 Y000 的输出保持，维持电动机 M 的连续运行，直到按下 SB2，此时 X001 接通，X001 常闭触点由闭合变为断开，使 Y000 断开，Y000 外接的 KM 线圈释放，KM 的主触点断开，主电路断开，电动机 M 停止运行。

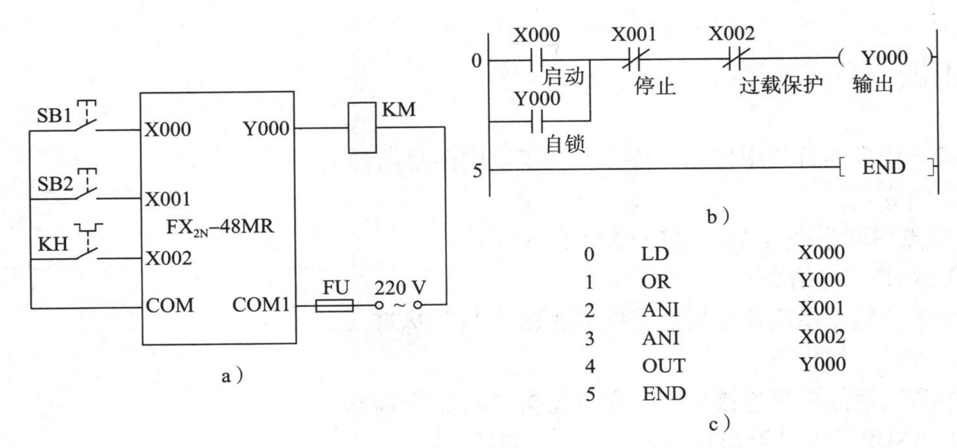

图 3-3　PLC 实现三相异步电动机连续运行电路方案二
a）PLC 接线图　b）梯形图　c）指令表

3. 有时为了减少 PLC 的输入点，将过载保护热继电器的常闭触点接在输出端，此时输入/输出点分配见表 3-2。

表 3-2　　输入/输出点分配表

输　入			输　出		
输入继电器	输入元件	作用	输出继电器	输出元件	作用
X000	SB1	启动按钮	Y000	KM	运行用交流接触器
X001	SB2	停止按钮			

PLC 控制电路如图 3-4a 所示，此时的过载保护是不受 PLC 控制的，保护方式与继电器控制系统相同。这里介绍两种设计该梯形图的方法，图 3-4b 所示梯形图和指令表与前面相同，用“启—保—停”电路实现，原理请自行分析。图 3-4c 所示梯形图和指令表是用置位与复位指令实现的，当按下 SB1 时，X000 接通，X000 的常开触点闭合，使 Y000 置位并保持，Y000 外接的 KM 线圈吸合，KM 的主触点闭合，主电路接通，电动机 M 连续运行，直到按下 SB2，X001 接通，X001 的常开触点闭合，使 Y000 复位，Y000 外接的 KM 线圈释放，KM 的主触点断开，主电路断开，电动机 M 停止运行。

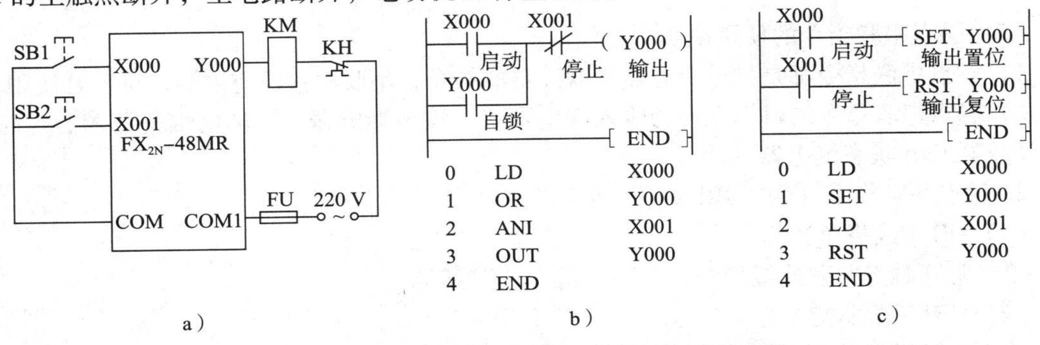

图 3-4　PLC 实现三相异步电动机连续运行电路方案三
a）PLC 接线图　b）用“启—保—停”电路实现　c）用置位复位指令实现

相关知识

完成本任务的过程中使用了许多新知识，归纳总结如下：

一、指令

1. 触点串联指令（AND/ANI/ANDP/ANDF）

（1）AND（与指令）

单个常开触点串联连接指令，完成逻辑“与”运算。

（2）ANI（与非指令）

单个常闭触点串联连接指令，完成逻辑“与非”运算。

（3）ANDP（上升沿与指令）

上升沿检测串联连接指令，触点的中间用一个向上的箭头表示上升沿，受该类触点驱动的线圈只在触点的上升沿接通一个扫描周期，如图 3-5 所示。

（4）ANDF（下降沿与指令）

下降沿检测串联连接指令，触点的中间用一个向下的箭头表示下降沿，受该类触点驱动的线圈只在触点的下降沿接通一个扫描周期，如图 3-6 所示。

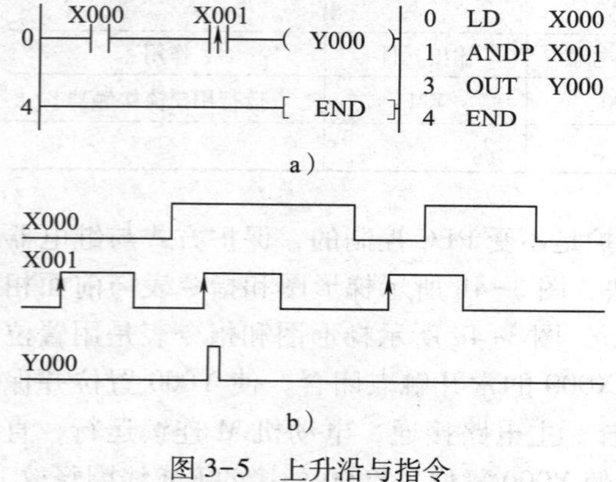

图 3-5　上升沿与指令
a）梯形图与指令表　b）时序图

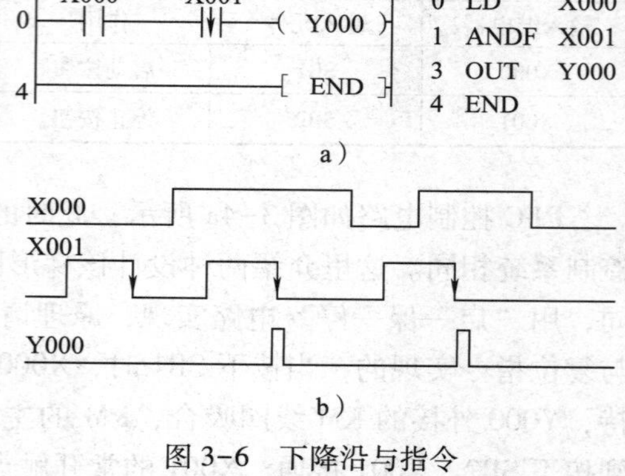

图 3-6　下降沿与指令
a）梯形图与指令表　b）时序图

（5）触点串联指令的使用说明

1）触点串联指令都是指单个触点串联连接的指令，串联次数没有限制，可反复使用。

2）触点串联指令的目标元件为输入继电器 X、输出继电器 Y、辅助继电器 M、定时器 T、计数器 C 和状态继电器 S。

2. 触点并联指令（OR/ORI/ORP/ORF）

（1）OR（或指令）

单个常开触点并联连接指令，实现逻辑“或”运算。

（2）ORI（或非指令）

单个常闭触点并联连接指令，实现逻辑“或非”运算。

（3）ORP（上升沿或指令）

上升沿检测并联连接指令，触点的中间用一个向上的箭头表示上升沿，受该类触点驱动的线圈只在触点的上升沿接通一个扫描周期。

（4）ORF（下降沿或指令）

下降沿检测并联连接指令，触点的中间用一个向下的箭头表示下降沿，受该类触点驱动的线圈只在触点的下降沿接通一个扫描周期。

触点并联指令的使用如图3-7所示。

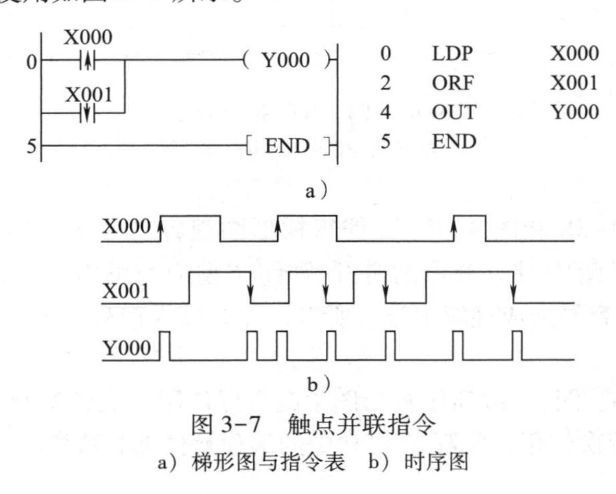

图3-7 触点并联指令

a）梯形图与指令表 b）时序图

（5）触点并联指令的使用说明

1）触点并联指令都是指单个触点并联连接的指令，并联次数没有限制，可反复使用。

2）触点并联指令的目标元件为X、Y、M、T、C和S。

3. 自保持与解除（置位与复位）指令（SET/RST）

（1）SET

指令使被操作的目标元件置位并保持。

（2）RST

指令使被操作的目标元件复位并保持清零状态。

SET、RST指令的使用如图3-8所示。当X010常开触点接通时，Y010变为ON状态并一直保持该状态，即使X010常开触点断开，Y010的ON状态仍维持不变；只有当X011的常开触点接通时，Y010才变为OFF状态并保持，即使X011常开触点断开，Y010也仍为OFF状态。

自保持与解除指令的使用说明：

1）SET指令的目标元件为Y、M、S，RST指令的目标元件为Y、M、S、T、C、D、V、Z。RST指令常被用来对D、Z、V的内容清零，也可用来复位积算定时器和计数器。

2）对于同一目标元件，SET、RST指令可多次使用，顺序也可随意，但最后执行者有效。

二、常闭触点提供的输入信号的处理

比较上述任务实现方案发现，将SB1（启动按钮）、SB2（停止按钮）和KH（过载保护）的常开触点接到PLC的输入端，如图3-3a所示，梯形图中的触点类型与继电器控制系

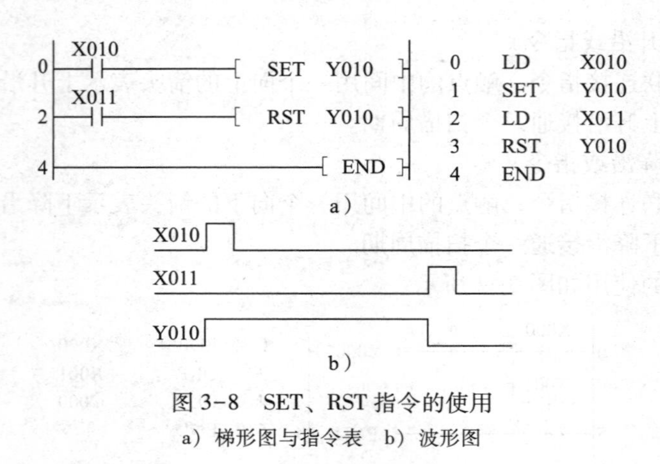

图 3-8　SET、RST 指令的使用

a）梯形图与指令表　b）波形图

统完全一致（比较图 3-3b 和图 3-1b），使得梯形图很容易理解。如果使用常闭触点（见图 3-2a），那么，梯形图中对应触点的常开/常闭类型应与继电器电路图中的相反（比较图 3-2b 和图 3-1b），容易造成理解困难。所以，除非输入信号只能由常闭触点提供，否则应尽量使用常开触点。

图 3-2b、图 3-3b、图 3-4b 所示梯形图中起自保作用的触点 Y000 与输入继电器的触点同为软元件，可以无限次使用，实际上 PLC 中的编程元件都有这样的功能，以后不再赘述。

任务实施

说明：如果没有相应的外部设备，可以只在 PLC 的输入继电器（如 X000、X001 等）接按钮，输出继电器不接任何外部输出器件或设备，也不接主电路（以下面步骤为例，不进行第 1 步操作，第 2 步只将输入按钮与 PLC 输入继电器连接）。调试程序时，通过观察 PLC 面板上的指示灯来确定输出状态，以 Y000 为例，若 Y000 指示灯亮，表明 Y000 为 1，Y000 外接的输出器件或设备动作。其他的任务实施也同样处理，以后不再说明。

1. 按图 3-1a 所示接线图连接主电路，检查线路正确性，确保无误。

2. 按图 3-4a 所示接线图连接 PLC 控制电路，检查线路正确性，确保无误。

3. 输入图 3-4b 所示的梯形图或指令表，进行程序调试，检查是否实现了连续运行的功能。

4. 输入图 3-4c 所示的梯形图或指令表，进行程序调试，检查是否实现了连续运行的功能。

5. 主电路同第 1 步不变，按图 3-2a 所示接线图连接 PLC 控制电路，输入图 3-2b 所示的梯形图或图 3-2c 所示的指令表，进行程序调试，检查是否实现了连续运行的功能。

6. 主电路和 PLC 控制电路同上一步，将图 3-2b 所示的用启—保—停方法编写的梯形图改为用置位复位指令编写的梯形图，进行程序调试，直到完成连续运行的功能。

7. 主电路同第 1 步不变，按图 3-3a 所示的接线图连接 PLC 控制电路，输入图 3-3b 所示的梯形图或图 3-3c 所示的指令表，进行程序调试，检查是否完成了连续运行的功能。

8. 主电路和 PLC 控制电路同上一步，将图 3-3b 所示的用启—保—停方法编写的梯形图改为用置位复位指令编写的梯形图，进行程序调试，直到完成连续运行的功能。

9. 上述实训中，4 个梯形图中所用的触点都是电平触发的，它们可以改为边沿触发吗？试着修改，并进行调试。

思考与练习

1. 画出图 3-9 中 Y000、Y001 的时序图。
2. 画出图 3-10 中 Y000、Y001 的时序图。
3. FX_{2N}的 Y000～Y007 各外接一盏指示灯，依次为 L1～L8，它们分别由接到 X000～X007 的自锁按钮 SB1～SB8 控制，即第一次按下 SB1，L1 点亮，第二次按下 SB1，L1 熄灭。同理，第一次按下 SB2，L2 点亮，第二次按下 SB2，L2 熄灭，依此类推。请画出 PLC 的接线图，编程并调试。

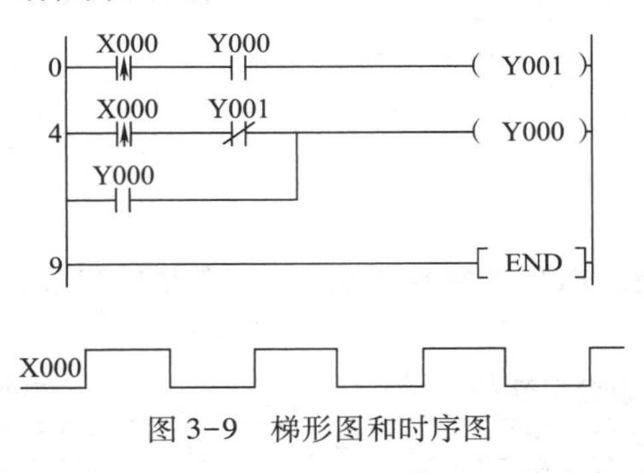

图 3-9 梯形图和时序图

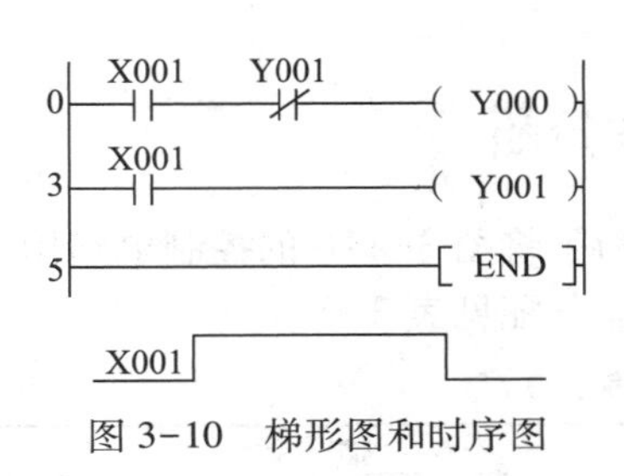

图 3-10 梯形图和时序图

任务 2 三相异步电动机的正反转控制

知识点：

- 掌握电路块串、并联指令和栈存储器指令，了解程序的优化

技能点：

- 会利用所学指令编写起互锁作用的梯形图，应用于电动机正反转运行控制、灯光控制、交通灯管理等

任务提出

图 3-11 所示是三相异步电动机连续运行电路，KM1 为电动机正向运行交流接触器，KM2 为电动机反向运行交流接触器，SB1 为正向启动按钮，SB3 为反向启动按钮，SB2 为停止按钮，KH 为过载保护热继电器。当按下 SB1 时，KM1 的线圈通电吸合，KM1 主触点闭合，电动机开始正向运行，同时 KM1 的辅助常开触点闭合使 KM1 线圈保持吸合，实现了电动机的正向连续运行，直到按下停止按钮 SB2；反之，当按下 SB3 时，KM2 的线圈通电吸合，KM2 主触点闭合，电动机开始反向运行，同时 KM2 的辅助常开触点闭合而使 KM2 线圈保持吸合，实现了电动机的反向连续运行，直到按下停止按钮 SB2；KM1、KM2 线圈互锁，确保不同时通电，本任务研究用 PLC 实现三相异步电动机的正反转控制电路。

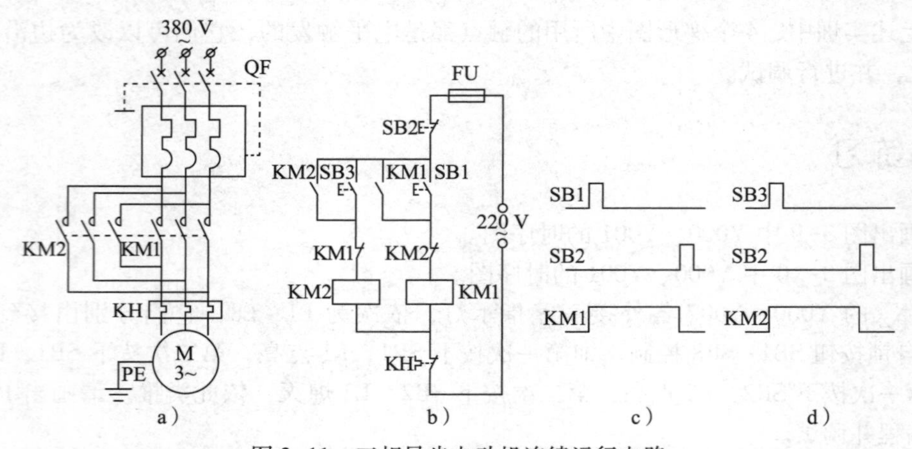

图 3-11　三相异步电动机连续运行电路

a）主电路　b）控制电路　c）正向运行时序图　d）反向运行时序图

任务分析

为了将图 3-11b 的控制电路用 PLC 来实现，PLC 需要 4 个输入点、2 个输出点，输入/输出点分配见表 3-3。

表 3-3　　输入/输出点分配表

输入			输出		
输入继电器	输入元件	作用	输出继电器	输出元件	作用
X000	SB1	正向启动按钮	Y000	KM1	正向运行用交流接触器
X001	SB2	停止按钮	Y001	KM2	反向运行用交流接触器
X002	SB3	反向启动按钮			
X003	KH	过载保护			

1. 根据输入/输出点分配，画出 PLC 的接线图，如图 3-12a 所示，PLC 控制系统中的所有输入触点全部采用常开触点，由此设计的梯形图和指令表如图 3-12c 所示。当 SB2、KH 不动作时，X001、X003 不接通，X001、X003 常闭触点闭合，为正向或反向启动做好准备。如果按下 SB1，X000 接通，X000 的常开触点闭合，驱动 Y000 动作，使 Y000 外接的 KM1 线圈吸合，KM1 的主触点闭合，主电路接通，电动机 M 正向运行，同时梯形图中 Y000 的常开触点接通，使得 Y000 的输出保持，起到自锁作用，维持电动机 M 的连续正向运行。另外 Y000 的常闭触点断开，确保在 Y000 接通时，Y001 不能接通，起到互锁作用。直到按下 SB2，此时 X001 接通，X001 常闭触点断开，使 Y000 断开，Y000 外接的 KM1 线圈释放，KM1 的主触点断开，主电路断开，电动机 M 停止运行。同理分析反向运行。

2. 比较任务 1 的图 3-1b 和图 3-3b，发现梯形图中各触点和线圈的连接顺序没有按照继电器控制电路中的连接顺序，本任务中图 3-11b 和图 3-12c 也是这样，那么，梯形图中各触点和线圈能否按照继电器控制电路中的顺序连接呢？按照继电器控制电路的连接顺序画出梯形图，如图 3-12b 所示，表面上分析逻辑功能是相同的，但使用编程软件输入时，该梯形图无法输入，因为梯形图规定，触点应位于线圈的左边，线圈连接到梯形图的右母线，所以 X003 的触点要移到前面，如图 3-12c 所示。

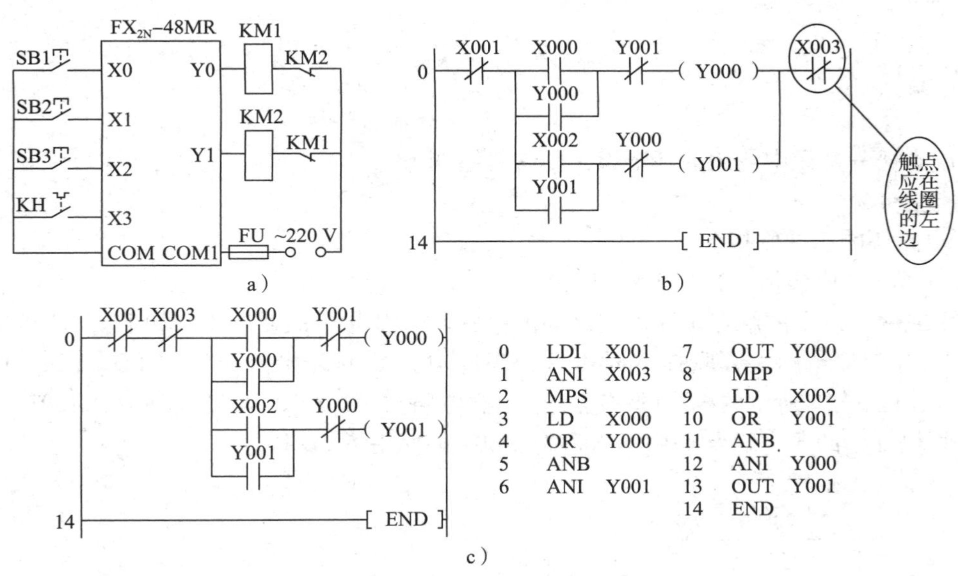

图 3-12　PLC 实现电动机连续运行电路

a）PLC 接线图　b）错误的梯形图　c）正确的梯形图和指令表

3. 设计梯形图时，除了按照继电器控制电路并适当调整触点顺序画出梯形图外，还可以对梯形图进行优化，方法是分离交织在一起的逻辑电路。因为在继电器电路中，为了减少器件，少用触点，从而节约硬件成本，导致各个线圈的控制电路相互关联，交织在一起。而梯形图中的触点都是软元件，多次使用也不会增加硬件成本，所以，可以将各线圈的控制电路分离开来，对图 3-11b 所示控制线路进行分离，优化后的结果如图 3-13 所示。将图 3-12c 和图 3-13b 比较，可以发现图 3-13b 所示的梯形图和指令表逻辑思路更清晰，所用的指令类型更少。

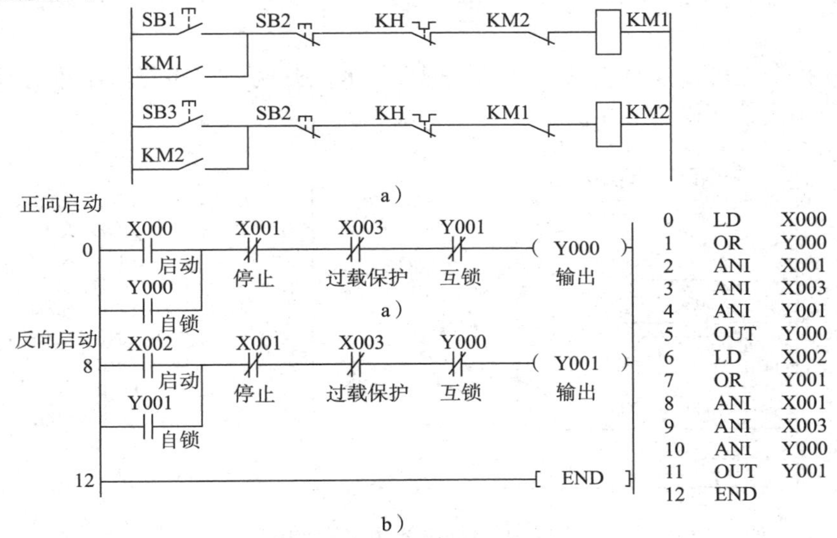

图 3-13　PLC 实现电动机连续运行电路的优化设计

a）分离后的控制逻辑　b）优化的梯形图和指令表

相关知识

完成本任务过程中使用的新知识，归纳总结如下：

一、指令

1. 电路块的串并联指令

（1）ORB（块或指令）

两个或两个以上的触点串联电路之间的并联。ORB 指令的使用说明如下：

1）几个串联电路块并联连接时，每个串联电路块的开始处应该用 LD、LDI、LDP 或 LDF 指令，图 3-14 所示的梯形图中有 3 个串联电路块：X000、X001，X002、X003，X004、X005，每块开始的 3 个触点 X000、X002、X004 都使用了 LD 指令。

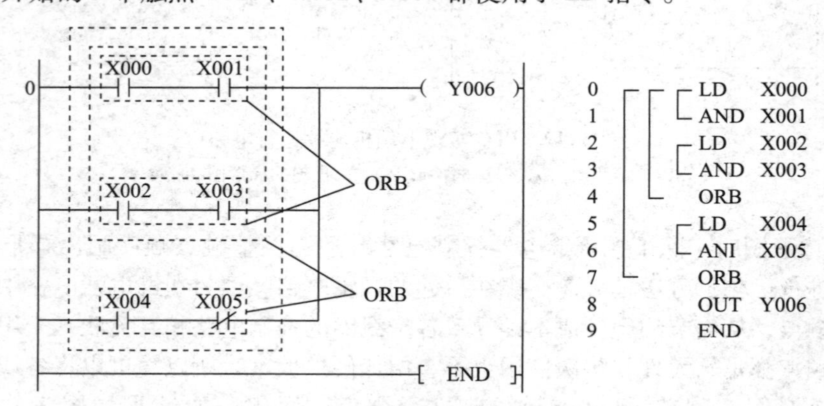

图 3-14　串联电路块并联连接

2）有多个电路块的并联回路，如对每个电路块使用 ORB 指令，则并联电路块数量没有限制。

3）ORB 指令也可以连续使用，如图 3-15 所示，但这种程序写法不推荐使用，LD 或 LDI 指令的使用次数不得超过 8 次。

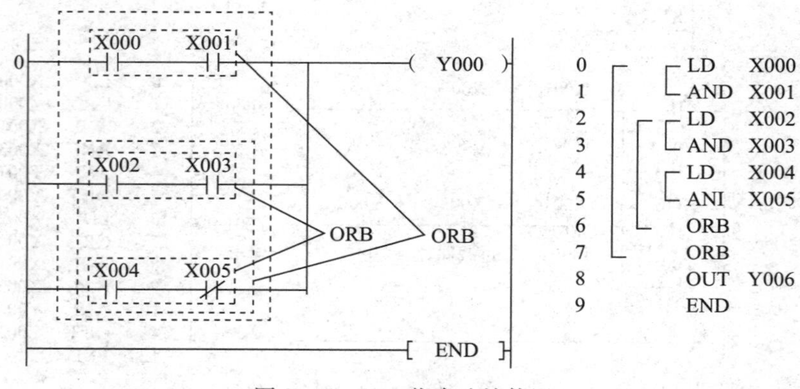

图 3-15　ORB 指令连续使用

（2）ANB（块与指令）

两个或两个以上的触点并联电路之间的串联，如图 3-16 所示，X000、X001 是并联电路块，X002~X006 也是并联电路块，将这两个并联电路块串联，所以在指令表中使用了 ANB 指令。

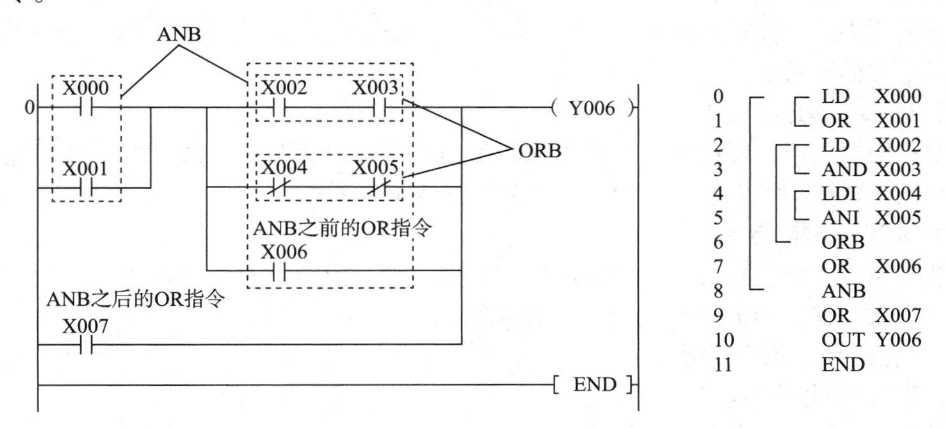

图 3-16 并联电路块串联连接

ANB 指令的使用说明如下：

1）并联电路块串联连接时，并联电路块的开始处应该用 LD、LDI、LDP 或 LDF 指令。

2）多个并联电路块串联时，ANB 指令的使用次数不受限制。也可连续使用 ANB 指令，但与 ORB 相同，LD 或 LDI 指令的使用次数不得超过 8 次。

2. 栈存储器指令

FX 系列 PLC 中有 11 个存储单元，如图 3-17a 所示，它们采用先进后出的数据存取方式，专门用来存储程序运算的中间结果，称为栈存储器。

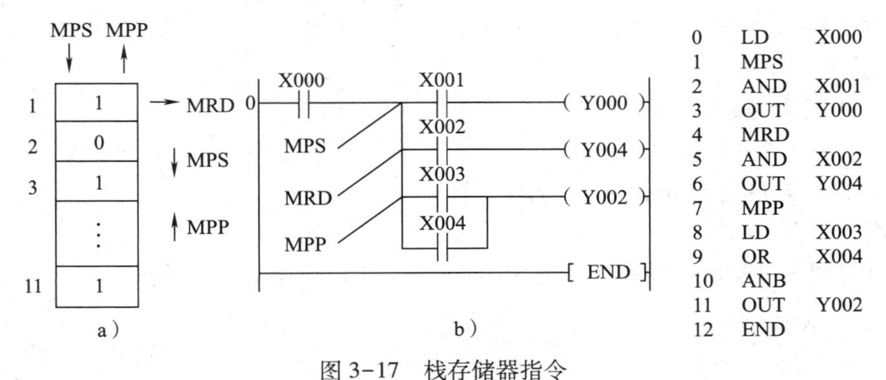

图 3-17 栈存储器指令

a）存储器 b）多重输出电路的梯形图与指令表

栈存储器指令用在某一个电路块与其他不同的电路块串联以实现驱动不同线圈的场合，即用于多重输出电路。图 3-17b 中的 X000，与 X001 串联驱动 Y000，与 X002 串联驱动 Y004，与 X003、X004 并联电路块的串联驱动 Y002，这里 X000 后出现了分支，要使用栈存储器指令。图 3-12c 中的 X001 常闭与 X003 常闭电路块，与 X000 常开、Y000 常开并联电路块和 Y001 常闭电路块串联驱动 Y000，与 X002 常开、Y001 常开并联电路块和 Y000 常闭电路块串联驱动 Y001，这里 X001 常闭与 X003 常闭电路块后出现了分支，要使用栈存储器指令。

（1）MPS（进栈指令）

将运算结果送入栈存储器的第一段，同时将先前送入的数据依次移到栈的下一段。MPS 指令用于分支的开始处。

（2）MRD（读栈指令）

将栈存储器的第一段数据（最后进栈的数据）读出且该数据继续保存在栈存储器的第一段，栈内的数据不发生移动。MRD 指令用于分支的中间段。

（3）MPP（出栈指令）

将栈存储器的第一段数据（最后进栈的数据）读出且该数据从栈中消失，同时将栈中其他数据依次上移。MPP 指令用于分支的结束处。

栈存储器指令的使用说明：

1）栈存储器指令没有目标元件。

2）MPS 和 MPP 必须配对使用。

3）由于栈存储单元只有 11 个，所以栈最多为 11 层。图 3－18 所示是二层堆栈的例子。

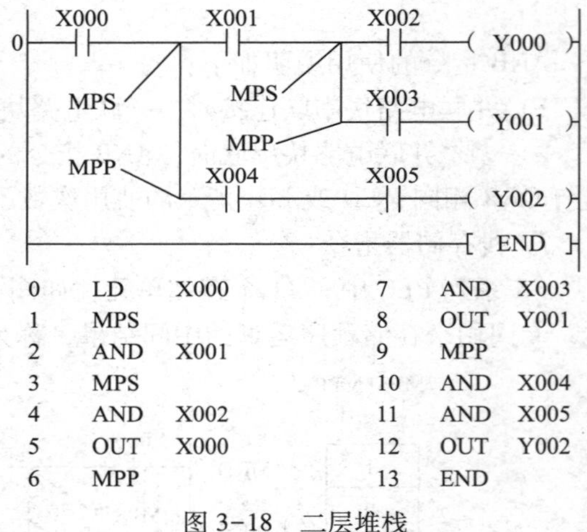

0	LD	X000	7	AND	X003
1	MPS		8	OUT	Y001
2	AND	X001	9	MPP	
3	MPS		10	AND	X004
4	AND	X002	11	AND	X005
5	OUT	X000	12	OUT	Y002
6	MPP		13	END	

图 3-18　二层堆栈

二、梯形图画法规则与梯形图的优化

1. 画法规则

触点电路块画在梯形图的左边，线圈画在梯形图的右边。

2. 优化

（1）在串联电路中，单个触点应放在电路块的右边。

（2）在并联电路中，单个触点应放在电路块的下边。

（3）在有线圈的并联电路中，将单个线圈放在上面。

读者可将图 3-19 所示的梯形图改写成指令表，比较梯形图优化的好处。

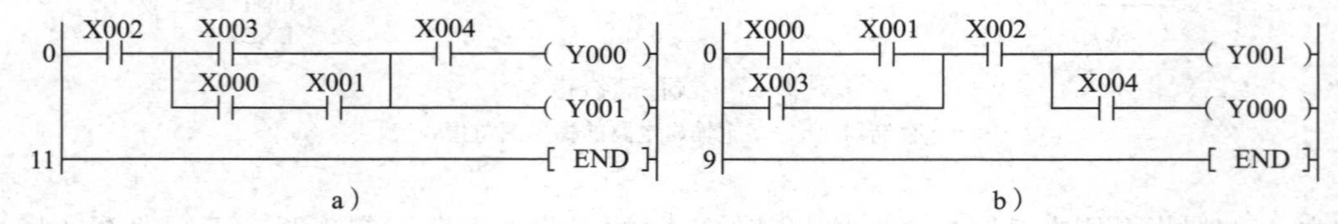

图 3-19　梯形图优化

a）不推荐的梯形图　b）推荐的梯形图

任务实施

1. 按图 3-11a 所示的接线图连接主电路，检查线路正确性，确保无误。
2. 按图 3-12a 所示的接线图连接 PLC 控制电路，检查线路正确性，确保无误。
3. 输入图 3-12b 所示的梯形图，观察能否输入，并说明原因。
4. 输入图 3-12c 所示的梯形图或指令表，进行程序调试，检查是否实现了正反转运行的功能。
5. 输入图 3-13b 所示的梯形图或指令表，进行程序调试，检查是否实现了正反转运行的功能。
6. 把图 3-13b 所示用启—保—停方法编写的梯形图改用置位复位指令编写，进行程序调试，直到完成正反转运行的功能。
7. 图 3-13b 中的触点都是电平触发的，它们可以改为边沿触发吗？试修改，并进行调试。

思考与练习

1. 将图 3-20 所示的梯形图改写成指令表程序，并调试程序。
2. 将图 3-21 所示的梯形图改写成指令表程序，并调试程序。

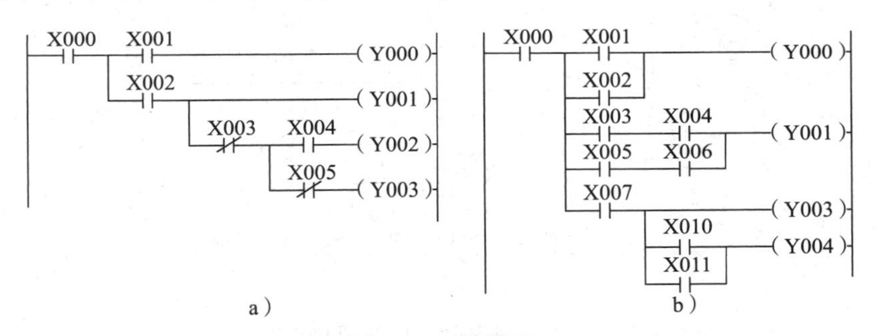

图 3-20 梯形图

a）梯形图一 b）梯形图二

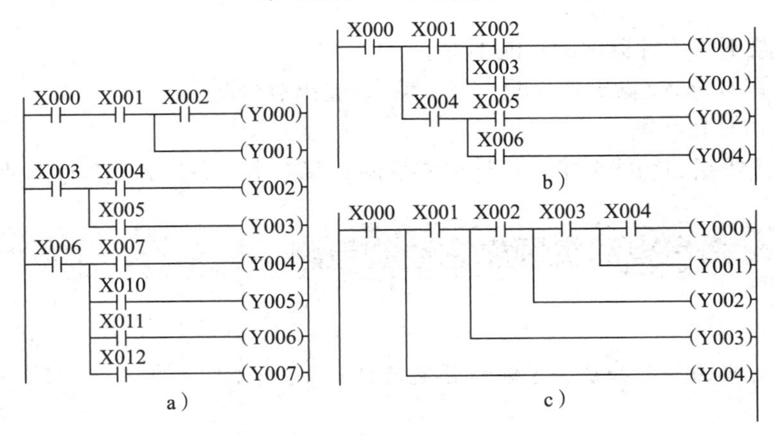

图 3-21 梯形图

a）梯形图一 b）梯形图二 c）梯形图三

3. 将图 3-22 所示的梯形图改写成指令表程序，并调试程序。

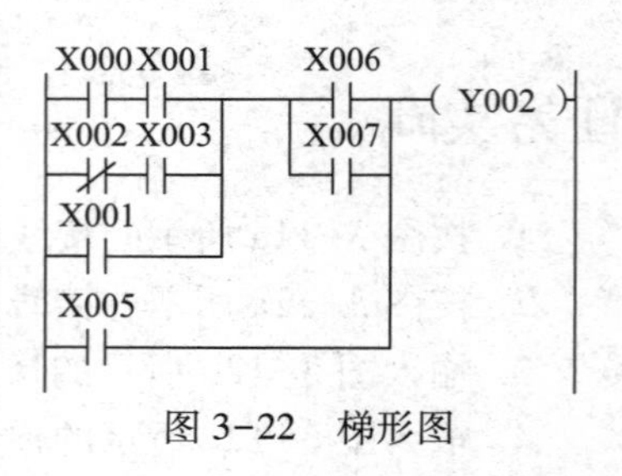

图 3-22　梯形图

4. 有些生产机械如龙门刨床、导轨磨床的工作台需要在一定距离内自动往复运行，以使工件能得到连续的加工，其电路图和工作示意图如图 3-23 所示。工作台在 SQ1 和 SQ2 之间自动往复运行，SQ1 和 SQ2 行程开关起限位作用，SQ3 和 SQ4 行程开关起限位保护作用，试将其改造成 PLC 控制系统。要求：

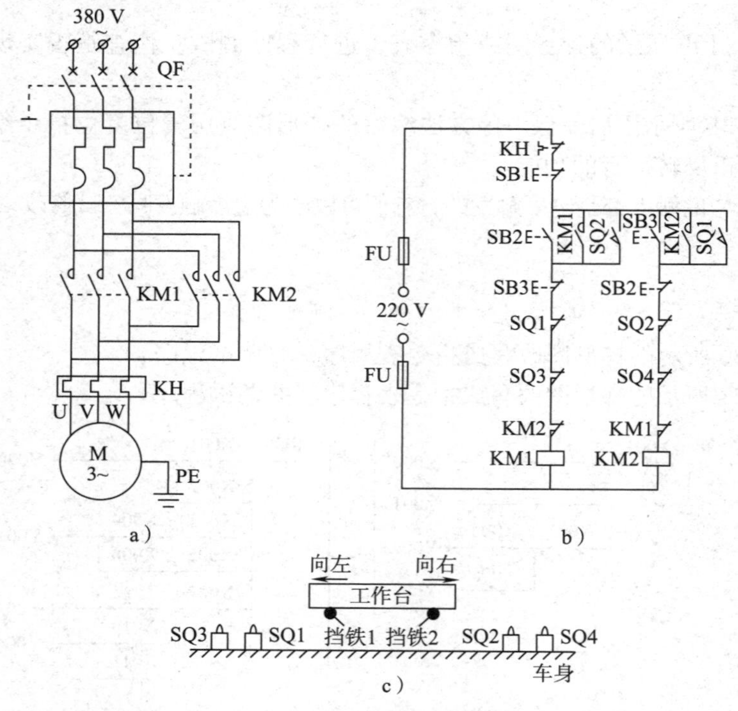

图 3-23　工作台往复运行电路图和工作示意图

a）主电路　b）控制电路　c）工作示意图

（1）主电路不变，各器件的功能不变。

（2）进行 PLC 输入/输出点分配，列出输入/输出点分配表。

（3）画出 PLC 接线图。

（4）根据接线图和功能要求，设计出梯形图，写出指令表。调试程序，直至完成功能。

任务 3　两台电动机顺序启动的电路

知识点：

- 掌握定时器的相关知识，了解积算定时器的含义

技能点：

- 会利用所学指令和定时器编写通电延时和断电延时的梯形图，应用于电动机顺序启

动控制、生产线顺序控制、灯光闪烁控制等

任务提出

在实际工作中，常常需要两台或多台电动机顺序启动，如图3-24所示，两台交流异步电动机M1和M2，按下启动按钮SB1后，第一台电动机M1启动，5 s后第二台电动机M2启动，完成相关工作后按下停止按钮SB2，两台电动机同时停止。本任务研究用PLC实现两台电动机的顺序启动控制。

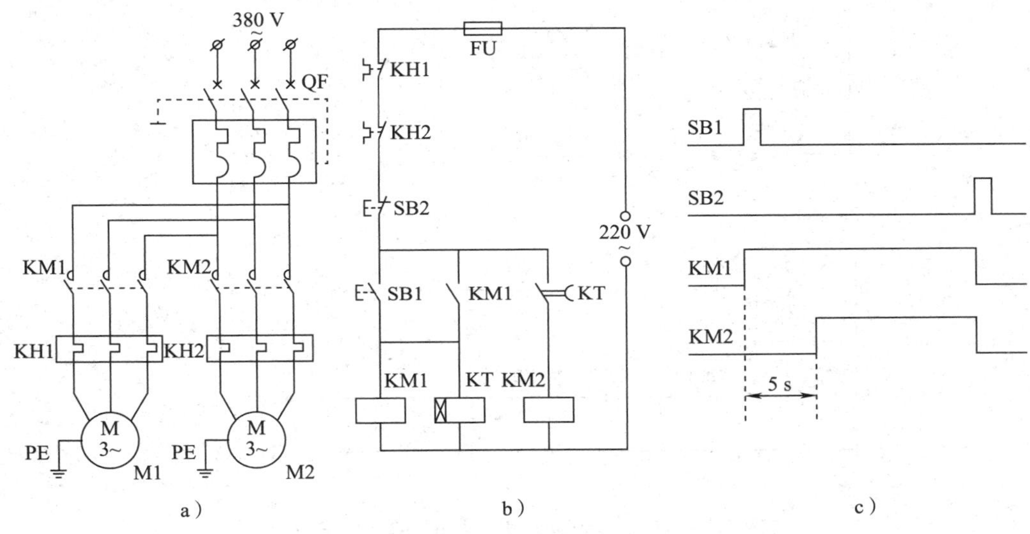

图3-24 两台电动机顺序启动及运行

a）主电路 b）控制电路 c）时序图

任务分析

由时序图可知，SB1和SB2分别是电动机M1的启动和停止按钮，SB2同时也是电动机M2的停止按钮，但M2的启动是由时间继电器KT控制的，KT是通电延时继电器，在用PLC实现时，可用定时器来完成相应功能。为了将这个控制关系用PLC实现，PLC需要4个输入点、2个输出点和1个定时器，输入/输出点分配见表3-4。

表3-4　　输入/输出点分配表

输入资源			内部与输出资源		
输入继电器	输入元件	作用	内部与输出继电器	元件	作用
X000	SB1	M1启动按钮	Y001	KM1	M1用交流接触器
X001	SB2	停止按钮	Y002	KM2	M2用交流接触器
X002	KH1	M1过载保护	T0	KT	5 s延时
X003	KH2	M2过载保护			

根据输入/输出点分配，画出PLC的接线图如图3-25a所示，PLC控制系统中的所有输

入触点全部采用常开触点，由此设计的梯形图如图 3-25b 所示。按下 SB1，X000 接通，驱动 Y001 动作，使 Y001 外接的 KM1 线圈吸合，电动机 M1 运行，同时驱动定时器 T0 线圈接通，T0 开始定时，5 s 定时时间到，T0 常开触点接通，驱动 Y002 动作，使 Y002 外接的 KM2 线圈吸合，电动机 M2 运行，直到按下 SB2，此时 X001 接通，X001 常闭触点断开，使 Y001、Y002 外接的 KM1、KM2 线圈释放，电动机 M1、M2 停止运行。

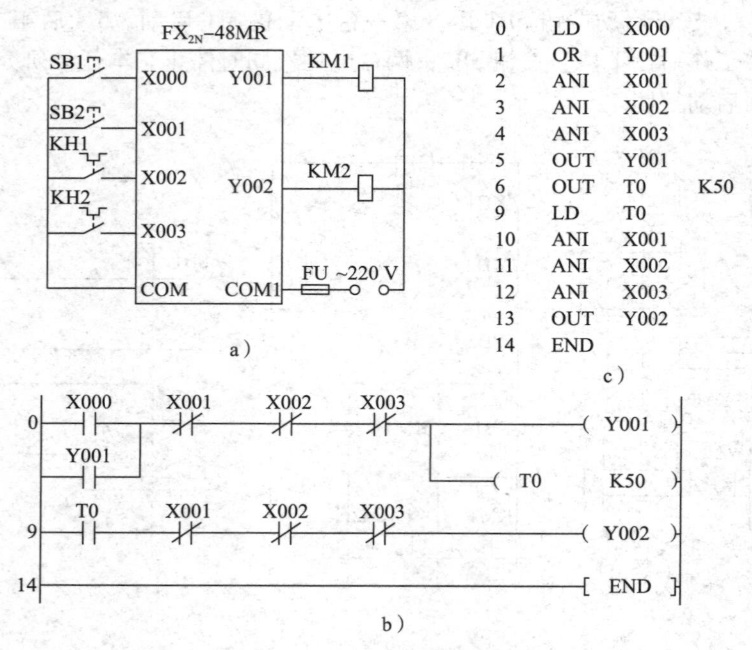

图 3-25　PLC 控制两台电动机顺序启动及运行
a）PLC 接线图　b）梯形图　c）指令表

相关知识

完成本任务过程中使用的新知识，归纳总结如下：

一、定时器

PLC 中的定时器（T）相当于继电器控制系统中的通电型时间继电器，它可以提供无限对常开和常闭延时触点。定时器中有一个设定值寄存器（一个字长）、一个当前值寄存器（一个字长）和一个用来存储其输出触点的映像寄存器（一个二进制位），这三个量使用同一地址编号。定时器采用 T 与十进制数共同组成编号（只有输入/输出继电器才用八进制数），如 T0、T198 等。

FX_{2N}系列定时器可分为通用定时器、积算定时器两种。它们是通过对一定周期的时钟脉冲计数实现定时的，时钟脉冲的周期有 1 ms、10 ms、100 ms 三种，当所计脉冲个数达到设定值时触点动作。设定值可用常数 K 或数据寄存器 D 的内容来设置。

1. 通用定时器

（1）100 ms 通用定时器（T0～T199）

100 ms 通用定时器共 200 点，其中 T192～T199 为子程序和中断程序专用定时器。这类定时器是对 100 ms 时钟累积计数，设定值为 1～32 767，所以其定时范围为 0.1～3 276.7 s。

（2）10 ms 通用定时器（T200～T245）

10 ms 通用定时器共 46 点。这类定时器是对 10 ms 时钟累积计数，设定值为 1～32 767，所以其定时范围为 0.01～327.67 s。

图 3-26 所示是通用定时器的内部结构示意图。通用定时器的特点是不具备断电保持功能，即当输入电路断开或停电时定时器复位。如图 3-27 所示，当输入 X000 接通时，定时器 T0 从 0 开始对 100 ms 时钟脉冲进行累积计数，当 T0 当前值与设定值 K1000 相等时，定时器 T0 的常开触点接通，Y000 接通，经过的时间为 1 000×0.1 s=100 s。当 X000 断开时定时器 T0 复位，当前值变为 0，其常开触点断开，Y000 也随之断开。若外部电源断电或输入电路断开，定时器也将复位。

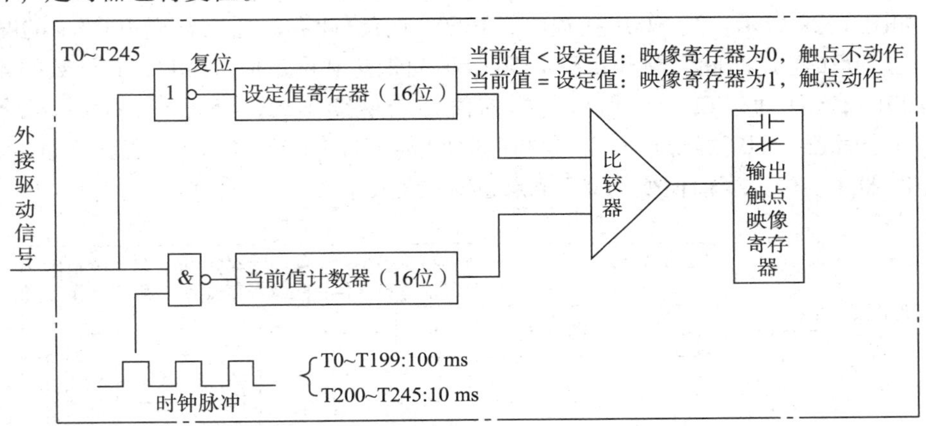

图 3-26 通用定时器的内部结构示意图

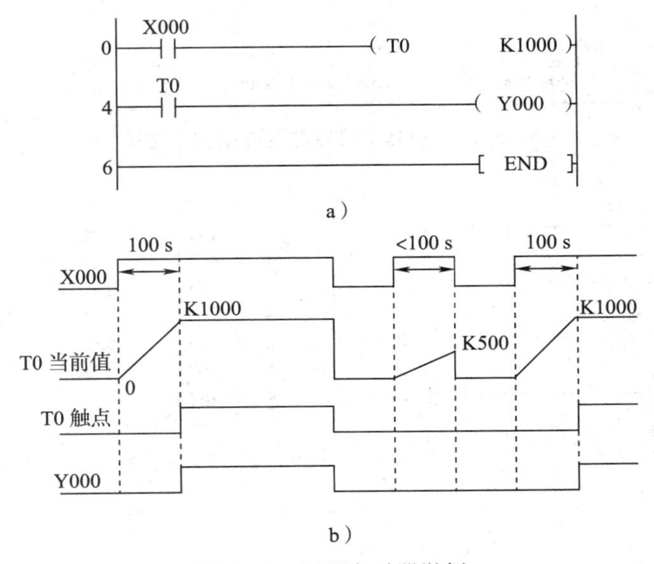

图 3-27 通用定时器举例

a）梯形图 b）时序图

2. 积算定时器

（1）1 ms 积算定时器（T246~T249）

1 ms 积算定时器共 4 点，是对 1 ms 时钟脉冲进行累积计数，定时的时间范围为0. 001~32. 767 s。

（2）100 ms 积算定时器（T250~T255）

100 ms 积算定时器共 6 点，是对 100 ms 时钟脉冲进行累积计数，定时的时间范围为0. 1~3 276. 7 s。

图 3-28 所示是积算定时器的内部结构示意图。积算定时器具备断电保持的功能，在定时过程中如果断电或定时器线圈断开，积算定时器将保持当前的计数值（当前值），通电或定时器线圈接通后继续累积，即其当前值具有保持功能，只有将积算定时器复位，当前值才变为 0。如图 3-29 所示，当 X001 接通时，T250 当前值计数器开始累积 100 ms 的时钟脉冲的个数。当 X001 经 t_1 时间后断开，而 T250 计数尚未达到设定值 K1000，其计数的当前值保留。当 X001 再次接通，T250 从保留的当前值开始继续累积，经过 t_2 时间，当前值达到 K1000 时，定时器 T250 的触点动作，累积的时间为 0. 1×1 000 = 100 s。当复位输入 X002 接通时，定时器才复位，当前值变为 0，触点也随之复位。

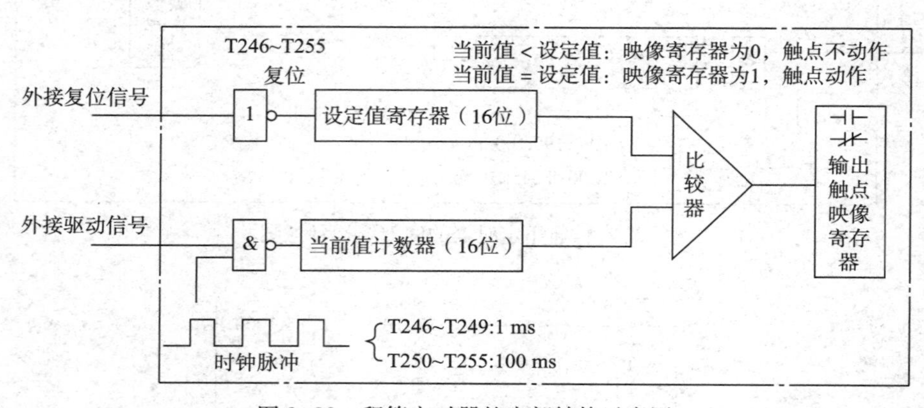

图 3-28　积算定时器的内部结构示意图

```
0 ─┤X001├──────( T250    K1000 )
4 ─┤T250├──────( Y001 )
6 ─┤X002├──────[ RST     T250 ]
9 ─────────────[ END ]
```

0	LD	X001	
1	OUT	T250	K1000
4	LD	T250	
5	OUT	Y001	
6	LD	X002	
7	RST	T250	
9	END		

a）

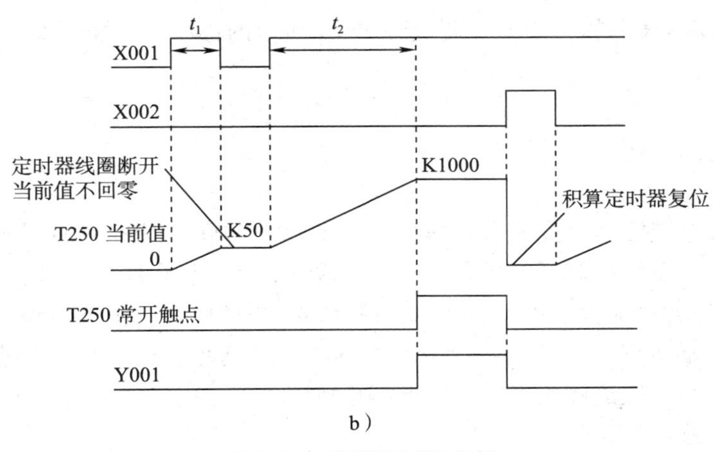

b）

图 3-29 积算定时器举例

a）梯形图 b）时序图

二、断电延时问题

FX_{2N}系列的定时器是通电延时定时器，如果需要使用断电延时定时器，可用图 3-30 所示的电路。当 X001 接通时，X001 的常开触点闭合，常闭触点断开，Y000 动作并自保，T0 不动作；而当 X001 断开后，X001 的常开触点断开，常闭触点闭合，由于 Y000 的自保，Y000 仍接通，T0 由于 X001 的常闭触点闭合而接通，开始定时，定时 10 s 后，T0 的常闭触点断开，Y000 和 T0 同时断开，实现了输入信号断开后，输出延时断开的目的。

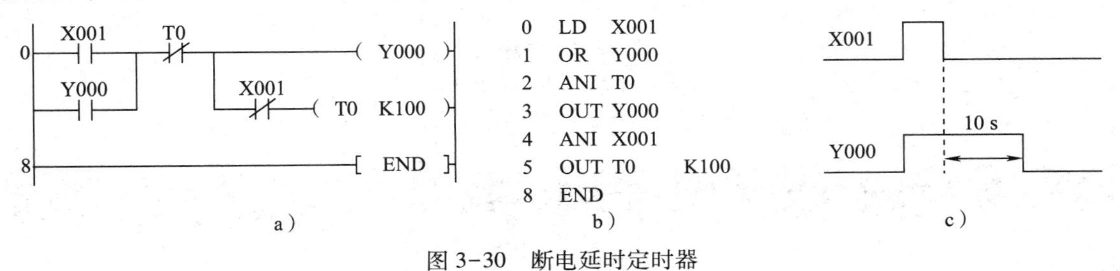

图 3-30 断电延时定时器

a）梯形图 b）指令表 c）时序图

任务实施

1. 按图 3-24a 所示的接线图连接主电路，检查线路正确性，确保无误。

2. 按图 3-25a 所示的接线图连接 PLC 控制电路，检查线路正确性，确保无误。

3. 输入图 3-25b 所示的梯形图或图 3-25c 所示的指令表，进行程序调试，检查是否实现了顺序启动的功能。

4. 自行设计接线图和操作步骤，调试图 3-30 所示的程序，观察是否实现了断电延时的功能。

5. 自行设计接线图和操作步骤，调试图 3-27 所示的程序，定性观察通用定时器无断电保持功能的特点。

6. 自行设计接线图和操作步骤，调试图 3-29 所示的程序，定性观察积算定时器的断电保持功能。

思考与练习

1. X000 外接自锁按钮，按下自锁按钮后，Y000、Y001、Y002 外接的灯循环点亮，每隔 1 s 点亮一盏灯，点亮一盏灯的同时熄灭另一盏灯，请设计程序并调试。

2. PLC 控制三台交流异步电动机 M1、M2 和 M3 顺序启动，按下启动按钮 X000 后，第一台电动机 M1 启动运行，5 s 后第二台电动机 M2 启动运行，电动机 M2 运行 8 s 后第三台电动机 M3 启动运行，完成相关工作后按下停止按钮，三台电动机一起停止。要求：

（1）画出主电路。

（2）进行 PLC 输入/输出点分配，列出输入/输出点分配表。

（3）画出 PLC 接线图。

（4）根据接线图和功能要求，设计出梯形图，写出指令表。调试程序，直至实现功能。

3. 按图 3-31 所示的时序图设计出梯形图程序。

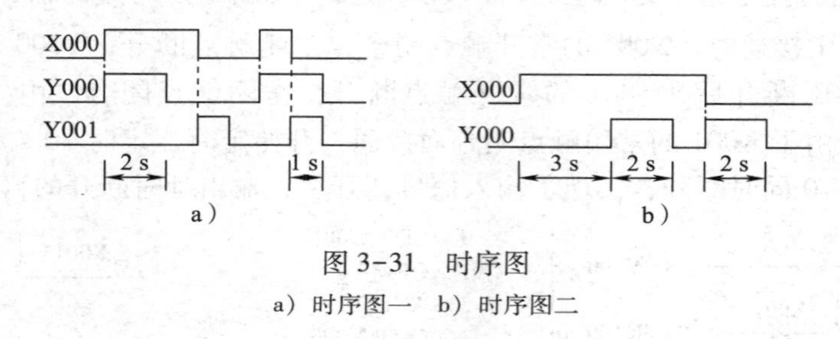

图 3-31　时序图

a）时序图一　b）时序图二

任务 4　顺序相连的传送带控制系统

知识点：

- 掌握辅助继电器的相关知识，了解双线圈输出的含义

技能点：

- 会利用所学指令和编程元件编写需暂存中间状态的梯形图，应用于电动机顺序启动和顺序停止的运行控制、生产线顺序控制、灯光闪烁控制等

任务提出

图 3-32 所示为某车间两条顺序相连的传送带的工作原理示意图和时序图，为了避免运送的物料在 2 号传送带上堆积，按下启动按钮后，2 号传送带开始运行，5 s 后 1 号传送带自动启动。而停机时，则是 1 号传送带先停止，10 s 后 2 号传送带才停止。本任务研究用 PLC 实现顺序相连的传送带控制系统。

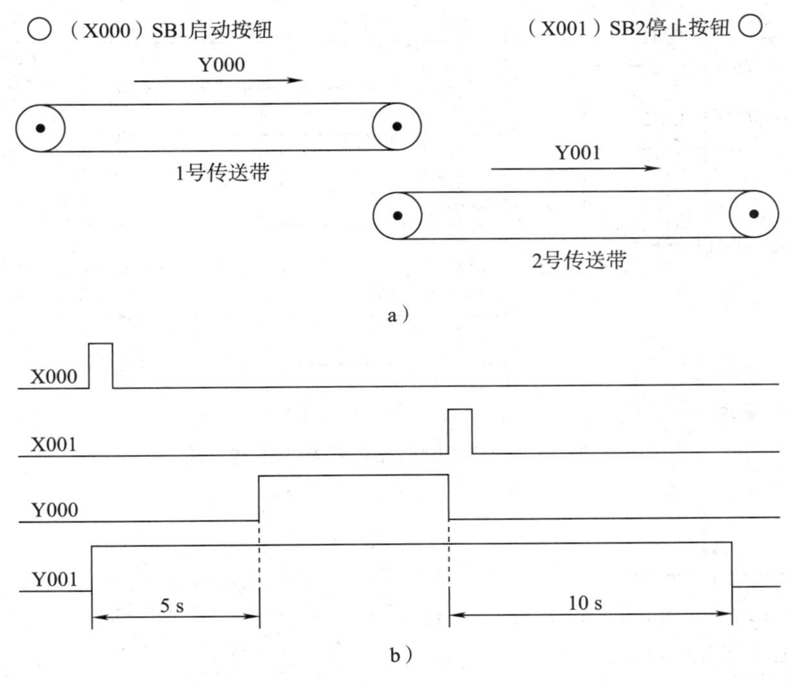

图 3-32　两条顺序相连的传送带

a）工作原理示意图　b）时序图

任务分析

由图 3-32b 所示的时序图可知，SB1 是 2 号传送带的启动按钮，1 号传送带在 2 号传送带启动 5 s 后自行启动，SB2 是 1 号传送带的停止按钮，1 号传送带停止 10 s 后 2 号传送带自行停止。为了将这个控制关系用 PLC 控制器实现，PLC 需要 2 个输入点（采用过载保护不占用输入点的方式）、2 个输出点和 2 个定时器，输入/输出点分配见表 3-5。

表 3-5　　输入/输出点分配表

输入资源			内部与输出资源		
输入继电器	输入元件	作用	内部与输出继电器	元件	作用
X000	SB1	启动按钮	Y000	KM1	1 号传送带接触器
X001	SB2	停止按钮	Y001	KM2	2 号传送带接触器
			T0	KT1	5 s 通电延时
			T1	KT2	10 s 断电延时

根据输入/输出点分配，画出 PLC 的接线图如图 3-33a 所示，PLC 控制系统中的所有输入触点全部采用常开触点，有人由此设计出图 3-33b 所示的梯形图，调试程序时无法通过，原因是该程序是双线圈输出，在一个扫描周期内，Y001 输出了两次。

借助辅助继电器 M0 或 M1 间接驱动 Y001，可以解决双线圈问题，如图 3-34 所示。

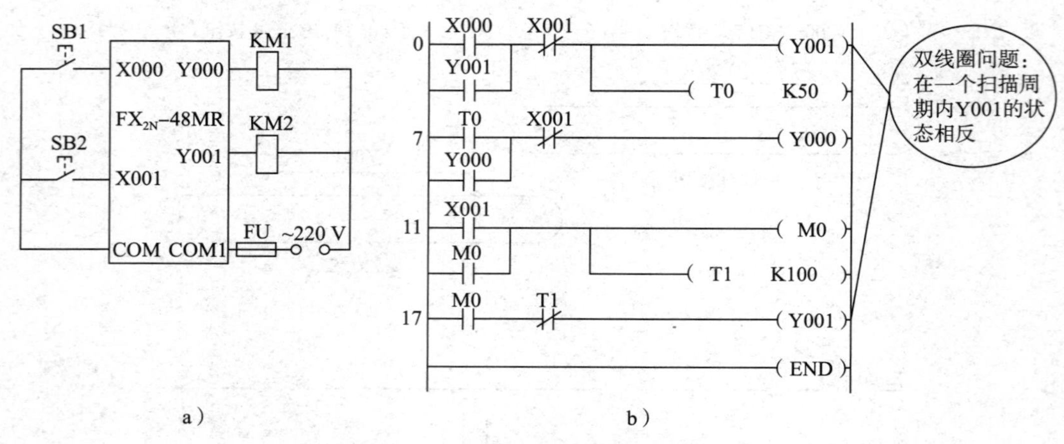

图3-33　PLC控制两条顺序相连的传送带

a）接线图　b）错误梯形图

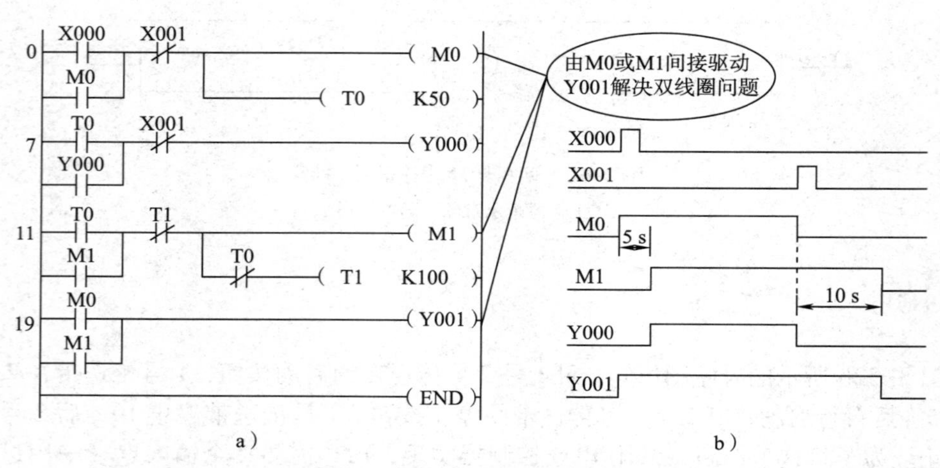

图3-34　PLC控制两条顺序相连传送带的梯形图和时序图

a）梯形图　b）时序图

1. 启动

按下启动按钮SB1，X000接通，驱动M0和定时器T0的线圈接通（0行）；M0接通后，其常开触点闭合（19行），驱动Y001动作，与其外接的接触器KM2通电，2号传送带开始运行；另外，T0接通延时5 s后，其常开触点闭合（7行），驱动Y000动作，与其外接的接触器KM1通电，1号传送带运行，执行了两条传送带的顺序启动程序。

2. 停止

按下停止按钮SB2，X001接通，其常闭触点断开（0行、7行），使M0和Y000断开，与Y000外接的KM1线圈断开，1号传送带停止运行；另外，由于T0断电，其常开触点断开，常闭触点闭合（11行），定时器T1通电，10 s后，M1断开（11行），使Y001断电（19行），与其外接的KM2断开，2号传送带停止运行，执行了两条传送带顺序停止的程序。

相关知识

完成本任务过程中使用的新知识，归纳总结如下：

一、辅助继电器

辅助继电器是PLC中数量最多的一种继电器，辅助继电器的作用通常与继电器控制系统中的中间继电器相似。

辅助继电器不能直接驱动外部负载，负载只能由输出继电器的外部触点驱动。辅助继电器的常开与常闭触点在PLC内部编程时可无限次使用。

辅助继电器采用M与十进制数共同组成编号，如M0、M8200等。

1. 通用辅助继电器（M0~M499）

FX_{2N}系列PLC共有500点通用辅助继电器。在PLC运行时，如果电源突然断电，则通用辅助继电器全部线圈均断开。当电源再次接通时，除了因外部输入信号而变为接通的线圈以外，其余的仍将保持断开状态，它们没有断电保护功能。通用辅助继电器常在逻辑运算中实现辅助运算、状态暂存、移位等功能，图3-34中的M0、M1就起到状态暂存的作用。

根据需要可通过程序设定，将M0~M499变为断电保持辅助继电器。

2. 断电保持辅助继电器（M500~M3071）

FX_{2N}系列PLC有M500~M3071共2 572个断电保持辅助继电器。它与通用辅助继电器不同的是具有断电保持功能，即能记忆电源中断瞬间的状态，并在重新通电后再现其状态。它之所以能在电源断电时保持其原有的状态，是因为电源中断时它们用PLC中的锂电池保持自身映像寄存器中的内容。比较图3-35a和图3-35b，当X000接通时，M0和M600都接通并自保持，若此时突然停电，M0断开，由于M600有断电保持功能，恢复供电时，如果X000不接通，则M0断开，而M600仍然处于接通状态。但恢复供电时，如果X001常闭触点开路，则M600也是断开的。

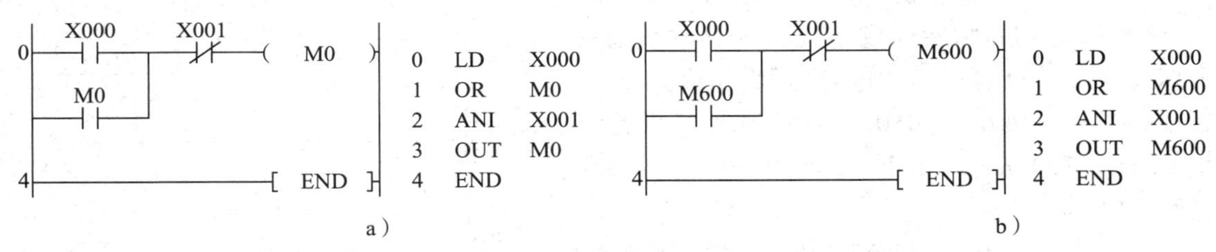

图3-35 通用辅助继电器和断电保持辅助继电器比较

a）通用辅助继电器 b）断电保持辅助继电器

根据需要，M500~M1023可由软件将其设定为通用辅助继电器。

下面通过小车往复运动控制来说明断电保持辅助继电器的应用，如图3-36所示。

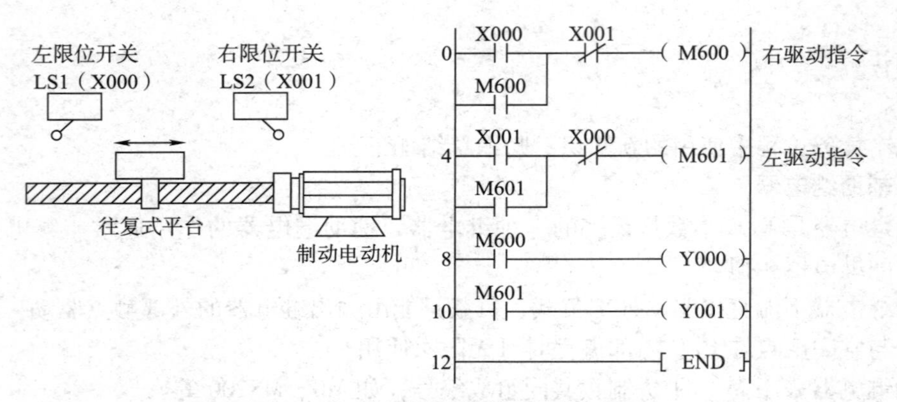

图 3-36　断电保持辅助继电器的应用

小车的正反向运动中，用 M600、M601 控制输出继电器驱动小车运动，X001、X000 为限位输入信号。运行的过程是 X000＝ ON→M600＝ON→Y000＝ON→小车右行→停电→小车中途停止→上电（M600＝ON→Y000＝ON）继续右行→X001＝ON→M600＝OFF、M601＝ON→Y001＝ON（左行）。可见，由于 M600 和 M601 具有断电保持功能，所以在小车中途因停电停止后，一旦电源恢复，M600 和 M601 仍记忆原来的状态，控制相应输出继电器，小车继续按原方向运动。若不用断电保护辅助继电器，当小车中途断电后，再次通电小车也不能继续运动。

3. 特殊辅助继电器

PLC 内有大量的特殊辅助继电器，它们都有各自的特殊功能。FX_{2N}系列中有 256 个特殊辅助继电器，可分成触点型和线圈型两大类。

（1）触点型

触点型特殊辅助继电器的线圈由 PLC 自动驱动，用户只可使用其触点。例如：

M8000：运行监视器（在 PLC 运行时接通），M8001 与 M8000 逻辑相反。

M8002：初始脉冲（仅在运行开始时接通一个扫描周期），M8003 与 M8002 逻辑相反。

M8011、M8012、M8013 和 M8014 分别是产生 10 ms、100 ms、1 s 和 1 min 时钟脉冲的特殊辅助继电器。

M8000、M8002、M8012 的时序图如图 3-37 所示。

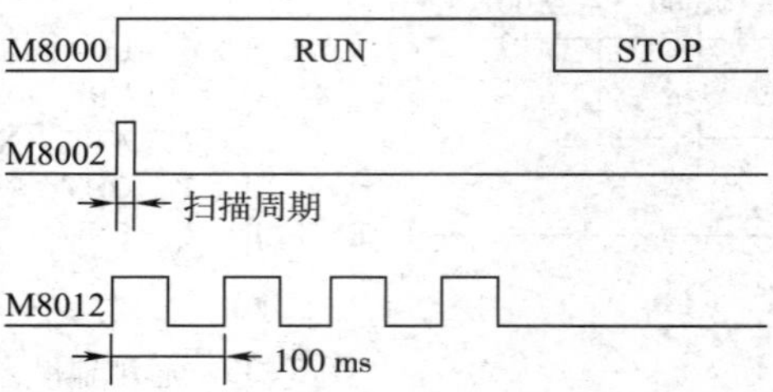

图 3-37　M8000、M8002、M8012 时序图

（2）线圈型

线圈型特殊辅助继电器由用户程序驱动线圈后，PLC 执行特定的动作。例如：

M8033：若使其线圈得电，则 PLC 停止时保持输出映像寄存器和数据寄存器内容。

M8034：若使其线圈得电，则将 PLC 的输出全部禁止。

M8039：若使其线圈得电，则 PLC 按 D8039 中指定的扫描时间工作。

二、双线圈问题

如图 3-33b 所示，在同一个程序中，同一元件的线圈在同一个扫描周期中输出了两次或多次，称为双线圈输出。在 X000 动作之后，X001 动作之前，同一个扫描周期中，第一个 Y001 接通，第二个 Y001 断开，在下一个扫描周期中，第一个 Y001 又接通，第二个 Y001 又断开，Y001 输出继电器出现快速振荡的异常现象。所以在编程时要避免双线圈输出的现象，解决方法如图 3-34a 所示。

任务实施

1. 按照输入/输出点分配表，自行设计主电路（见图 3-24a）并连接主电路，检查线路正确性，确保无误。

2. 按照输入/输出点分配表，自行设计 PLC 控制电路（见图 3-33a，图中未画出过载保护）并连接 PLC 控制电路，检查线路正确性，确保无误。

3. 输入图 3-34 所示的梯形图，进行程序调试，检查是否完成了顺序运行的功能。

4. 输入图 3-33b 所示的梯形图，观察双线圈输出的现象。

5. 分别输入图 3-35a 和图 3-35b 所示的梯形图，观察通用辅助继电器和断电保持辅助继电器的区别。

思考与练习

1. 将图 3-38 所示的梯形图改写成指令表程序。

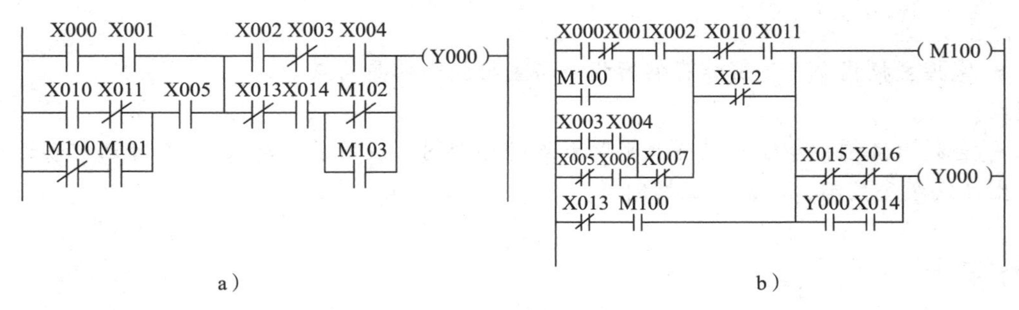

图 3-38 梯形图

a）梯形图一 b）梯形图二

2. 将图 3-39 所示的指令表程序改写成梯形图程序。

3. 彩灯的交替点亮控制：有一组灯 L1～L8，要求隔灯显示，每 2 s 变换一次，反复进行。用一个开关实现启停控制，试编程实现控制任务。

4. 如图 3-40 所示，某车间运料传送带分为三段，由三台电动机分别驱动。为了节省能源，设计时使载有物品的传送带运行，未载物品的传送带停止运行，但要保证物品在整个运输过程中连续地从上段运行到下段。根据上述控制要求，采用传感器来检测被运送物品是否接近两段传送带的结合处，并用该检测信号启动下一传送带的电动机，下段电动机启动 2 s

后上段的电动机停止运行。要求：

```
LDI   X004
ANI   M5
ORP   X024
LD    Y013
OR    T10
ANI   X012
LDF   X007
AND   M37
ORB
ORI   X022
ANB
OR    X015
MPS
AND   X001
OUT   M34
MPP
ANI   X017
OUT   T21    K100
END
```

a）

```
LD    X002
AND   M6
MPS
LD    X012
ORI   Y023
ANB
MPS
AND   X005
OUT   M12
MPP
ANI   X034
SET   M35
MRD
AND   X001
OUT   Y024
MPP
ANDP  X006
OUT   Y002
END
```

b）

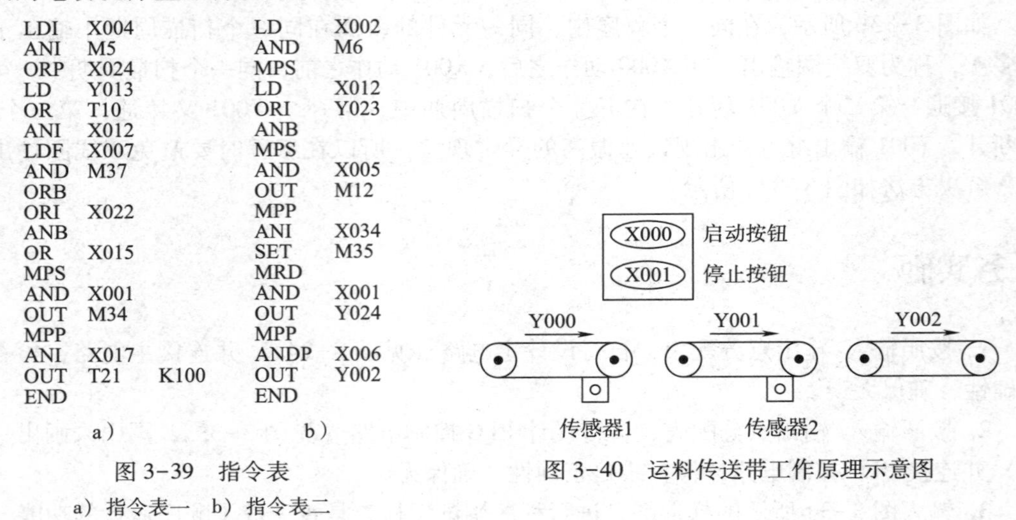

图 3-39　指令表

a）指令表一　b）指令表二

图 3-40　运料传送带工作原理示意图

（1）画出主电路。

（2）进行 PLC 资源分配，写出资源分配表。

（3）画出 PLC 接线图。

（4）根据接线图和功能要求，设计出梯形图，写出指令表。调试程序，直至完成功能。

任务 5　Y-△启动的可逆运行电动机

知识点：

- 掌握主控指令，了解栈存储器指令与主控指令的异同点

技能点：

- 会利用主控指令编写有公共串联触点的梯形图，应用于电动机Y-△降压启动运行控制、生产线顺序控制、灯光闪烁控制等

任务提出

三相定子绕组作三角形联结的三相笼型异步电动机，正常运行时均可采用Y-△降压启动的方法，以达到限制启动电流的目的。启动时，定子绕组先星形联结降压启动，待转速上升到接近额定转速时，定子绕组改为三角形联结，电动机进入全压运行状态，如图 3-41a 所示。三相电动机控制要求如下：

按下正转按钮 SB1，电动机以Y-△方式正向启动，Y形联结运行 30 s 后转换为△形运行。按下停止按钮 SB3，电动机停止运行。

按下反转按钮 SB2，电动机以Y-△方式反向启动，Y形联结运行 30 s 后转换为△形运行。按下停止按钮 SB3，电动机停止运行。

本任务研究用 PLC 实现Y-△启动的可逆运行电动机控制电路。

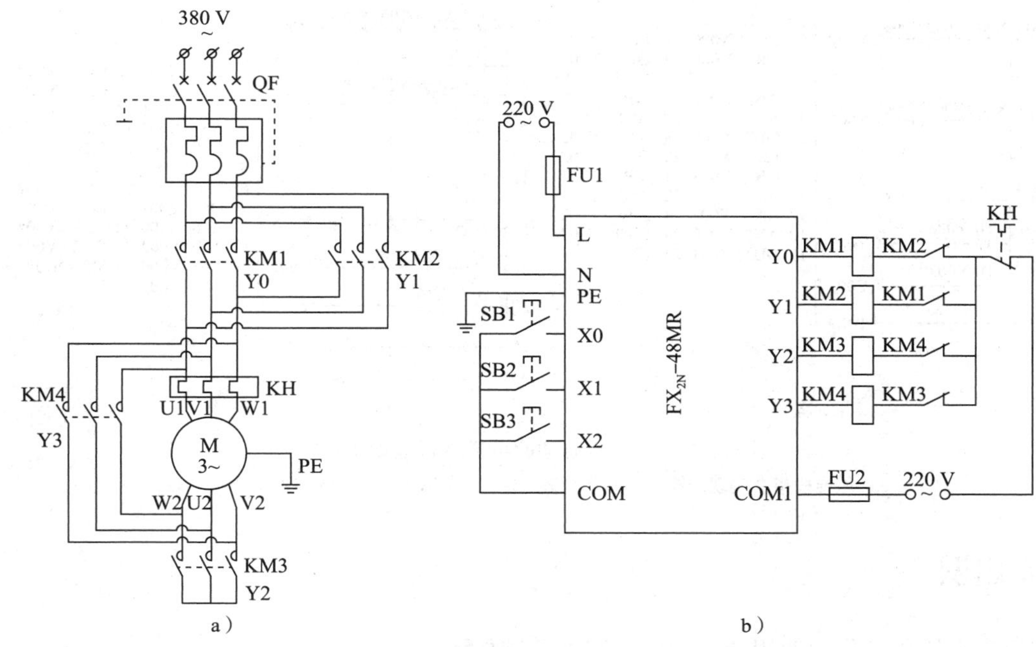

图 3-41 Y-△启动的可逆运行电动机电路

a）主电路 b）控制电路

任务分析

为了将上述控制关系用 PLC 控制器实现，PLC 需要 3 个输入点、4 个输出点，输入/输出点分配见表 3-6。

表 3-6 输入/输出点分配表

输入			输出		
输入继电器	输入元件	作用	输出继电器	输出元件	作用
X000	SB1	正向启动按钮	Y000	KM1	正向运行用交流接触器
X001	SB2	反向启动按钮	Y001	KM2	反向运行用交流接触器
X002	SB3	停止按钮	Y002	KM3	Y形降压启动
			Y003	KM4	△形全压运行

根据输入/输出点的分配，画出 PLC 的接线图如图 3-41b 所示，由此设计的梯形图如图 3-42a 所示。当按下 SB1 时，X000 接通，驱动 Y000、Y002 动作，电动机 M 作正向 Y 形降压启动；30 s 后，Y002 断开，Y003 接通，电动机 M 转入△形全压运行。同理可分析反向运行。这里的常闭触点 X000、X001 起到按钮互锁的作用，常闭触点 Y000、Y001 和 Y002、Y003 分别起到接触器互锁的作用。

图 3-42a 所示的梯形图的设计采用了堆栈指令，也可以用主控指令实现，如图 3-42b 所示。

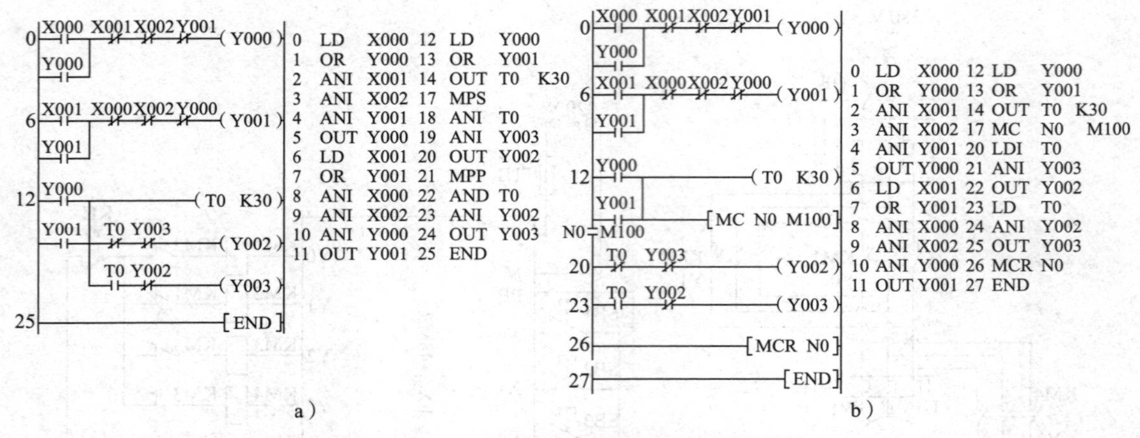

图 3-42　Y-△启动的可逆运行电动机程序

a）用堆栈指令实现的梯形图和指令表　b）用主控指令实现的梯形图和指令表

相关知识

完成本任务过程中使用的新知识，归纳总结如下：

主控指令（MC/MCR）

1. MC（主控指令）用于公共串联触点的连接。执行 MC 后，左母线移到 MC 触点的后面。

2. MCR（主控复位指令）是 MC 的复位指令，即利用 MCR 恢复原左母线的位置。

编程时常会出现这样的情况：多个线圈同时受一个或一组触点控制。如果在每个线圈的控制电路中都串入同样的触点，将占用很多存储单元，使用主控指令就可以解决这一问题。MC、MCR 指令的使用如图 3-43 所示，利用 MC N0 M100 实现左母线右移，其中 N0 表示嵌套等级，在无嵌套结构中 N0 的使用次数无限制；利用 MCR N0 恢复到原左母线状态。如果 Y000、Y001 均断开则会跳过 MC、MCR 之间的指令向下执行。

MC、MCR 指令的使用说明如下：

（1）MC、MCR 指令的目标元件为 Y 和 M，但不能用特殊辅助继电器。MC 占 3 个程序步，MCR 占 2 个程序步。

（2）主控触点在梯形图中与一般触点垂直（见图 3-43 中的 M100）。主控触点是与左母线相连的常开触点，是控制一组电路的总开关。与主控触点相连的触点必须用 LD 类指令。

（3）MC 指令的输入触点断开时，在 MC 和 MCR 之间的积算定时器和计数器、用复位置位指令驱动的元件保持其之前的状态不变，非积算定时器和计数器、用 OUT 指令驱动的元件将复位，图 3-43 中的 X000 断开后，Y000 和 Y001 即变为 OFF。

（4）在一个 MC 指令区内若再使用 MC 指令称为嵌套。嵌套级数最多为 8 级，编号按 N0→N1→N2→N3→N4→N5→N6→N7 顺序增大，每级的返回用对应的 MCR 指令，从编号大的嵌套级开始复位，如图 3-44 所示。

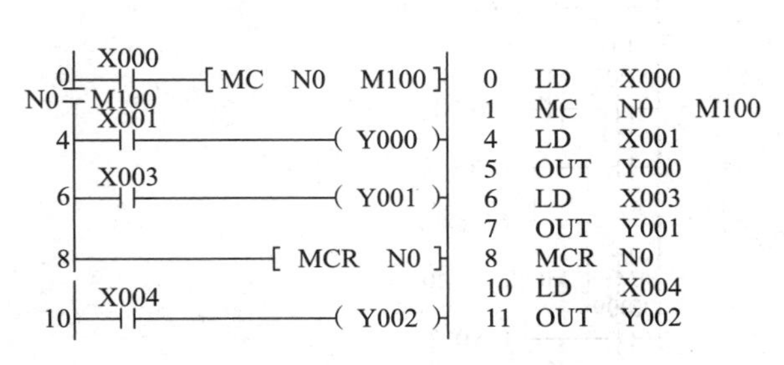

图 3-43 主控指令的使用

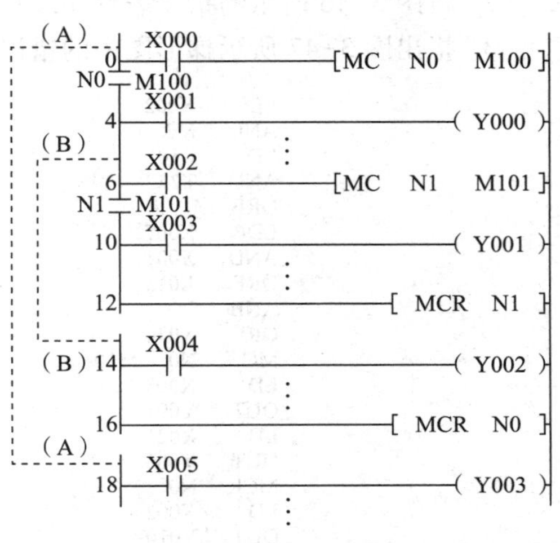

图 3-44 MC 指令的嵌套

任务实施

1. 按图 3-41a 所示的接线图连接主电路，检查线路正确性，确保无误。

2. 按图 3-41b 连接 PLC 控制电路，检查线路正确性，确保无误。

3. 输入图 3-42a 所示的梯形图或指令表，进行程序调试，检查是否实现了 Y-△降压启动的可逆运行电动机启动及运行的功能。

4. 输入图 3-42b 所示的梯形图或指令表，进行程序调试，检查是否实现了 Y-△降压启动的可逆运行电动机启动及运行的功能。

5. 在前文涉及的梯形图中，有哪些可以改用主控指令实现？试着修改，并进行程序调试。

思考与练习

1. 将图 3-45 所示的梯形图改写成指令表程序。

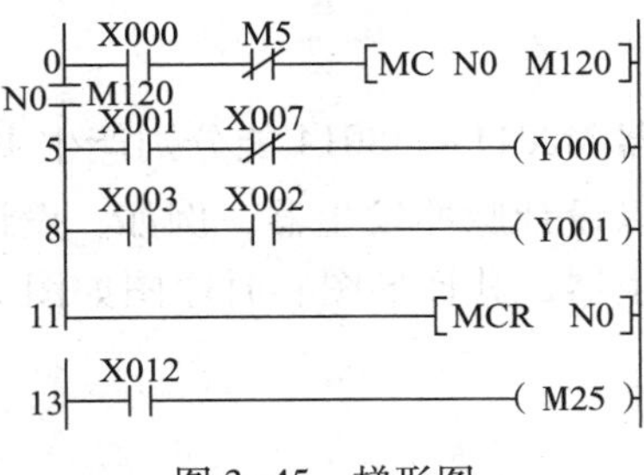

图 3-45 梯形图

2. 将图 3-46 所示的指令表程序改写成梯形图程序。

3. 指出图 3-47 所示梯形图中的错误。

```
LD    X002
ANI   M3
LDI   C10
AND   T27
ORB
LDP   X007
AND   X001
ORF   X015
ANB
ORI   X034
MC    N0   M10
LD    X003
OUT   Y001
LD    X021
OUT   Y006
MCR   N0
LD    X002
OUT   Y010
```

图 3-46　指令表

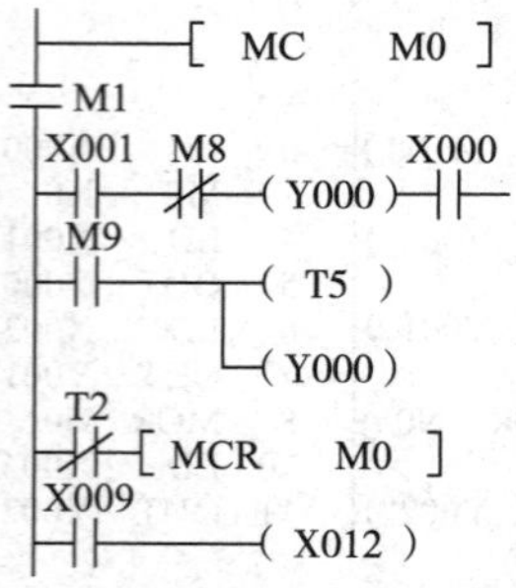

[MC　M0]
M1
X001　M8　(Y000)　X000
M9
(T5)
(Y000)
T2　[MCR　M0]
X009
(X012)

图 3-47　梯形图

任务 6　灯光闪烁电路

知识点：

- 掌握微分指令、取反指令、空操作指令和结束指令
- 掌握计数器相关知识

技能点：

- 会利用所学指令编写梯形图完成常用的逻辑功能，如脉冲发生器、振荡电路、分频电路、电子钟等

任务提出

灯光闪烁电路本质上都是逻辑电路，如脉冲发生器、振荡电路、分频电路、电子钟等。

任务分析

一、脉冲发生器

FX_{2N}系列的特殊辅助继电器 M8011 ~ M8014 能分别产生 10 ms、100 ms、1 s 和1 min 的时钟脉冲。在实际应用中还可以设计脉冲发生器，例如，设计一个周期为300 s，脉冲持续时间为一个扫描周期的脉冲发生器，其梯形图和时序图如图 3-48 所示，其中 X000 外接的是带自锁的按钮。

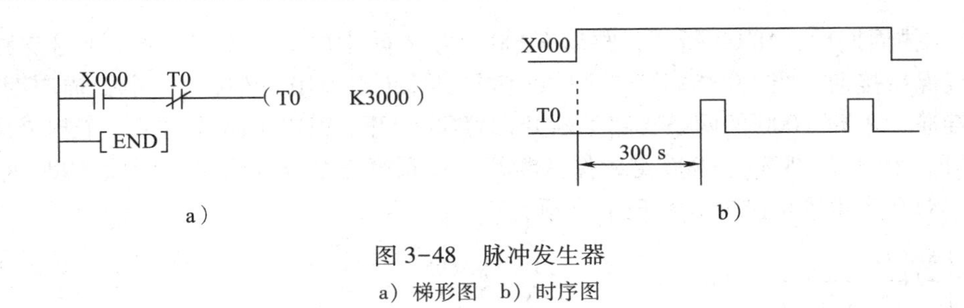

图3-48 脉冲发生器

a）梯形图 b）时序图

二、振荡电路

设计一个振荡电路，要求其输出波形如图3-49所示。X000外接的SB是带自锁的按钮，这里Y000就会产生亮3 s、灭2 s的闪烁效果，所以该电路也称为闪烁电路。为了实现这一功能，设置T0为2 s定时器，T1为3 s定时器，设计的接线图、梯形图与时序图如图3-50所示。

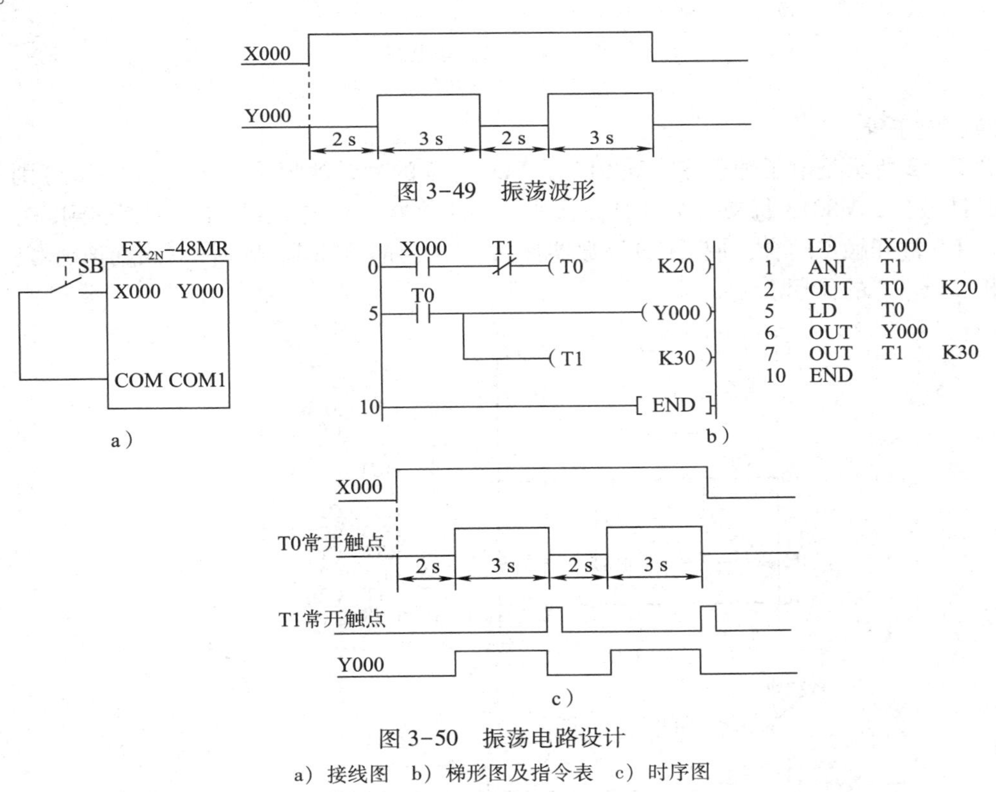

图3-50 振荡电路设计

a）接线图 b）梯形图及指令表 c）时序图

三、分频电路

用PLC可以实现对输入信号的任意分频，图3-51所示是二分频电路，要分频的脉冲信号加入X000端，Y000端输出分频后的脉冲信号。程序开始执行时，M8002接通一个扫描周期，确保Y000的初始状态为断开状态。当X000端第一个脉冲信号到来时，M100接通一个扫描周期，驱动Y000两条支路中的1号支路接通，2号支路断开，Y000接通。第一个脉冲到来一个扫描周期后，M100 断开，驱动 Y000 两条支路中的 2 号支路接通，1 号支路断开，Y000 继续保持接通。当 X000 端第二个脉冲信号到来时，M100 又接通一个扫描周期，此时 Y000 仍接通，驱动 Y000 的两条支路都断开，Y000 断开。第二个脉冲到来一个扫描周期后，M100 断开，Y000 仍断开，Y000 继续保持断开，直到第三个脉冲到来。所以 X000 每送入 2 个脉冲，Y000 产生 1 个脉冲，实现了分频。

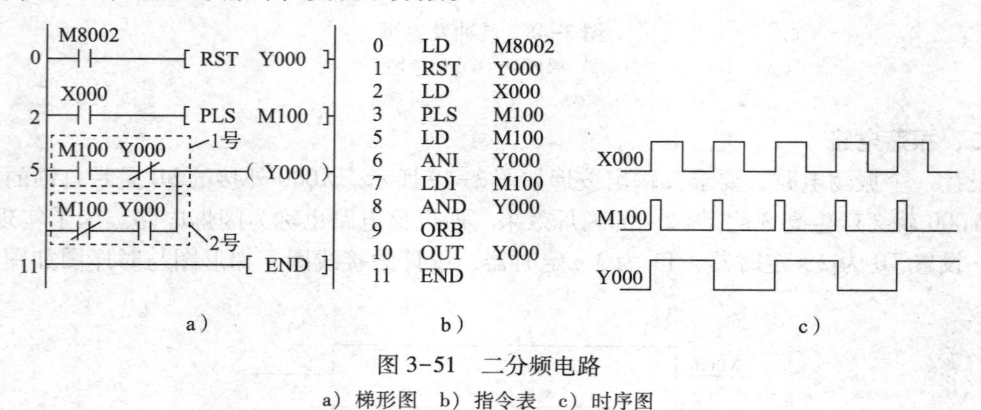

图 3-51　二分频电路

a）梯形图　b）指令表　c）时序图

四、电子钟

图 3-52 所示是电子钟程序，M8013 是 PLC 内部的秒时钟脉冲，C0、C1、C2 分别是秒、分、时计数器，M8013 每来一个秒时钟脉冲，秒计数器 C0 当前值加 1，一直加到 60，达到 1 min，C0 常开触点闭合，使 C1 分计数器计数，C1 当前值加 1，同时 C0 当前值清零。同理可分析 C1、C2 的作用。

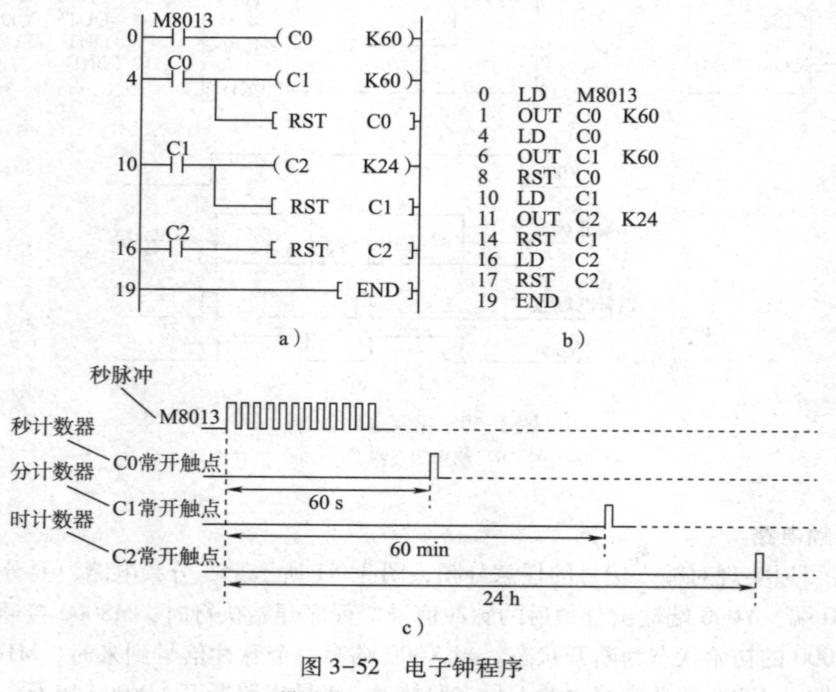

图 3-52　电子钟程序

a）梯形图　b）指令表　c）时序图

相关知识

一、指令

1. 微分指令（PLS/PLF）

（1）PLS（上升沿微分指令）在输入信号上升沿产生一个扫描周期的脉冲输出。

（2）PLF（下降沿微分指令）在输入信号下降沿产生一个扫描周期的脉冲输出。

PLS 和 PLF 指令只能用于输出继电器和辅助继电器（不包括特殊辅助继电器）。图 3-53 中的 M0 仅在 X000 的常开触点由断开变为接通（即 X000 的上升沿）时的一个扫描周期内为 ON，M1 仅在 X000 的常开触点由接通变为断开（即 X000 的下降沿）时的一个扫描周期内为 ON。

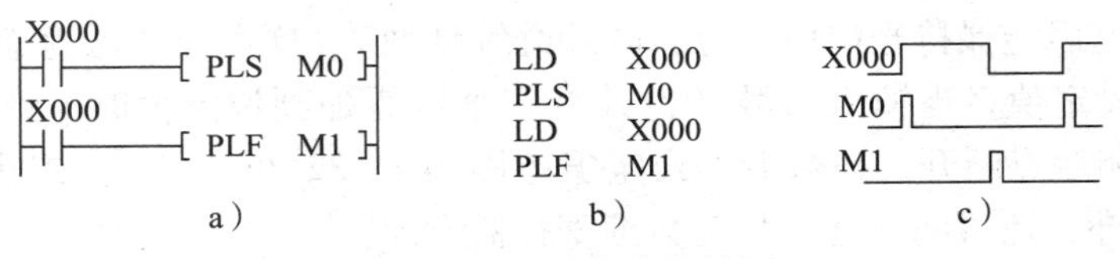

图 3-53 微分指令的使用

a）梯形图 b）指令表 c）时序图

当 PLC 从 RUN 状态转到 STOP 状态，然后又由 STOP 状态进入 RUN 状态时，其输入信号仍然为 ON，PLS M0 指令将输出一个脉冲。然而，如果用电池后备（锁存）的辅助继电器代替 M0，其 PLS 指令在这种情况下不会输出脉冲。

PLS、PLF 指令的使用说明如下：

1）PLS、PLF 指令的目标元件为 Y 和 M。

2）使用 PLS 时，仅在驱动输入为 ON 后的一个扫描周期内目标元件为 ON，如图 3-53 所示，M0 仅在 X000 的常开触点由断到通时的一个扫描周期内为 ON；PLF 指令只是利用输入信号的下降沿驱动，其他与 PLS 指令相同。

2. 取反、空操作和结束指令

（1）取反指令（INV）

INV 指令在梯形图中用一条与水平成 45°的短斜线来表示，它将执行该指令之前的运算结果取反，它前面的运算结果如为 0，则将其变为 1，运算结果为 1 则变为 0。在图 3-54 中，如果 X000 和 X001 同时为 ON，则 Y000 为 OFF；其他情况下 Y000 为 ON。INV 指令也可以用于 LDP、LDF、ANDP、ANDF、ORP、ORF 等脉冲触点指令。

X000 X001 (Y000)

LD	X000
AND	X001
INV	
OUT	Y000

图 3-54 INV 指令

（2）空操作指令（NOP）

NOP 为空操作指令，使该步序作空操作。执行完清除用户存储器的操作后，用户存储器的内容全部变为空操作指令。

（3）结束指令（END）

END 为结束指令，将强制结束当前的扫描执行过程。若不写 END 指令，将从用户程序存储器的第一步执行到最后一步；若将 END 指令放在程序结束处，则只执行第一步至 END 之间的程序，使用 END 指令可以缩短扫描周期。

在调试程序时，可以将 END 指令插在各段程序之后，从第一段开始分段调试，调试好以后必须删去程序中间的 END 指令，这种方法对程序的查错也很有用处。

二、计数器

FX_{2N}系列计数器分为内部计数器和高速计数器两类。本课题先介绍内部计数器，高速计数器在课题六介绍。

内部计数器在执行扫描操作时对内部信号（如 X、Y、M、S、T 等）进行计数。内部输入信号的接通和断开时间应比 PLC 的扫描周期稍长。

1. 16 位加计数器（C0～C199）

16 位加计数器共 200 点，其中 C0～C99 共 100 点为通用型，C100～C199 共 100 点为断电保持型（即断电后能保持当前值，待通电后继续计数）。这类计数器为递加计数，应用前先为其设置某一设定值，当输入信号（上升沿）个数累加到设定值时，计数器动作，其常开触点闭合、常闭触点断开。计数器的设定值范围为 1～32 767（16 位二进制），设定值除了用常数 K 设定外，还可间接通过指定数据寄存器设定。

下面举例说明通用型 16 位加计数器的工作原理。如图 3-55 所示，X010 为复位信号，当 X010 为 ON 时 C0 复位。X011 是计数输入，X011 每接通一次计数器当前值增加 1（注意：X010 断开，计数器不会复位）。当计数器当前值等于设定值 5 时，计数器 C0 的输出触点动作，Y000 被接通。此后即使输入 X011 再接通，计数器的当前值也保持不变。当复位输入 X010 接通时，执行 RST 复位指令，计数器复位，输出触点也复位，Y000 被断开。

2. 32 位加/减计数器（C200～C234）

32 位加/减计数器共有 35 点，其中 C200～C219（共 20 点）为通用型，C220～C234（共 15 点）为断电保持型。这类计数器与 16 位加计数器相比，除位数不同外，还在于它能通过控制实现加/减双向计数。设定值范围均为-214 783 648～+214 783 647（32 位）。

C200～C234 是加计数还是减计数，分别由特殊辅助继电器 M8200～M8234 设定。对应的特殊辅助继电器被置为 ON 时为减计数，置为 OFF 时为加计数。

与 16 位加计数器相同，32 位加/减计数器也可直接用常数 K 或间接用数据寄存器 D 的内容作为设定值。在间接设定时，要用相邻编号的两个数据寄存器。

如图 3-56 所示，X012 用来控制 M8200，X012 闭合时为减计数方式，否则为加计数方式。X013 为复位信号，当 X013 的常开触点接通时，C200 被复位。X014 为计数输入，C200 的设定值为 5（可正、可负）。假设 C200 置为加计数方式（M8200 为 OFF），当 X014 计数输入由 4 累加到 5 时，计数器的输出触点动作，Y001 接着动作。复位输入 X013 接通时，计数器的当前值为 0，输出触点也随之复位。

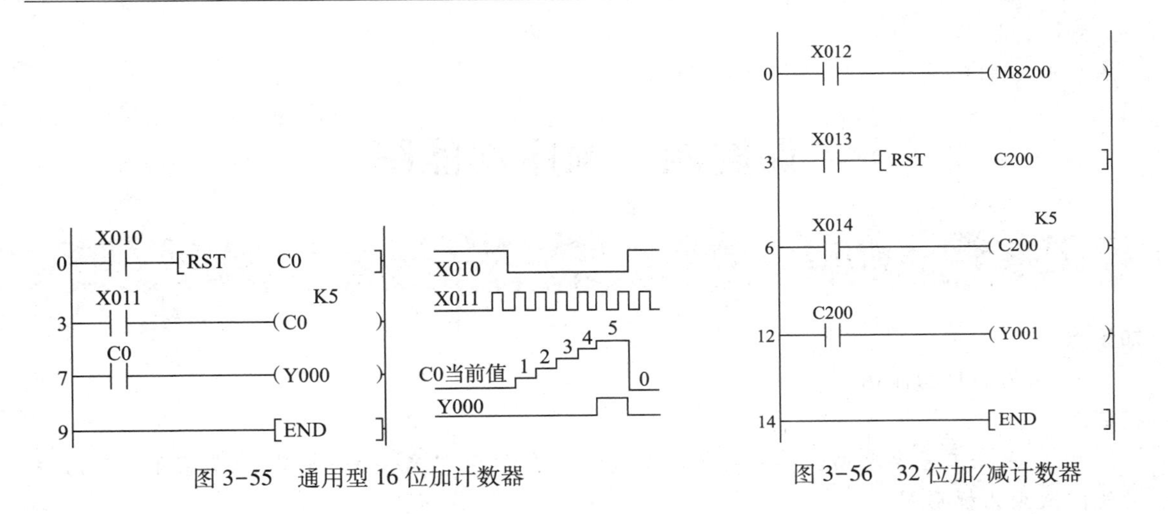

图 3-55 通用型 16 位加计数器 图 3-56 32 位加/减计数器

任务实施

1. 按图 3-50a 所示的接线图连接 PLC 控制电路，连接好电源，检查线路正确性，确保无误。

2. 输入图 3-50b 所示的梯形图或指令表，进行程序调试，检查是否实现了振荡器的功能。

3. 改变图 3-50b 所示梯形图中的 T0 和 T1 的设定值，再调试程序，观察振荡器的振荡频率。

思考与练习

1. 设计满足图 3-57 所示三个时序图的梯形图。

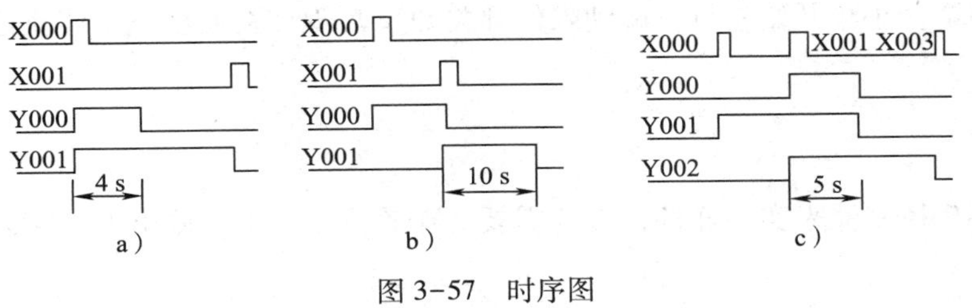

图 3-57 时序图

a）时序图一 b）时序图二 c）时序图三

2. 如图 3-58 所示，X000 闭合后 Y000 变为 ON 并自保持，T0 定时 7 s 后，用 C0 对 X001 输入的脉冲计数，计满 4 个脉冲后，Y000 变为 OFF，同时 C0 和 T0 被复位，在 PLC 刚开始执行用户程序时，C0 也被复位，设计出梯形图。

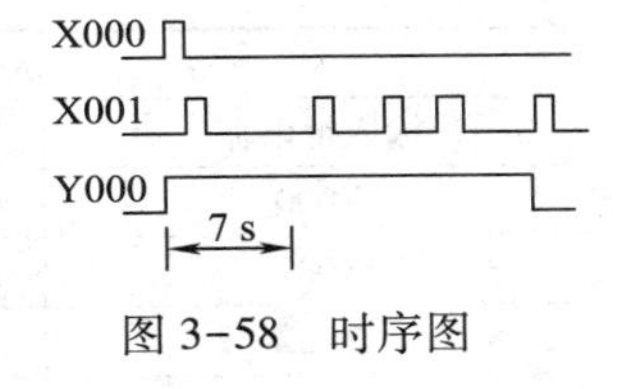

图 3-58 时序图

课题四　顺序功能图

任务 1　运料小车

知识点：

- 掌握顺序功能图

技能点：

- 会根据工艺要求画出单序列顺序功能图，会利用“启—保—停”电路将单序列顺序功能图改画为梯形图

任务提出

自动化生产线上经常使用运料小车，如图 4-1 所示，货物通过运料小车 M 从 A 地运到 B 地，在 B 地卸料后，小车 M 再从 B 地返回 A 地待命。

本任务用 PLC 来控制运料小车的工作，编程采用单序列顺序功能图实现。假设初始阶段小车停在左限位开关 SQ2 处，按下启动按钮 X000，Y002 变为 ON，打开储料斗的闸门，开始装料，同时用定时器 T0 定时，10 s 后关闭储料斗的闸门，Y000 变为 ON，小车开始右行，碰到右限位开关 SQ1 后停下来卸料，Y003 为 ON，同时用定时器 T1 定时，8 s 后 Y001 变为 ON，小车开始左行，碰到限位开关 SQ2 后返回初始状态，停止运行。

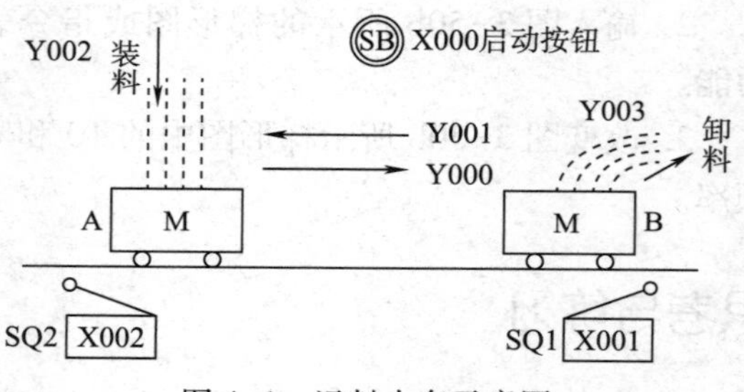

图 4-1　运料小车示意图

任务分析

为了用 PLC 控制器来实现任务，PLC 需要 3 个输入点、4 个输出点，输入/输出点分配见表 4-1。

表 4-1　　输入/输出点分配表

输入		输出	
输入继电器	作用	输出继电器	作用
X000	启动按钮	Y000	小车右行
X001	右限位开关	Y001	小车左行
X002	左限位开关	Y002	装料
		Y003	卸料

根据控制要求，画出时序图如图 4-2 所示，根据 Y000~Y003 的 ON/OFF 状态的变化，运料小车的一个工作周期分为装料、右行、卸料和左行 4 步，再加上等待装料的初始步，一共有 5 步。各限位开关、按钮和定时器提供的信号是各步之间的转换条件，由此画出顺序功能图如图 4-3 所示，用启—保—停电路设计出梯形图如图 4-4 所示。

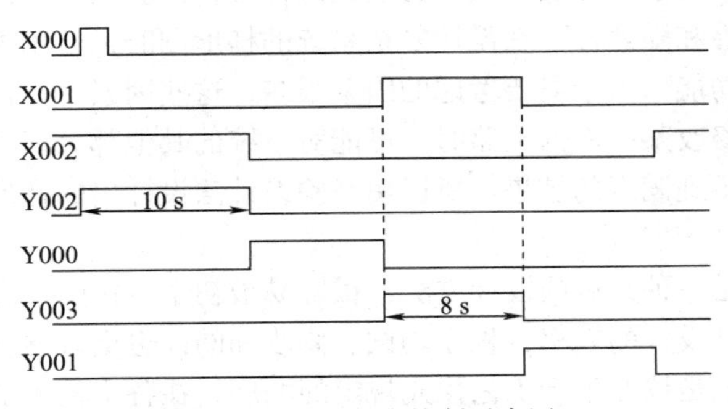

图 4-2 运料小车控制时序图

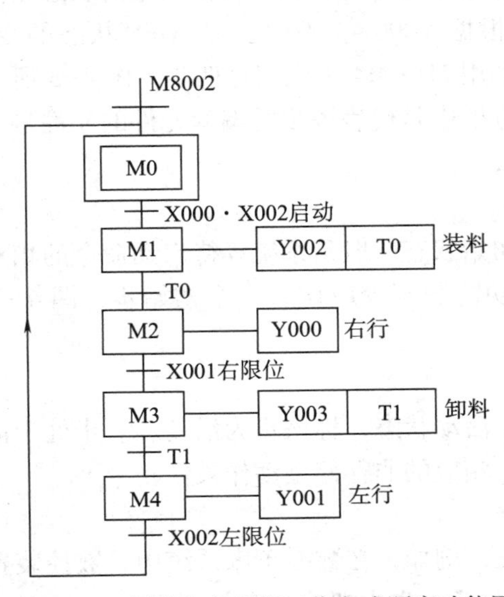

图 4-3 运料小车单周期工作方式顺序功能图

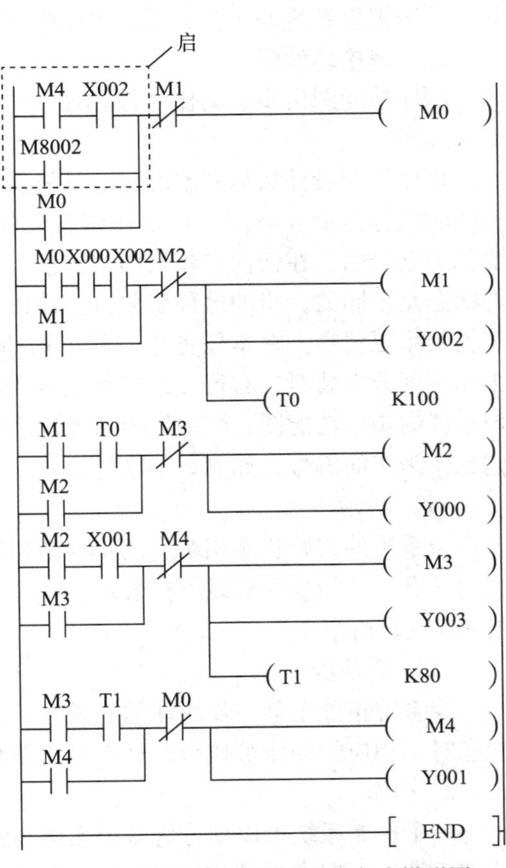

图 4-4 运料小车单周期工作方式梯形图

相关知识

一、经验设计法与顺序控制设计法

课题三中各梯形图的设计方法一般称为经验设计法，经验设计法没有一套固定的步骤可循，具有很大的试探性和随意性。在设计复杂系统的梯形图时，若用大量的中间单元来完成记忆、联锁和互锁等功能，由于需要考虑的因素很多，这些因素又往往交织在一起，分析起来非常困难。此外，修改某一局部电路时，可能对系统的其他部分产生意想不到的影响，往往花费很长时间却得不到满意的结果。所以用经验设计法设计出的梯形图不易阅读，系统维修和改进也较困难。

顺序控制设计法是一种先进的设计方法，很容易被初学者接受，有经验的工程师使用顺序控制设计法也会提高设计的效率，程序调试、修改和阅读也更方便。

所谓顺序控制，就是按照生产工艺预先规定的顺序，在各个输入信号的作用下，根据内部状态和时间的顺序，生产过程的各个执行机构自动有序地进行操作。使用顺序控制设计法时，首先根据系统的工艺过程画出顺序功能图，然后根据顺序功能图画出梯形图。

二、顺序功能图

顺序功能图由步、动作（或称命令）、有向连线、转换和转换条件五部分组成。

1. 步

顺序控制设计法最基本的思想是将系统的一个工作周期划分为若干个顺序相连的阶段，这些阶段称为步（step），可以用编程元件（M 和 S）来代表各步。步是根据输出量的状态变化来划分的，在任何一步之内，各输出量的 ON/OFF 状态不变，但是，相邻两步输出量总的状态是不同的，步的这种划分方法使代表各步的编程元件的状态与各输出量的状态之间的逻辑关系更清晰。在本任务中，除了初始步外，根据 Y000 ~ Y003 的 ON/OFF 状态的变化，工作过程分为装料、右行、卸料和左行四步，分别用 M1 ~ M4 来代表这四步。图 4-3 所示是该系统的顺序功能图，图中用矩形方框表示步，方框中是代表该步的编程元件的元件号，它们也作为步的编号，如 M1、M2 等。

（1）初始步

与系统的初始状态相对应的步称为初始步，初始状态一般是系统等待启动命令的相对静止的状态。初始步用双线方框表示，每一个顺序功能图至少应该有一个初始步，图 4-3 中的 M0 就是初始步。

（2）活动步

当系统正处于某一步所在的阶段时，该步处于活动状态，称该步为活动步。步处于活动状态时，相应的动作被执行；处于不活动状态时，相应的非存储型动作被停止。

2. 动作

一个控制系统可以划分为被控系统和施控系统，例如，在数控车床系统中，数控装置是施控系统，而车床是被控系统。对于被控系统，在某一步中要完成某些动作（action）；对于施控系统，在某一步中则要向被控系统发出某些命令（command）。为了叙述方便，下面将命令或动作统称为动作，并用矩形框中的文字或符号表示，该矩形框应与相应的步的符号相连。一个步可以有多个动作，也可以没有任何动作，图 4-3 中，M0 步没有任何动作，M2、M4 步各有一个动作，M1、M3 步各有两个动作。如果某一步有多个动作，可以用图 4-5 所示的两种画法来表示，它们并不隐含这些动作之间的任何顺序。动作只有在相应的步为活动步时完成，例如，当 M1 为活动步时，Y002 和 T0 的线圈通电，当 M1 为不活动步时，Y002 和 T0 的线圈断电。从这个意义上来说，T0 的线圈相当于步 M1 的一个动作，所以将 T0 作为步 M1 的动作来处理。步 M1 下面的转换条件 T0 由在定时时间到时闭合的 T0 的常开触点提供。因此，动作框中的 T0 对应的是 T0 的线圈，转换条件 T0 对应的是 T0 的常开触点。

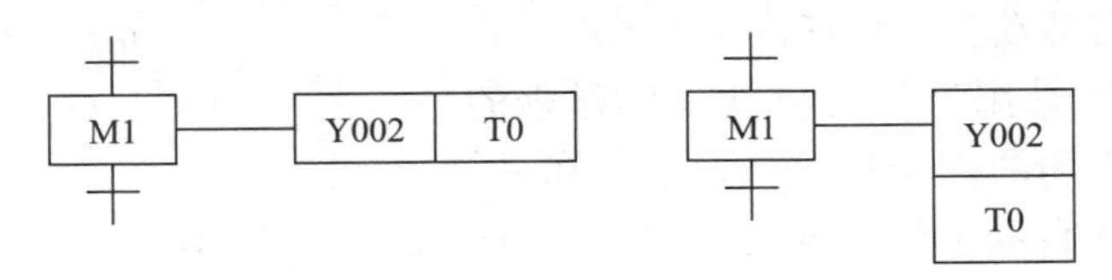

图 4-5 一个步有多个动作的两种画法

3. 有向连线

在画顺序功能图时，将代表各步的方框按它们成为活动步的先后次序排列，并用有向连线将它们连接起来。步的活动状态习惯的进展方向是从上到下或从左到右，这两个方向有向连线上的箭头可以省略。如果不是上述的方向，应在有向连线上用箭头注明进展方向，图 4-3 中，步 M4 转换到步 M0 的有向连线使用了箭头。在可以省略箭头的有向连线上，为了更易于理解也可以加箭头。

4. 转换

转换用垂直于有向连线的短画线来表示，转换将相邻两步分隔开。步的活动状态的进展是由转换的实现来完成的，并与控制过程的发展相对应。

5. 转换条件

转换条件是与转换相关的逻辑命题，可以用文字语言、布尔代数表达式或图形符号标注在表示转换的短画线旁边，使用得最多的是布尔代数表达式，转换条件的标注如图 4-6 所示。

6. 绘制顺序功能图的注意事项

（1）两个步之间必须用一个转换隔开，两个步绝对不能直接相连。

（2）两个转换之间必须用一个步隔开，两个转换也不能直接相连。

（3）顺序功能图中的初始步一般对应于系统等待启动的初始状态，这一步可能没有输出处于 ON 状态，因此，初学者很容易遗漏这一步。初始步是必不可少的，一方面该步与它的相邻步相比，输出变量的状态各不相同；另一方面如果没有该步，则无法表示初始状态，系统也无法返回停止状态。

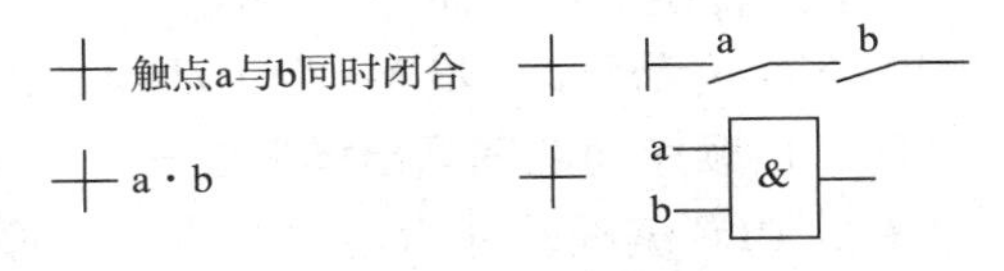

图 4-6 转换条件的标注

（4）自动控制系统应能多次重复执行同一工艺过程，因此，在顺序功能图中一般应有由步和有向连线组成的闭环，即在完成一次工艺过程的全部操作之后，应从最后一步返回初始步。系统停留在初始状态的单周期操作如图 4-3 所示；以连续循环方式工作时，将从最后一步返回下一工作周期开始运行的第一步，如图 4-7 所示。此时运料小车完成的任务可叙述为：货物通过运料小车 M 从 A 地运到 B 地，在 B 地卸料后小车 M 再从 B 地返回 A 地继续装运料。

（5）在顺序功能图中，只有当某一步的前级步是活动步时，该步才有可能变成活动步。如果用没有断电保持功能的编程元件代表各步（本任务中代表各步的 M0～M4），进入 RUN 工作方式时，它们均处于 OFF 状态，必须用初始化脉冲 M8002 的常开触点作为转换条件，将初始步预置为活动步，否则因顺序功能图中没有活动步，系统将无法工作。

（6）顺序功能图是用来描述自动工作过程的，如果系统有自动、手动两种工作方式，还应在系统由手动工作方式进入自动工作方式时，用一个适当的信号将初始步置为活动步。本任务没有设置手动工作方式。

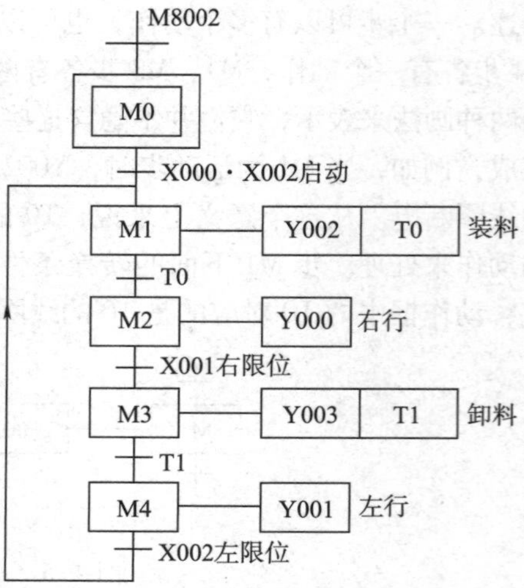

图 4-7　运料小车连续循环工作方式顺序功能图

三、顺序功能图中转换实现的基本规则

1. 转换实现的条件

在顺序功能图中，步的活动状态的进展是由转换的实现来完成的，转换实现必须同时满足两个条件：

（1）该转换所有的前级步都是活动步。

（2）相应的转换条件得到满足。

2. 转换实现后的操作

转换实现后应完成以下两个操作：

（1）使所有由有向连线与相应转换符号相连的后续步都变为活动步。

（2）使所有由有向连线与相应转换符号相连的前级步都变为不活动步。

转换实现的基本规则是根据顺序功能图设计梯形图的基础。

在梯形图中，用编程元件（如 M 和 S）代表步，当某步为活动步时，该步对应的编程元件为 ON。图 4-3 中，要实现步 M0 到步 M1 的转换，必须同时满足：M0 为活动步（或者说 M0 为 ON）、X000 按下且小车停在 SQ2 处（或者说 X000 和 X002 均为 ON）。此时步 M0 到步 M1 的转换实现，而一旦转换实现，就会完成下列两个操作：步 M1 变为活动步，同时步 M0 变为不活动步。步 M1 变为活动步，则完成相应的动作，即 Y002 和 T0 线圈变为 ON。

四、由顺序功能图画出梯形图——“启—保—停”电路

有的 PLC 编程软件为用户提供了顺序功能图（SFC）语言，在编程软件中生成顺序功能图后便完成了编程工作。用户也可以自行将顺序功能图改画为梯形图，方法有多种，先介绍利用“启—保—停”电路由顺序功能图画出梯形图的方法。“启—保—停”电路仅仅使用与触点和线圈有关的指令，任何一种 PLC 的指令系统都有这一类指令，因此，这是一种通用的编程方法，可以用于任意型号的 PLC。

利用“启—保—停”电路由顺序功能图画出梯形图，要从步的处理和输出电路两方面来考虑。

1. 步的处理

用辅助继电器 M 来代表步，当某一步为活动步时，对应的辅助继电器为 ON，某一转换实现时，该转换的后续步变为活动步，前级步变为不活动步。由于很多转换条件都是短信号，即它存在的时间比它激活后续步为活动步的时间短，因此，应使用有记忆（或称保持）功能的电路（如“启—保—停”电路和置位复位指令组成的电路）来控制代表步的辅助继电器。

如图 4-8 所示，步 M1、M2 和 M3 是顺序功能图中顺序相连的 3 步，X001 是步 M2 之前的转换条件。设计“启—保—停”电路的关键是找出它的启动条件和停止条件。转换实现的条件是它的前级步为活动步，并且满足相应的转换条件，所以步 M2 变为活动步的条件是它的前级步 M1 为活动步，且转换条件 X001=1。在“启—保—停”电路中，则应将前级步 M1 和转换条件 X001 对应的常开触点串联，作为控制 M2 的启动电路。

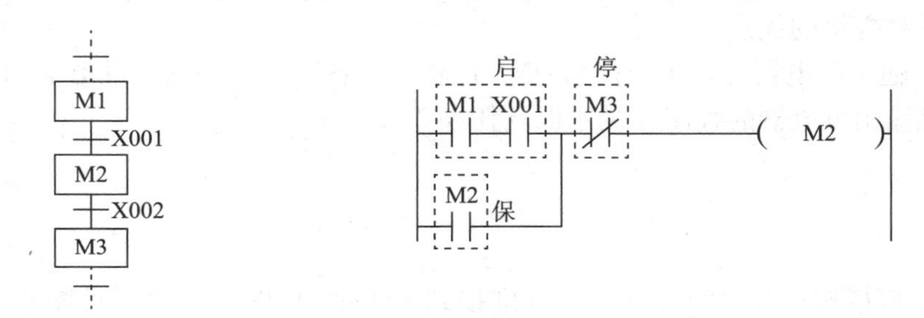

图 4-8 用“启—保—停”电路控制步

当 M2 和 X002 均为 ON 时，步 M3 变为活动步，这时步 M2 应变为不活动步。因此，可以将 M3=1 作为使辅助继电器 M2 变为 OFF 的条件，即将后续步 M3 的常闭触点与 M2 的线圈串联，作为“启—保—停”电路的停止电路。图 4-8 所示的梯形图可以用逻辑代数式表示为：

$$M2=(M1 \cdot X001+M2) \cdot \overline{M3}$$

在这个例子中，可以用 X002 的常闭触点代替 M3 的常闭触点。但是，当转换条件由多个信号经“与、或、非”逻辑运算组合而成时，应将它的逻辑表达式求反，再将对应的触点串并联电路作为“启—保—停”电路的停止电路。但这样不如使用后续步的常闭触点简单、方便。

根据上述的编程方法和顺序功能图，很容易画出梯形图。以图 4-3 中步 M3 为例，M3 的前级步为 M2，步 M3 前面的转换条件为 X001，所以 M3 的启动电路由 M2 和 X001 的常开触点串联而成，启动电路还并联了 M3 的自保持触点。步 M3 的后续步是步 M4，所以应将 M4 的常闭触点与 M3 的线圈串联，作为步 M3 的“启—保—停”电路的停止电路，当 M4 为 ON 时，其常闭触点断开，使 M3 的线圈断电。再以步 M0 为例，有两种方法使 M0 变为活动步：M8002 为 ON 或者 M4 为活动步且转换条件 X002 为 ON。所以 M0 的启动电路由 M4 和 X002 的常开触点串联再与 M8002 的常开触点并联而成，并联的 M0 的常开触点是自保持触点。

顺序功能图中有多少步，梯形图中就有多少个驱动步的“启—保—停”电路。例如，图 4-3 中有 5 步，由此设计的梯形图（见图 4-4）就有 5 个“启—保—停”电路。梯形图的关键在于“启”和“停”的设计，特别是当“启”的条件有多个时，千万不要遗漏了某一个，一定要把每一个“启”的条件并联后再与“保”的常开触点并联。

2. 输出电路

下面介绍设计梯形图的输出电路的方法。由于步是根据输出变量的状态变化来划分的，因此它们之间的关系极为简单，可以分为两种情况来处理：

（1）某一输出量仅在某一步中为 ON，可以将它们的线圈分别与对应步的辅助继电器的线圈并联。本任务中输出量 Y000 ~ Y003、T0、T1 都仅在某一步中为 ON，所以将它们的线圈分别与对应步的辅助继电器的线圈并联，图 4-4 所示的梯形图将 Y002 和 T0 的线圈与 M1 的线圈并联，将 Y000 的线圈与 M2 的线圈并联。

也许有人会认为，既然如此，不如用这些输出继电器来代表该步。这样做虽然可以节省一些编程元件，但实际上辅助继电器是完全够用的，多用一些不会增加硬件费用，在设计和输入程序时也不会花费很多时间。全部用辅助继电器来代表步具有概念清楚、编程规范、梯形图易于阅读和查错的优点。

（2）某一输出继电器在几步中都为 ON，应将代表各有关步的辅助继电器的常开触点并联后，驱动该输出继电器的线圈（见本课题任务 2）。

任务实施

1. 将三个模拟按钮开关的常开触点分别接到 PLC 的 X000 ~ X002（见图 4-9 的输入部分），然后连接 PLC 电源。检查线路正确性，确保无误。

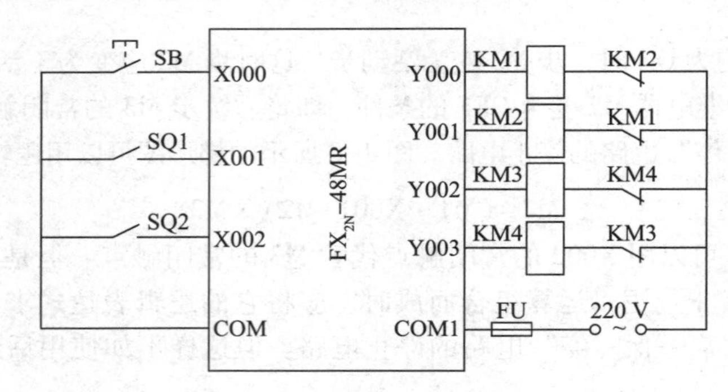

图 4-9　运料小车的控制电路

2. 输入图 4-4 所示的梯形图，进行程序调试，调试时要注意动作顺序，运行后先按下 SB，观察各输出的变化，等 Y000 接通后，再按下 SQ1（模拟右限位开关）并观察各输出的变化，等 Y001 接通后，再按下 SQ2（模拟左限位开关）并观察各输出的变化，检查是否完成了运料小车所要求的功能。

思考与练习

1. 小车在初始状态时停在中间位置，限位开关 X001 为 ON，按下启动按钮 X000，小车按图 4-10 所示的顺序运动，最后返回并停在初始位置。分别用经验设计法与顺序控制设计法设计控制系统的梯形图，并调试程序。

2. 用顺序控制设计法设计图 4-11 要求的输入/输出关系的顺序功能图和梯形图，并调试程序。

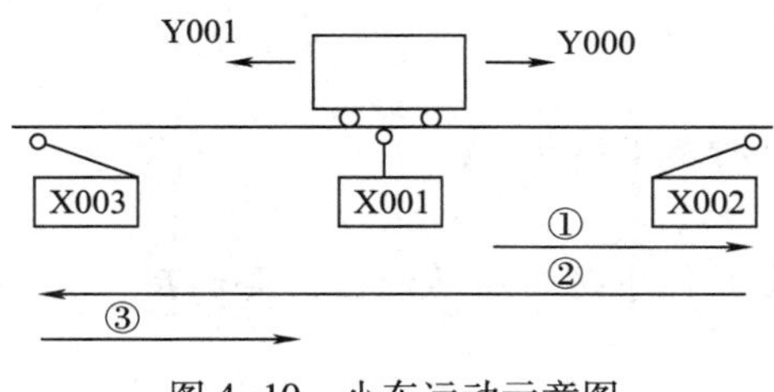

图 4-10 小车运动示意图

3. 初始状态时某压力机的冲压头停在上面，限位开关 X002 为 ON，按下启动按钮 X000，输出继电器 Y000 控制的电磁阀线圈通电，冲压头下行。压到工件后压力升高，压力继电器动作，使输入继电器 X001 变为 ON，用 T1 保压延时 5 s 后，Y000 变为 OFF，Y001 变为 ON，上行电磁阀线圈通电，冲压头上行。返回初始位置时碰到限位开关 X002，系统回到初始状态，Y001 变为 OFF，冲压头停止上行。画出实现此功能的 PLC 外部接线图、控制系统的顺序功能图和梯形图，并调试程序。

4. 某组合机床动力头进给运动示意图和输入/输出信号时序图如图 4-12 所示，假设动力头在初始状态时停在左边，限位开关 X003 为 ON，Y000～Y002 是控制动力头运动的 3 个电磁阀。按下启动按钮 X000 后，动力头向右快速进给（简称快进），碰到限位开关 X001 后变为工作进给（简称工进），碰到限位开关 X002 后快速退回（简称快退），返回初始位置后停止运动。画出实现此功能的 PLC 外部接线图、控制系统的顺序功能图和梯形图，并调试程序。

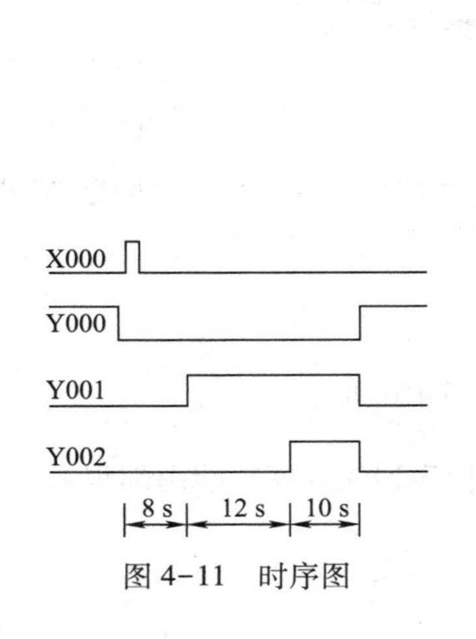

图 4-11 时序图

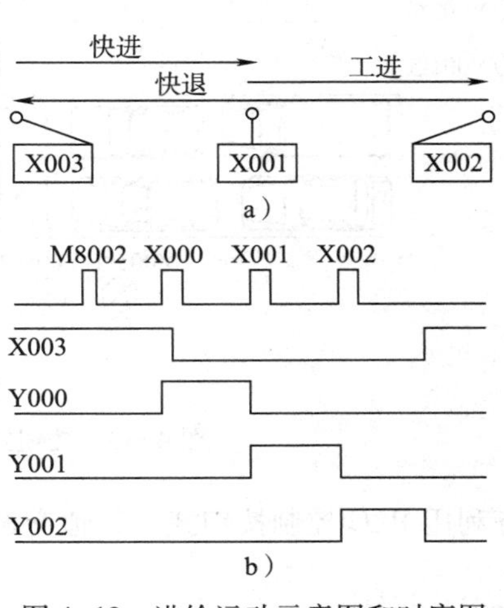

图 4-12 进给运动示意图和时序图

a）进给运动示意图 b）时序图

5. 将图 4-7 所示连续循环工作方式的顺序功能图改画成梯形图，并进行程序调试。思考在连续循环工作方式中，要设置使程序退出循环的控制按钮或采取其他控制方法使程序结束，应怎样实现？

任务 2 按钮式人行道交通灯

知识点：

- 掌握顺序功能图的三种基本结构

技能点：

- 会根据工艺要求画出并行序列顺序功能图，会利用“启—保—停”电路将并行序列顺序功能图改画为梯形图

任务提出

在道路交通管理中常会使用按钮式人行道交通灯，如图 4-13 所示。正常情况下，汽车通行，即 Y003 绿灯亮，Y005 红灯亮；若行人想过马路，需要按下按钮。按下按钮 X000（或 X001）后，主干道交通灯将完成绿（5 s）→绿闪（3 s）→黄（3 s）→红（20 s）的变化，当主干道红灯亮时，人行道从红灯亮转为绿灯亮，15 s 以后，人行道绿灯开始闪烁，闪烁 5 s 后转入主干道绿灯亮，人行道红灯亮。

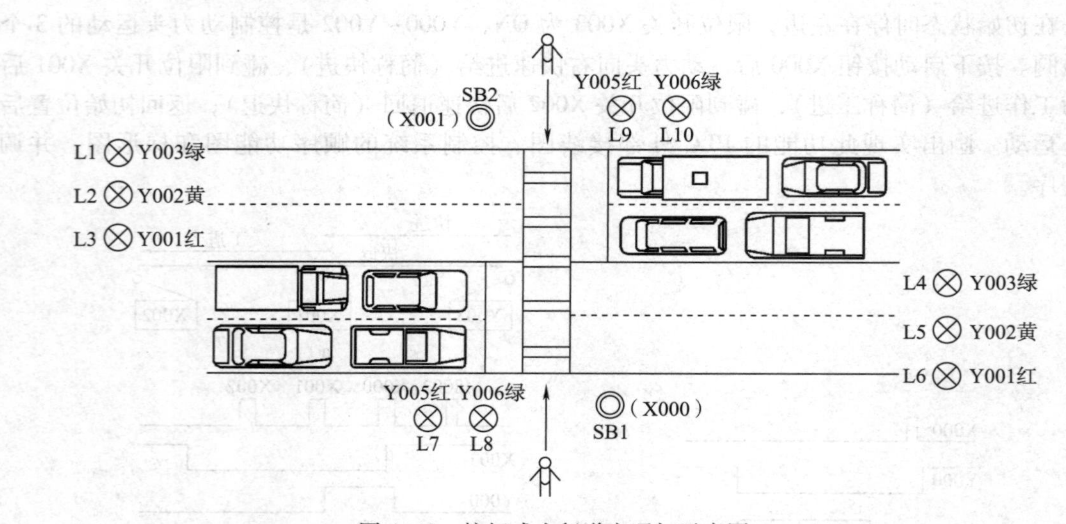

图 4-13 按钮式人行道交通灯示意图

本任务利用 PLC 控制按钮式人行道交通灯，用并行序列的顺序功能图编程。

任务分析

为了用 PLC 来实现任务，PLC 需要 2 个输入点、5 个输出点，输入/输出点分配见表 4-2。

表 4-2　　输入/输出点分配表

输入继电器	作用	输出继电器	作用
X000	SB1 按钮	Y001	主干道红灯
X001	SB2 按钮	Y002	主干道黄灯
		Y003	主干道绿灯
		Y005	人行道红灯
		Y006	人行道绿灯

由提出的任务画出波形图，如图 4-14 所示。在按钮式人行道上，主干道与人行道的交通灯是并行工作的，主干道允许通行时，人行道是禁止通行的，反之亦然。主干道交通灯的一个工作周期分为 4 步，分别为绿灯亮、绿灯闪烁、黄灯亮和红灯亮，用 M1～M4 表示。人行道交通灯的一个工作周期分为 3 步，分别为绿灯亮、绿灯闪烁和红灯亮，用 M5～M7 表示。再加上初始步 M0，一共由 8 步构成。各按钮和定时器提供的信号是各步之间的转换条件，由此画出此任务的顺序功能图如图 4-15 所示，用“启—保—停”电路设计出的梯形图如图 4-16 所示。

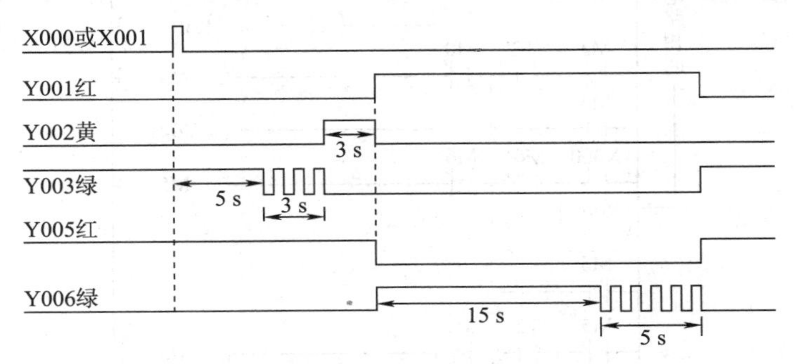

图 4-14　按钮式人行道交通灯时序图

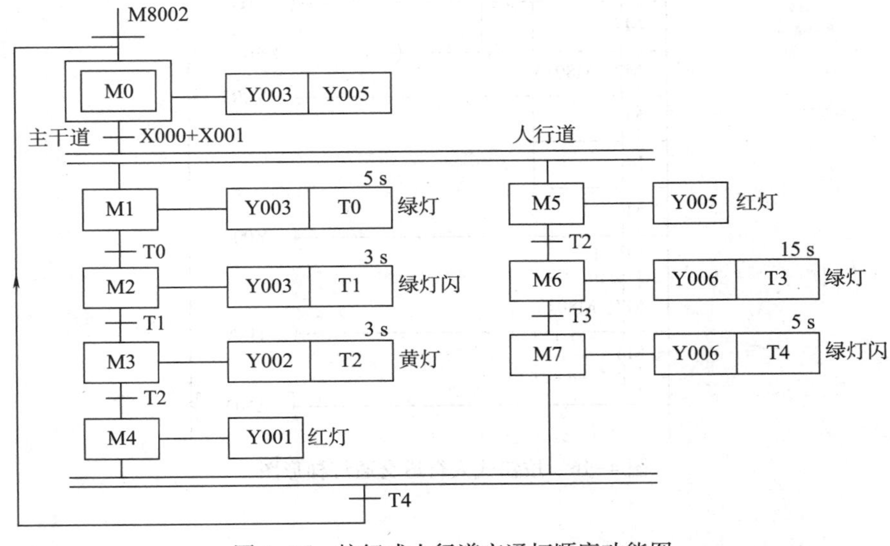

图 4-15　按钮式人行道交通灯顺序功能图

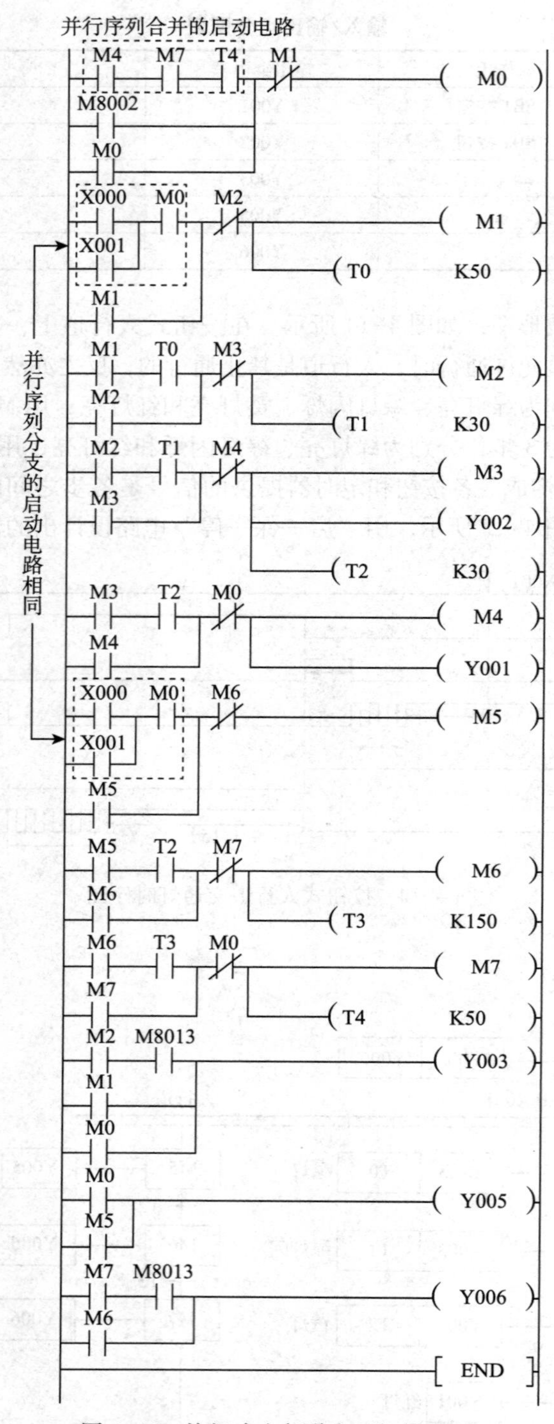

图 4-16　按钮式人行道交通灯梯形图

相关知识

一、顺序功能图的基本结构

顺序功能图有三种基本结构，分别为单序列（见图 4-3、图 4-7）、并行序列（见图 4-15）和选择序列。

1. 单序列

单序列由一系列相继激活的步组成，每一步的后面仅有一个转换，每一个转换的后面只有一个步，如图 4-17a 所示。

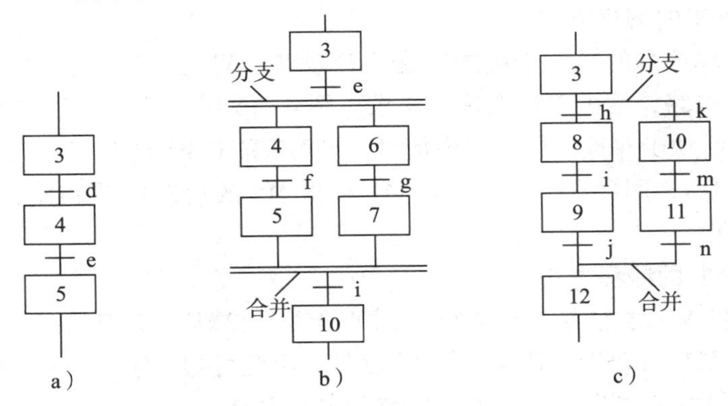

图 4-17　顺序功能图的三种基本结构
a）单序列　b）并行序列　c）选择序列

2. 并行序列

当转换的实现导致几个序列同时激活时，这些序列称为并行序列，并行序列的开始称为分支。如图 4-17b 所示，当步 3 是活动步且转换条件 e=1 时，步 4 和步 6 这两步同时变为活动步，同时步 3 变为不活动步。为了强调转换的同步实现，水平连线用双线表示。步 4 和步 6 同时激活后，每个序列中活动步的进展将是独立的。并行序列用来表示系统的几个同时工作的独立部分的工作情况。分支处的转换符号和转换条件写在表示同步的水平双线之上，且只允许有一个转换符号。

并行序列的结束称为合并，合并处的转换符号和转换条件写在表示同步的水平双线之下，也只允许有一个转换符号。当直接连在双线上的所有前级步（步 5、步 7）都处于活动状态，并且转换条件 i=1 时，才会发生步 5、步 7 到步 10 的进展，即步 5、步 7 同时变为不活动步，而步 10 变为活动步。

在每一个分支点，最多允许 8 条支路，每条支路的步数不受限制。

3. 选择序列

选择序列的开始称为分支，如图 4-17c 所示，转换符号只能标在水平连线之下。如果步 3 是活动步，并且转换条件 h=1，将发生由步 3 到步 8 的转换。而如果步 3 是活动步，并且转换条件 k=1，将发生由步 3 到步 10 的转换。选择序列一般只允许同时选择一个序列，即选择序列中的各序列是互相排斥的，其中的任何两个序列都不会同时执行。

选择序列的结束称为合并，几个选择序列合并到一个公共序列时，用与需要重新组合的序列相同数量的转换符号和水平连线来表示，转换符号只允许标在水平连线之上。如果步 9 是活动步，并且转换条件 j=1，将发生由步 9 到步 12 的进展。如果步 11 是活动步，并且 n=1，将发生由步 11 到步 12 的进展。

复杂的控制系统的顺序功能图由单序列、选择序列和并行序列组成，对选择序列和并行序列编程的关键在于对它们的分支与合并的处理。

二、用“启—保—停”电路实现的并行序列的编程方法

本课题任务 1 中介绍的用“启—保—停”电路将顺序功能图改画为梯形图的方法对并行序列和选择序列仍适用，关键是要处理好分支和合并处的编程。

1. 并行序列分支的编程方法

并行序列中各单序列的第一步应同时变为活动步。对控制这些步的“启—保—停”电路使用同样的启动电路，就可以实现这一要求。图 4-15 中，步 M0 之后有一个并行序列的分支，当步 M0 为活动步并且转换条件满足时，步 M1 和步 M5 同时变为活动步，即步 M1 和步 M5 应同时变为 ON，因此图 4-16 中步 M1 和步 M5 的启动电路相同，都为逻辑关系式 M0·（X000+X001）。

2. 并行序列合并的编程方法

图 4-15 中，步 M0 之前有一个并行序列的合并，该转换实现的条件是所有的前级步（即步 M4 和 M7）都是活动步且转换条件 T4 满足。由此可知，应将 M4、M7 和 T4 的常开触点串联，作为控制 M0 的“启—保—停”电路的启动电路。

交通灯的闪烁是用周期为 1 s 的时钟脉冲 M8013 的触点实现的。

任务实施

1. 将两个模拟按钮的常开触点分别接到 PLC 的 X000 和 X001（见图 4-18 的输入部分），并连接 PLC 电源。检查线路正确性，确保无误。

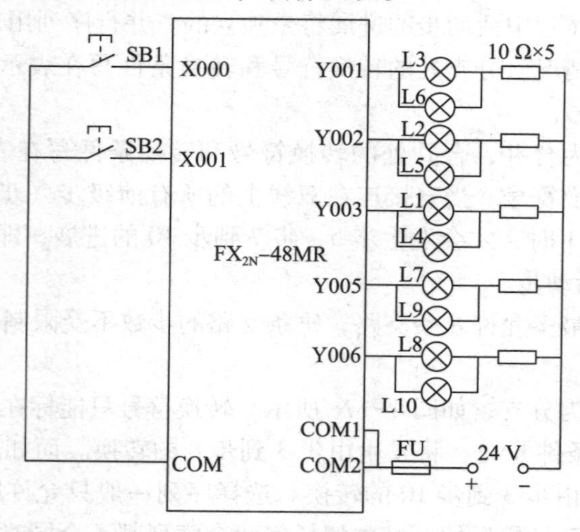

图 4-18　按钮式人行道 PLC 接线图

2. 输入图 4-16 所示的梯形图，进行程序调试，调试时要注意动作顺序，运行后可任意按下 X000（或 X001），监控观察各输出（Y001～Y003、Y005、Y006）和相关定时器（T0～T4）的变化，检查是否完成了按钮式人行道交通灯所要求的功能。

思考与练习

1. 设计图 4-19 所示的顺序功能图的梯形图程序，并调试。

2. 指出图 4-20 所示顺序功能图中的错误。

3. 本任务是用并行序列实现的，请改用单序列实现本任务，画出顺序功能图和梯形图程序，并调试。

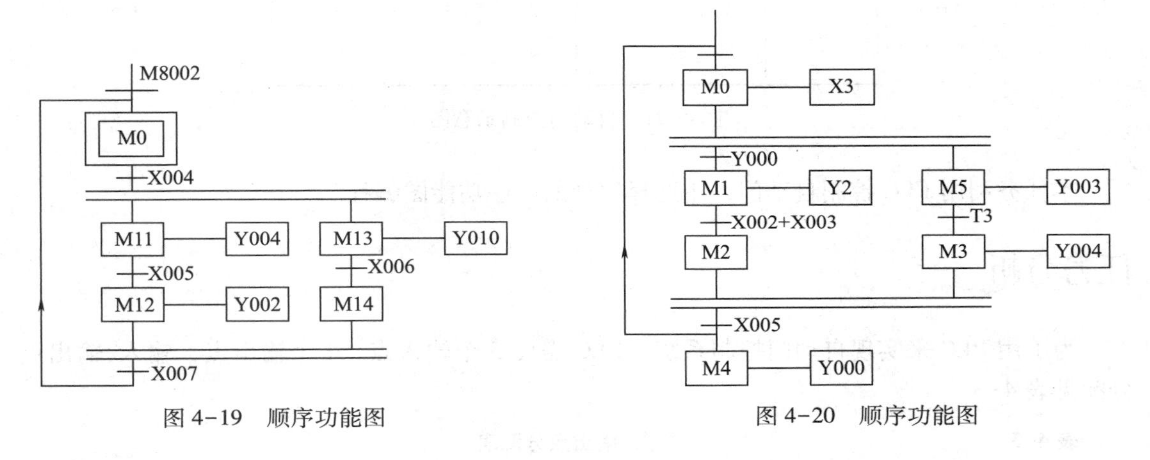

图 4-19 顺序功能图　　图 4-20 顺序功能图

4. 本任务选用的 PLC 是继电器输出型的，能选用晶体管输出型的吗？说明原因。

5. 用 M8013 的常开触点实现指示灯的闪烁时，M8013 的工作与系统中的定时器并不同步，在指示灯开始闪烁和结束闪烁时，不能保证指示灯点亮和熄灭的时间刚好是 0.5 s，请解决这一问题。

任务 3　自动门控制系统

知识点：

● 掌握仅有两步的闭环的处理方法

技能点：

● 会根据工艺要求画出选择序列顺序功能图，会利用“启—保—停”电路将选择序列顺序功能图改画为梯形图

任务提出

许多公共场所都采用自动门，其控制示意图如图 4-21 所示。人靠近自动门时，红外感

应器 X000 为 ON，Y000 驱动电动机高速开门，碰到开门减速开关 X001 时，Y001 驱动电动机变为低速开门。碰到开门极限开关 X002 时，电动机停止转动，开始延时。若 0.5 s 内红外感应器检测为无人，则 Y002 启动电动机高速关门。碰到关门减速开关 X003 时，改为低速关门，碰到关门极限开关 X004 时，电动机停止转动。在关门期间，若感应器检测到有人则停止关门，T1 延时 0.5 s 后自动转换为高速开门。

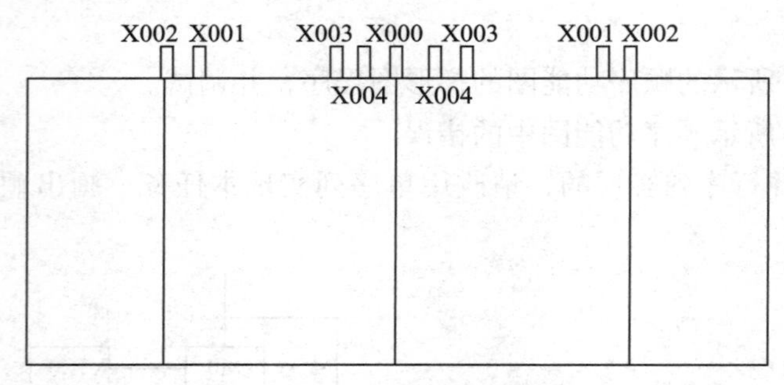

图 4-21　自动门控制示意图

本任务利用 PLC 控制自动门，用选择序列的顺序功能图编程。

任务分析

为了用 PLC 来实现自动门控制系统，PLC 需要 5 个输入点、4 个输出点，输入/输出点分配见表 4-3。

表 4-3　输入/输出点分配表

输入继电器	作用	输出继电器	作用
X000	红外感应器	Y000	电动机高速开门
X001	开门减速开关	Y001	电动机低速开门
X002	开门极限开关	Y002	电动机高速关门
X003	关门减速开关	Y003	电动机低速关门
X004	关门极限开关		

图 4-22a 所示是自动门控制系统在关门期间无人要求进出情况下的时序图，图 4-22b 所示是自动门控制系统在高速关门期间有人要求进出情况下的时序图。从时序图上可以看到，自动门在关门时会有两种选择：关门期间无人要求进出时继续完成关门动作，如果关门期间有人要求进出，则暂停关门动作，开门让人进出后再关门。所以要设计选择序列的顺序功能图，如图 4-23 所示，由此设计的梯形图如图 4-24 所示。

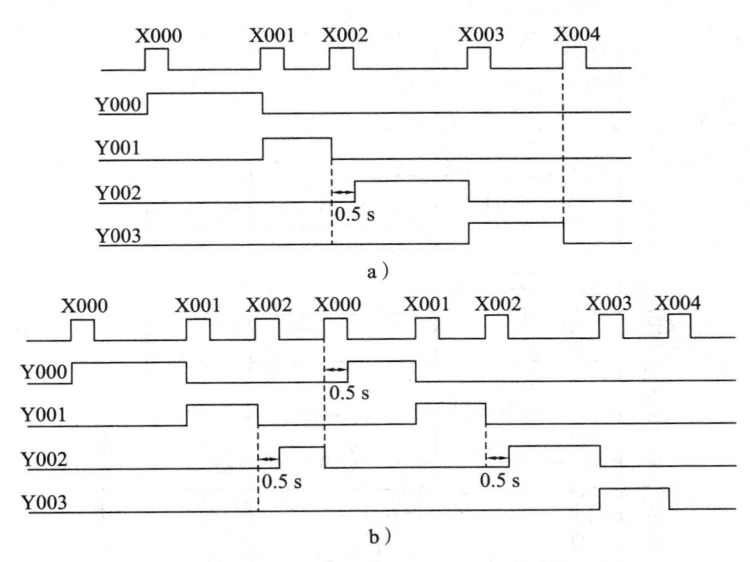

图 4-22　自动门控制系统时序图

a）关门期间无人进出的时序图　b）高速关门期间有人进出的时序图

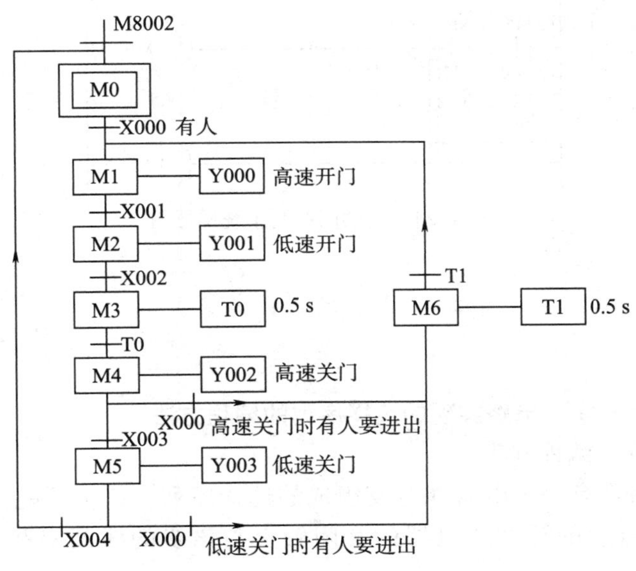

图 4-23　自动门控制系统顺序功能图

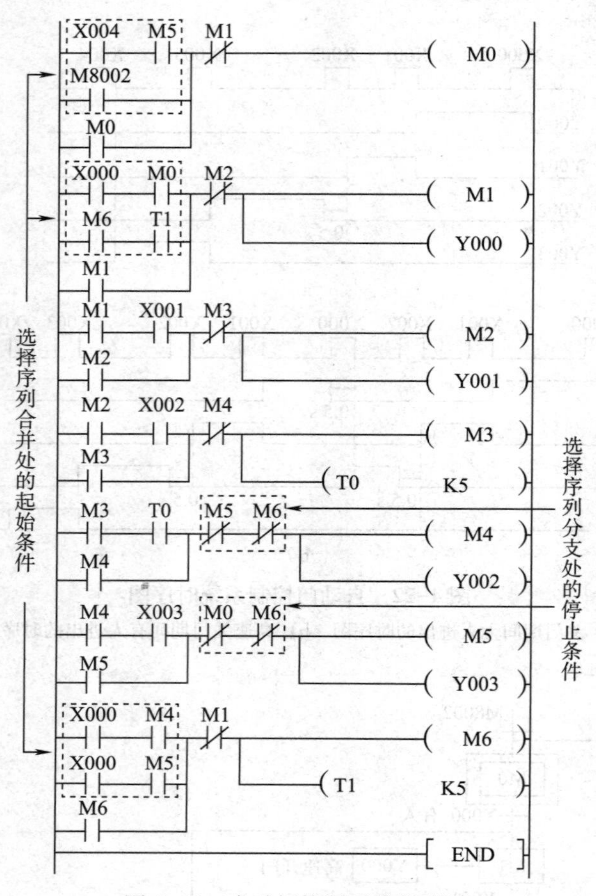

图 4-24　自动门控制系统梯形图

相关知识

一、用“启—保—停”电路实现的选择序列的编程方法

1. 选择序列分支的编程方法

如果某一步的后面有一个由 N 条分支组成的选择序列，该步可能转换到不同的分支，应将这 N 个后续步对应的辅助继电器的常闭触点与该步的线圈串联，作为结束该步的条件。

如图 4-23 所示，步 M4 之后有一个选择序列的分支，当它的后续步 M5 或者 M6 变为活动步时，它应变为不活动步。所以需将步 M5 和 M6 的常闭触点串联作为步 M4 的停止条件，如图 4-24 所示。同理，图 4-23 中步 M5 之后也有一个选择序列的分支，当它的后续步 M0 或 M6 变为活动步时，它应变为不活动步。所以需将步 M0 和 M6 的常闭触点串联作为步 M5 的停止条件。

2. 选择序列合并的编程方法

对于选择序列的合并，如果某一步之前有 N 个转换（即有 N 条分支在该步之前合并后进入该步），则代表该步的辅助继电器的启动电路由 N 条支路并联而成，各支路由前级步对应的辅助继电器的常开触点与相应转换条件对应的触点或电路串联而成。

图 4-23 所示的功能图中，步 M0、步 M1 和步 M6 之前都有一个选择序列的合并。以步 M1 为例，当步 M0 为活动步（M0 为 ON）并且转换条件 X000 满足，或步 M6 为活动步并且转换条件 T1 满足时，步 M1 都应变为活动步，即控制步 M1 的“启—保—停”电路的启动条件应为 M0 · X000+M6 · T1，对应的启动电路由两条并联支路组成，每条支路分别由 M0、X000 和 M6、T1 的常开触点串联而成，如图 4-24 所示。同理可分析 M0、M6 处的选择序列合并的编程方法。

二、仅有两步的闭环的处理

若图 4-25a 所示的顺序功能图用“启—保—停”电路设计，那么，步 M3 对应的梯形图如图 4-25b 所示，可以发现，由于 M2 的常开触点和常闭触点串联，它是不能正常工作的。这种顺序功能图的特征是：仅由两步组成的小闭环。当 M2 和 X002 均为 ON 时，M3 的启动电路接通，但是，这时与它串联的 M2 的常闭触点却是断开的，所以 M3 的线圈不能通电。出现上述问题的根本原因在于步 M2 既是步 M3 的前级步，又是它的后续步。解决这个问题的方法有以下两种：

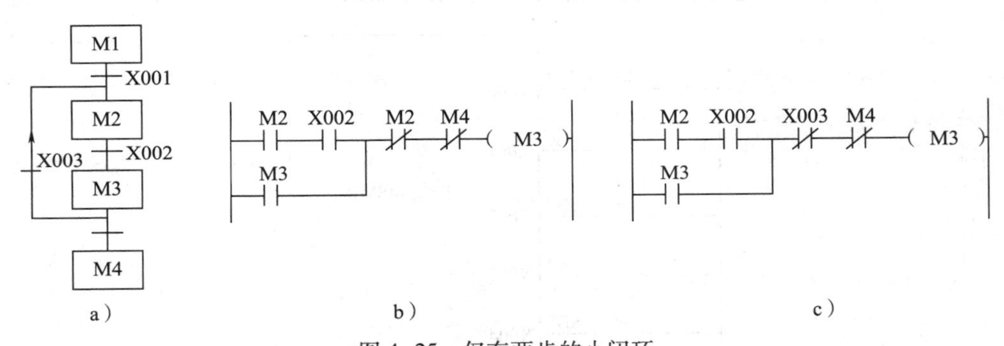

图 4-25 仅有两步的小闭环

a）顺序功能图 b）错误的梯形图 c）正确的梯形图

1. 以转换条件作为停止电路

将图 4-25b 中 M2 的常闭触点用转换条件 X003 的常闭触点代替即可，如图 4-25c 所示。如果转换条件较复杂时，要将对应的转换条件整个取反才可以完成停止电路。

2. 在小闭环中增设一步

如图 4-26a 所示，在小闭环中增设 M10 步就可以解决这一问题，这一步没有什么操作，它后面的转换条件“=1”相当于逻辑代数中的常数 1，即表示转换条件总是满足的，只要进入步 M10，将马上转换到步 M2。图 4-26b 是根据图 4-26a 画出的梯形图。

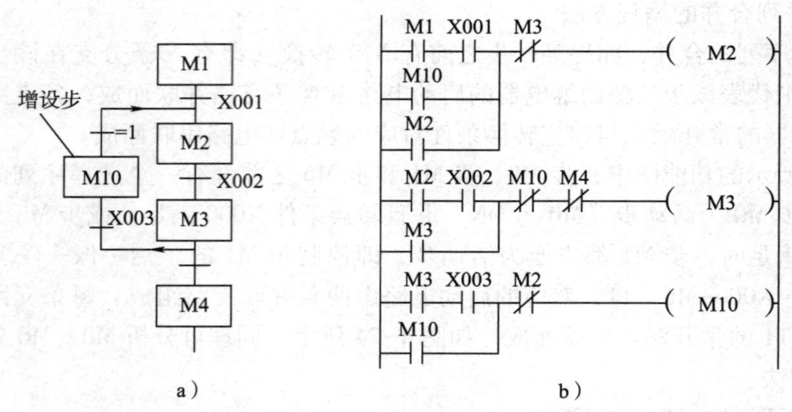

图 4-26　在小闭环中增设步
a）顺序功能图　b）梯形图

任务实施

1. 将 5 个模拟红外传感器和限位开关按钮的常开触点分别接到 PLC 的 X000～X004，如图 4-27 所示，连接 PLC 电源。检查线路正确性，确保无误。

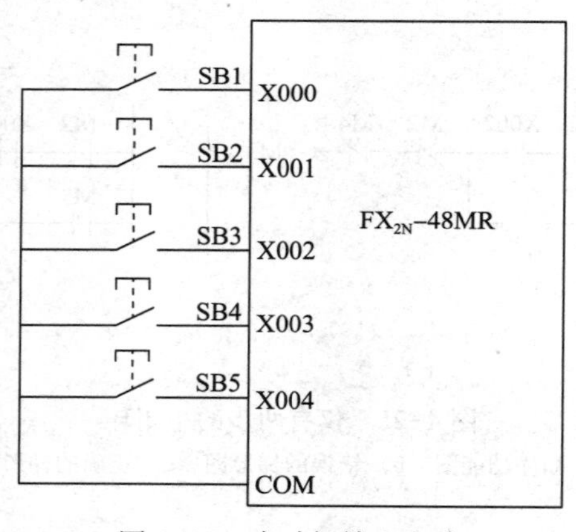

图 4-27　自动门输入电路

2. 输入图 4-24 所示的梯形图，进行程序调试，调试时要注意动作顺序，运行后先按下 X000（模拟有人），再依次按下 X001～X004，每次操作都要监控观察各输出（Y000～Y003）和相关定时器（T0、T1）的变化，检查是否实现了自动门控制系统在关门期间无人进出情况下所要求的功能。

3. 继续调试程序，顺序按下 X000→X001→X002→X000→X001→X002→X003→X004，监控观察各输出（Y000～Y003）和相关定时器（T0、T1）的变化，检查是否实现了自动门控制系统在高速关门期间有人进出情况下所要求的功能。再把输入顺序改为按下 X000→X001→X002→X003→X000→X001→X002→X003→X004，监控观察各输出（Y000～Y003）和相关定时器（T0、T1）的变化，检查是否实现了自动门控制系统在低速关门期间有人进出情况下所要求的功能。

思考与练习

1. 指出图 4-28 所示顺序功能图中的错误。

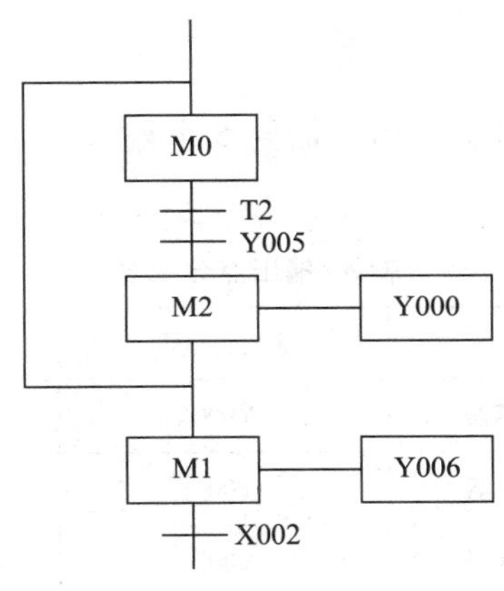

图 4-28 顺序功能图

2. 将课题三任务 5 的Y-△启动的可逆运行电动机用顺序控制设计法来设计，与经验设计法比较，并进行程序调试。

任务 4 液体混合装置

知识点：

- 掌握顺序控制设计法中停止的处理方法

技能点：

- 将顺序功能图改画为梯形图时，会插入停止的操作

任务提出

在化工行业中经常会遇到要混合多种化工液体的问题，图 4-29a 所示是某液体混合装置，上限位、下限位和中限位液位传感器在被液体淹没时为 ON，反之为 OFF。阀 YV1、阀 YV2 和阀 YV3 为电磁阀，线圈通电时打开，线圈断电时关闭。初始状态下容器是空的，各阀门均关闭，各传感器均为 OFF。按下启动按钮后，打开阀 YV1，液体 A 流入容器，中限位开关变为 ON 时，关闭阀 YV1，打开阀 YV2，液体 B 流入容器。当液面到达

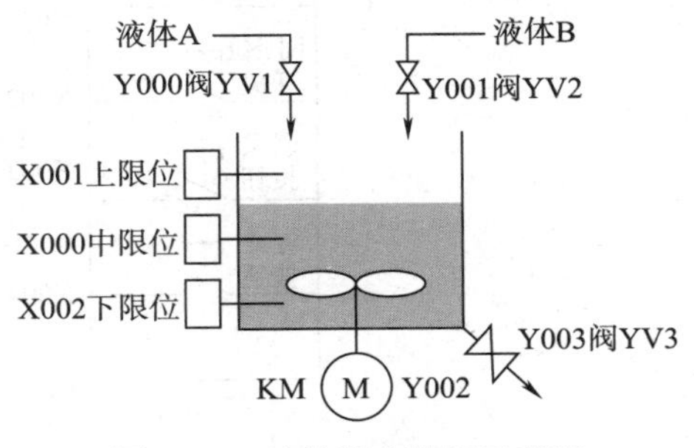

图 4-29 液体混合装置示意图

上限位开关时，关闭阀 YV2，电动机 M 开始运行，搅动液体，60 s 后停止搅动，打开阀 YV3，放出混合液，当液面降至下限位开关之后再过 5 s，容器放空，关闭阀 YV3，打开阀 YV1，又开始下一周期的操作。按下停止按钮，在当前工作周期的操作结束后，才停止操作（停在初始状态）。

任务分析

为了用 PLC 控制器来实现任务，PLC 需要 5 个输入点、4 个输出点，输入/输出点分配见表 4-4。

表 4-4　　输入/输出点分配表

输入继电器	作用	输出继电器	作用
X000	中限位传感器	Y000	电磁阀 YV1 线圈
X001	上限位传感器	Y001	电磁阀 YV2 线圈
X002	下限位传感器	Y002	电动机 M
X003	启动按钮	Y003	电磁阀 YV3 线圈
X004	停止按钮		

根据输入/输出点的分配画出 PLC 的外部接线图，如图 4-30a 所示，由提出的任务画出时序图，如图 4-30b 所示。液体混合装置的工作周期划分为 6 步，除了初始步之外，还包括液体 A 流入容器、液体 B 流入容器、搅动液体、放出混合液和容器放空这 5 步。用 M0 表示初始步，分别用 M1～M5 表示液体 A 流入容器、液体 B 流入容器、搅动液体、放出混合液和容器放空，用各限位传感器、按钮和定时器提供的信号表示各步之间的转换条件。画出顺序功能图，如图 4-31 所示，这是选择序列的顺序功能图，用“启—保—停”电路设计的梯形图如图 4-32 所示。

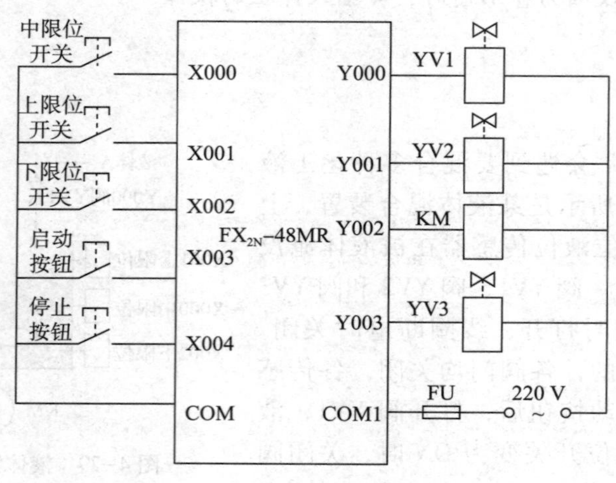

a）

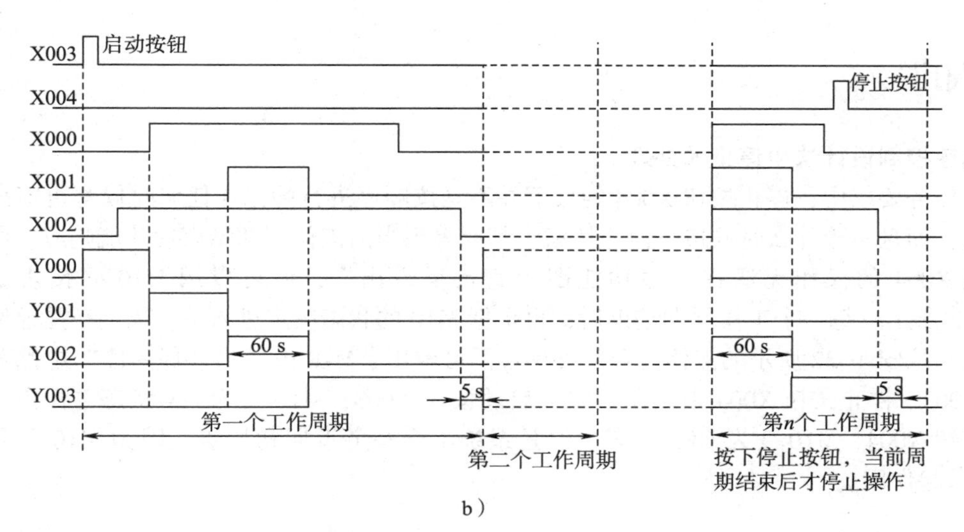

b）

图 4-30 液体混合装置 PLC 接线图和时序图

a）PLC 接线图 b）时序图

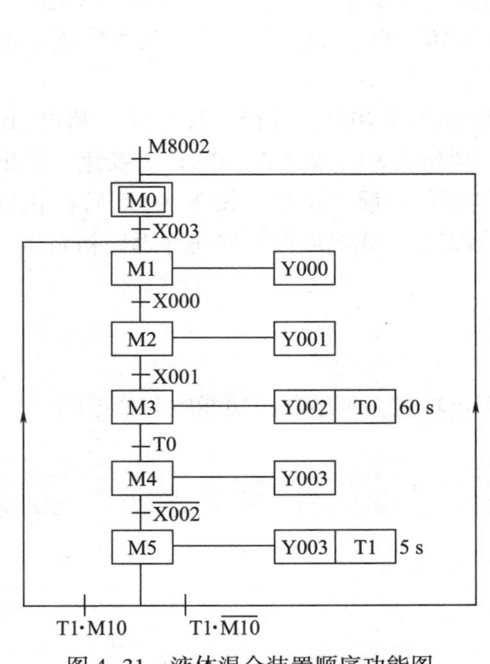

图 4-31 液体混合装置顺序功能图

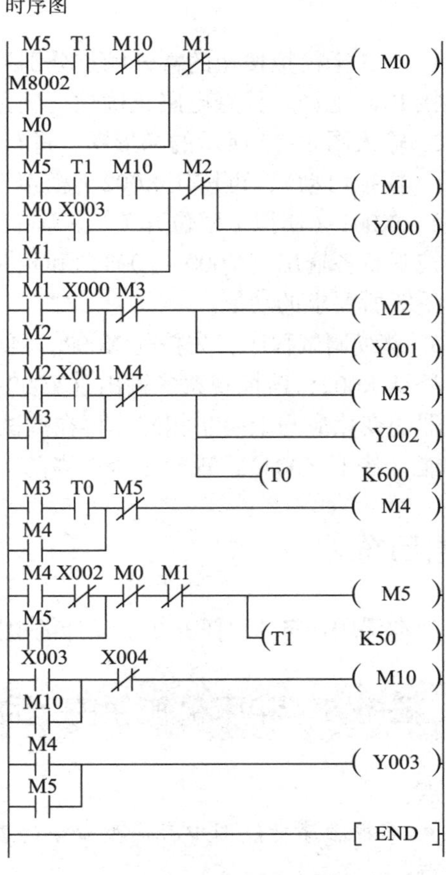

图 4-32 液体混合装置梯形图

相关知识

顺序控制设计法中停止的处理

在任务要求中，停止按钮 X004 的按下并不是按顺序进行的，在任何时候都可能按下停止按钮，而且不管什么时候按下停止按钮，都要等到当前工作周期结束后才能响应。所以停止按钮 X004 的操作无法在顺序功能图中直接反映出来，但可以用 M10 间接表示，如图 4–32 所示。每一个工作周期结束后，再根据 M10 的状态决定进入下一周期还是返回到初始状态。从图 4–32 所示的液体混合装置梯形图可看出，M10 由“启—保—停”电路和启动按钮 X003、停止按钮 X004 来控制，按下启动按钮 X003，M10 变为 ON 状态并保持，按下停止按钮 X004，M10 变为 OFF 状态，但是系统不会马上返回初始步，因为 M10 只是在步 M5 之后起作用。

任务实施

1. 将 5 个模拟按钮的常开触点分别接到 PLC 的 X000～X004（见图 4–30a 的输入部分），并连接 PLC 电源。检查电路正确性，确保无误。

2. 输入图 4–32 所示的梯形图，进行程序调试，调试时要注意动作顺序，运行后先按下 X003（模拟启动），再按住 X002（模拟下限位开关）不放，再依次按下 X000（模拟中限位开关）、X001（模拟上限位开关），等待一段时间（超过 60 s）后，松开 X002，每次操作都要监控观察各输出（Y000～Y003）和相关定时器（T0、T1）的变化，检查是否实现了液体混合系统所要求的功能。

3. 继续调试程序，先按住 X002，再顺序按下 X000→X001，等待一段时间（超过 60 s）后，松开 X002，监控观察各输出（Y000～Y003）和相关定时器（T0、T1）的变化，输出和定时器的变化应与上一步相同。再在调试过程中的任何时候（例如，按下 X000 后）执行停止功能（按下 X004），观察是否在当前工作周期结束后才能响应停止操作并返回初始步。

思考与练习

为本课题任务 1、任务 2 中设计的电路增加停止功能，画出顺序功能图和梯形图。

任务 5　冲床机械手的运动

知识点：

- 掌握顺序功能图中存储型命令的表示方法

技能点：

- 会根据工艺要求画出带有存储型命令的顺序功能图，并改画为梯形图

任务提出

在机械加工过程中经常使用冲床，某冲床机械手的运动示意图如图 4-33 所示。初始状态时机械手在最左边，X004 为 ON；冲头在最上面，X003 为 ON；机械手松开时，Y000 为 OFF。按下启动按钮 X000，Y000 变为 ON，工件被夹紧并保持，2 s 后 Y001 被置位，机械手右行，直到碰到 X001，以后将顺序完成以下动作：冲头下行，冲头上行，机械手左行，机械手松开，延时 1 s 后，系统返回初始状态。

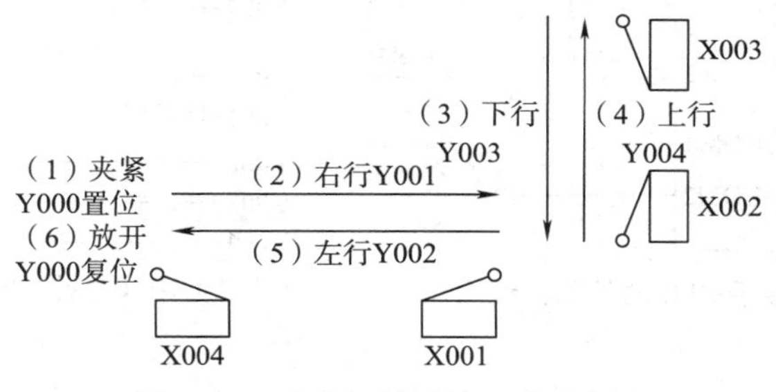

图 4-33　冲床机械手的运动示意图

任务分析

为了用 PLC 来完成任务，PLC 需要 5 个输入点、5 个输出点，输入/输出点分配见表4-5。

表 4-5　输入/输出点分配表

输入继电器	作用	输出继电器	作用
X000	启动按钮	Y000	工件夹紧
X001	右限位开关	Y001	机械手右行
X002	下限位开关	Y002	机械手左行
X003	上限位开关	Y003	冲头下行
X004	左限位开关	Y004	冲头上行

根据输入/输出点的分配画出 PLC 的外部接线图，如图 4-34 所示。由提出的任务要求画出时序图，如图 4-35 所示，从时序图可以发现，工件在整个工作周期都处于夹紧状态，直到完成冲压后才松开工件，这种动作命令为存储型命令。冲床机械手的运动周期划分为 7 步，分别为初始步、工件夹紧、机械手右行、冲头下行、冲头上行、机械手左行和工件松开，用 M0 ~ M6 表示。各限位开关、按钮和定时器提供的信号是各步之间的转换条件。由此画出顺序功能图如图 4-36 所示，用“启—保—停”电路设计的梯形图如图 4-37 所示。

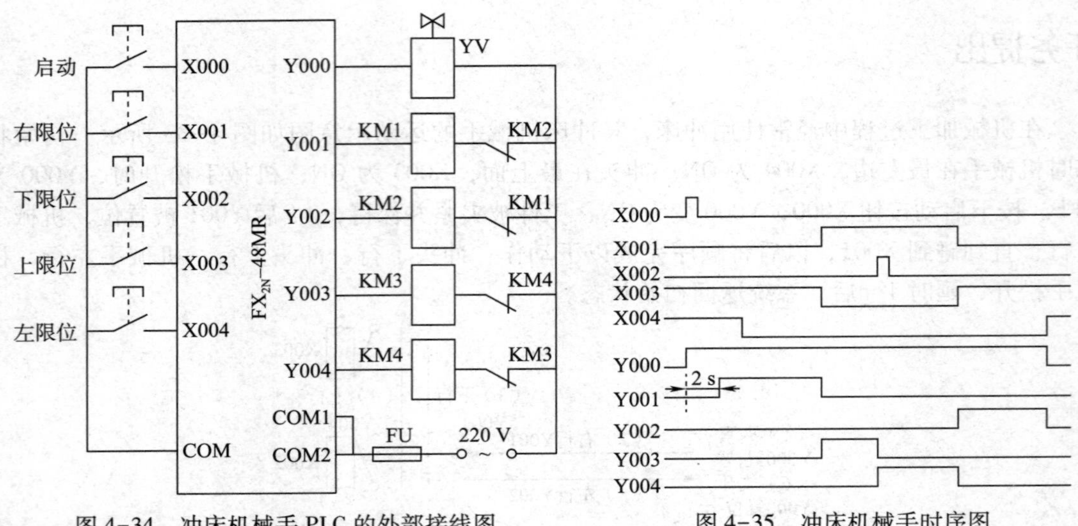

图 4-34　冲床机械手 PLC 的外部接线图

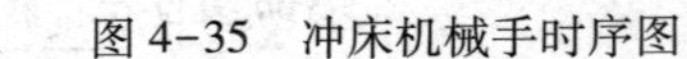
图 4-35　冲床机械手时序图

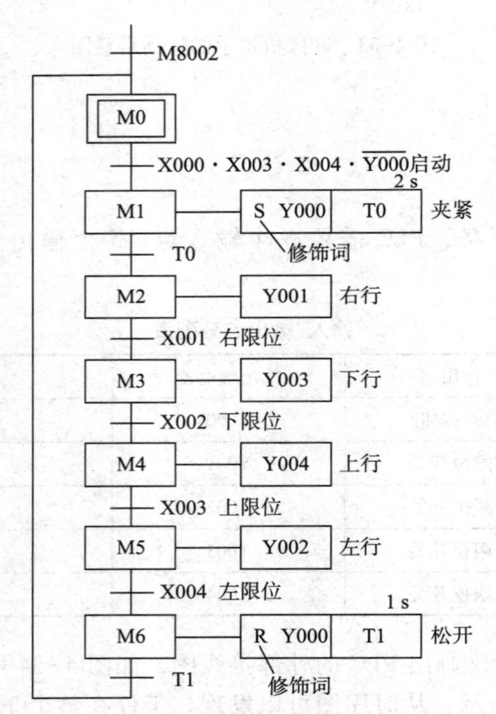

图 4-36　冲床机械手顺序功能图

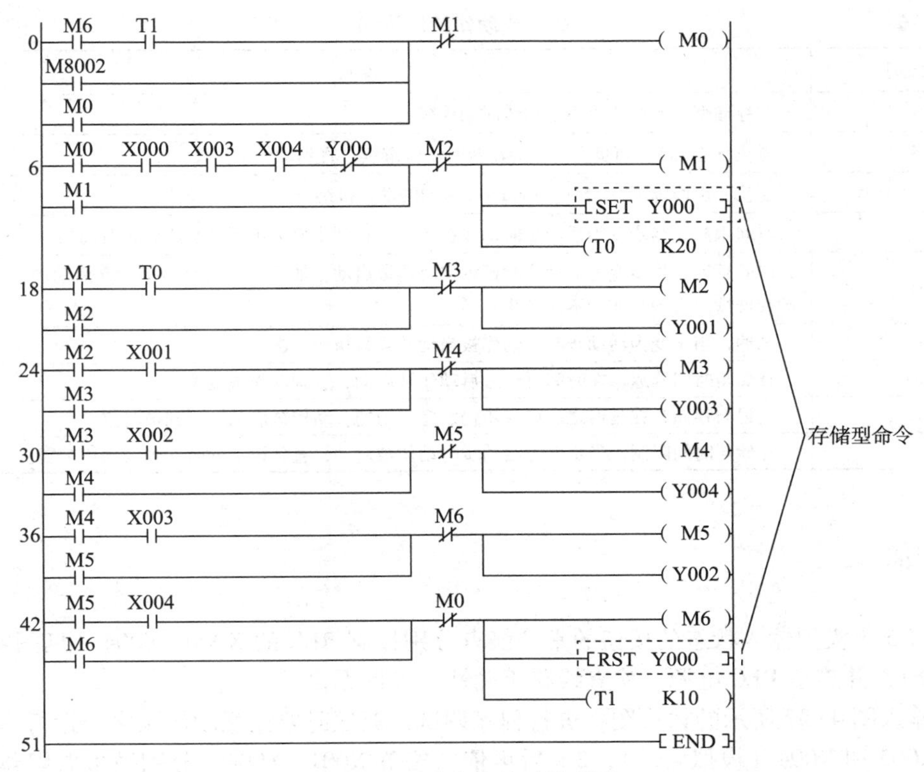

图 4-37　冲床机械手梯形图

相关知识

一、存储型命令和非存储型命令

在顺序功能图中，说明命令的语句时应清楚地表明该命令是存储型的还是非存储型的。例如，某步的存储型命令“打开 1 号阀并保持”，是指该步为活动步时 1 号阀打开，该步为不活动步时 1 号阀继续打开；非存储型命令“打开 1 号阀”，是指该步为活动步时 1 号阀打开，为不活动步时 1 号阀关闭。如图 4-37 所示，步 M1 的命令 Y000 就是存储型命令，当步 M1 为活动步时 Y000 置位，该步为不活动步时 Y000 继续置位，除非在其他步中用复位指令将 Y000 复位（步 M6）。同理，步 M6 中的命令 Y000 也是存储型命令，当步 M6 为活动步时 Y000 复位，该步为不活动步时 Y000 继续复位，除非在其他步中用置位指令将 Y000 置位（步 M1）。

二、命令或动作的修饰词

在顺序功能图中，说明存储型命令时可在命令或动作的前面加修饰词，如“R”“S”。命令或动作的修饰词的说明见表 4-6，使用动作的修饰词可以在一步中完成不同的动作。修饰词允许在不增加逻辑的情况下控制动作。例如，可以使用修饰词 L 来限制配料阀打开的时间等。

表 4-6　　命令或动作的修饰词

修饰词	说明
N	非存储型，当步变为不活动步时动作终止
S	置位（存储），当步变为不活动步时动作继续，直到动作被复位
R	复位，由修饰词 S、SD、SL 或 DS 启动的动作被终止
L	时间限制，当步变为活动步时动作被启动，直到步变为不活动步或设定时间到
D	时间延迟，当步变为活动步时延迟定时器被启动，如果延迟之后步仍然是活动的，动作被启动和继续，直到步变为不活动步
P	脉冲，当步变为活动步时，动作被启动并且只执行一次
SD	存储与时间延迟，在时间延迟之后动作被启动，直到动作被复位
DS	延迟与存储，在延迟之后如果步仍然是活动的，动作被启动，直到被复位
SL	存储与时间限制，当步变为活动步时动作被启动，直到设定的时间到或动作被复位

任务实施

1. 将 5 个模拟输入状态的按钮的常开触点分别接到 PLC 的 X000～X004（见图 4-34 的输入部分），并连接 PLC 电源。检查线路正确性，确保无误。

2. 输入图 4-37 所示的梯形图，进行程序调试，调试时要注意动作顺序，运行后先按下 X000、X003 和 X004（模拟启动），2 s 后再依次按下 X001～X004，分别模拟右限位、下限位、上限位、左限位开关，每次操作都要监控观察各输出（Y000～Y004）和相关定时器（T0、T1）的变化，检查是否完成了冲床机械手所要求的运动。

思考与练习

图 4-38 所示为剪床剪切板料示意图，初始状态时，压钳和剪刀在上限位置，X000 和 X001 为“1”状态。按下启动按钮 X001，工作过程如下：首先板料右行（Y000 为“1”状态）至限位开关 X003 为“1”状态，然后压钳下行（Y001 为“1”状态并保持）。压紧板料后，压力继电器 X004 为“1”状态，压钳保持压紧，剪刀开始下行（Y002 为“1”状态）。剪断板料后，X002 变为“1”状态，压钳和剪刀同时上行（Y003 和 Y004 为“1”状态，Y001 和 Y002 为“0”状态），它们分别碰到限位开关 X000 和 X001 后，分别停止上行，均停止后，又开始下一周期的工作，剪完 5 块板料后停止工作并停在初始状态。试画出实现此功能的 PLC 外部接线图、系统的顺序功能图和梯形图，并调试程序。

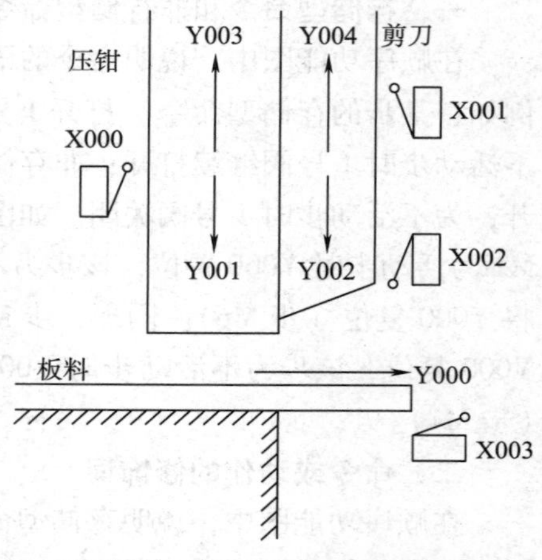

图 4-38　剪床剪切板料示意图

任务6 十字路口交通灯

知识点：

- 掌握以转换为中心的梯形图的编程方法

技能点：

- 会根据工艺要求画出顺序功能图，并改画为以转换为中心的梯形图

任务提出

某十字路口交通灯如图4-39所示，每一方向的车道都有4个交通灯：左转绿灯、直行绿灯、黄灯和红灯，每一方向的人行道都有2个交通灯：绿灯和红灯。当按下启动按钮时，首先东西向通行，南北向禁止通行，东西向车道的直行绿灯亮，汽车直行，20 s后直行绿灯闪烁3 s，随后黄灯亮3 s，接着车道的左转绿灯亮，汽车左转，20 s后左转绿灯闪烁3 s，随后黄灯亮3 s，红灯亮，当东西向车道直行绿灯亮和闪烁时，东西向人行道的绿灯也处于亮和闪烁的状态。东西向禁止通行后，转入南北向车道、人行道的通行，顺序与东西向相同。

本任务研究用PLC来控制十字路口交通灯。

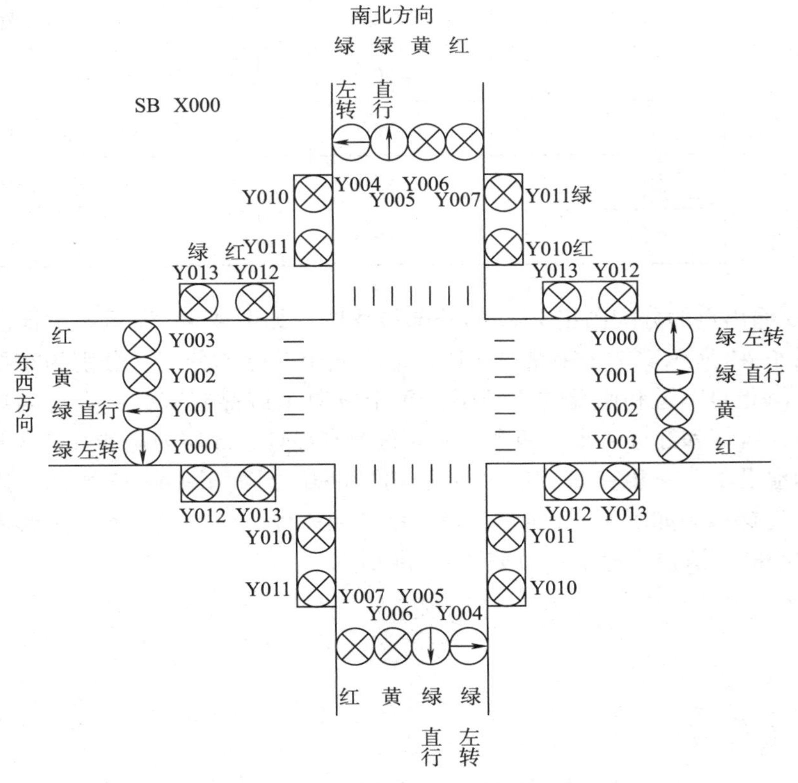

图4-39 某十字路口交通灯示意图

任务分析

为了用 PLC 来完成任务，PLC 需要 1 个输入点、12 个输出点，输入/输出点分配见表 4-7。

表 4-7　　输入/输出点分配表

输入继电器	作用	输出继电器	作用
X000	SB 按钮	Y000	东西向车道左转绿灯
		Y001	东西向车道直行绿灯
		Y002	东西向车道黄灯
		Y003	东西向车道红灯
		Y004	南北向车道左转绿灯
		Y005	南北向车道直行绿灯
		Y006	南北向车道黄灯
		Y007	南北向车道红灯
		Y010	东西向人行道红灯
		Y011	东西向人行道绿灯
		Y012	南北向人行道红灯
		Y013	南北向人行道绿灯

根据输入/输出点的分配画出 PLC 的外部接线图，如图 4-40 所示。由提出的任务画出时序图，如图 4-41 所示。把十字路口交通灯分为四个并行的分支，分别为东西向车道、东西向人行道、南北向车道和南北向人行道。每个方向车道都有直行、直行闪烁、黄灯、左转、左转闪烁、黄灯和红灯 7 步，两个方向人行道有绿灯、绿灯闪烁和红灯 3 步或 4 步，再加上初始步和虚设步，一共有 23 步，由此画出顺序功能图如图 4-42 所示，用“启—保—停”电路设计的梯形图如图 4-43 所示，除了用“启—保—停”电路设计梯形图外，还可以用以转换为中心的方法设计梯形图，如图 4-44 所示。

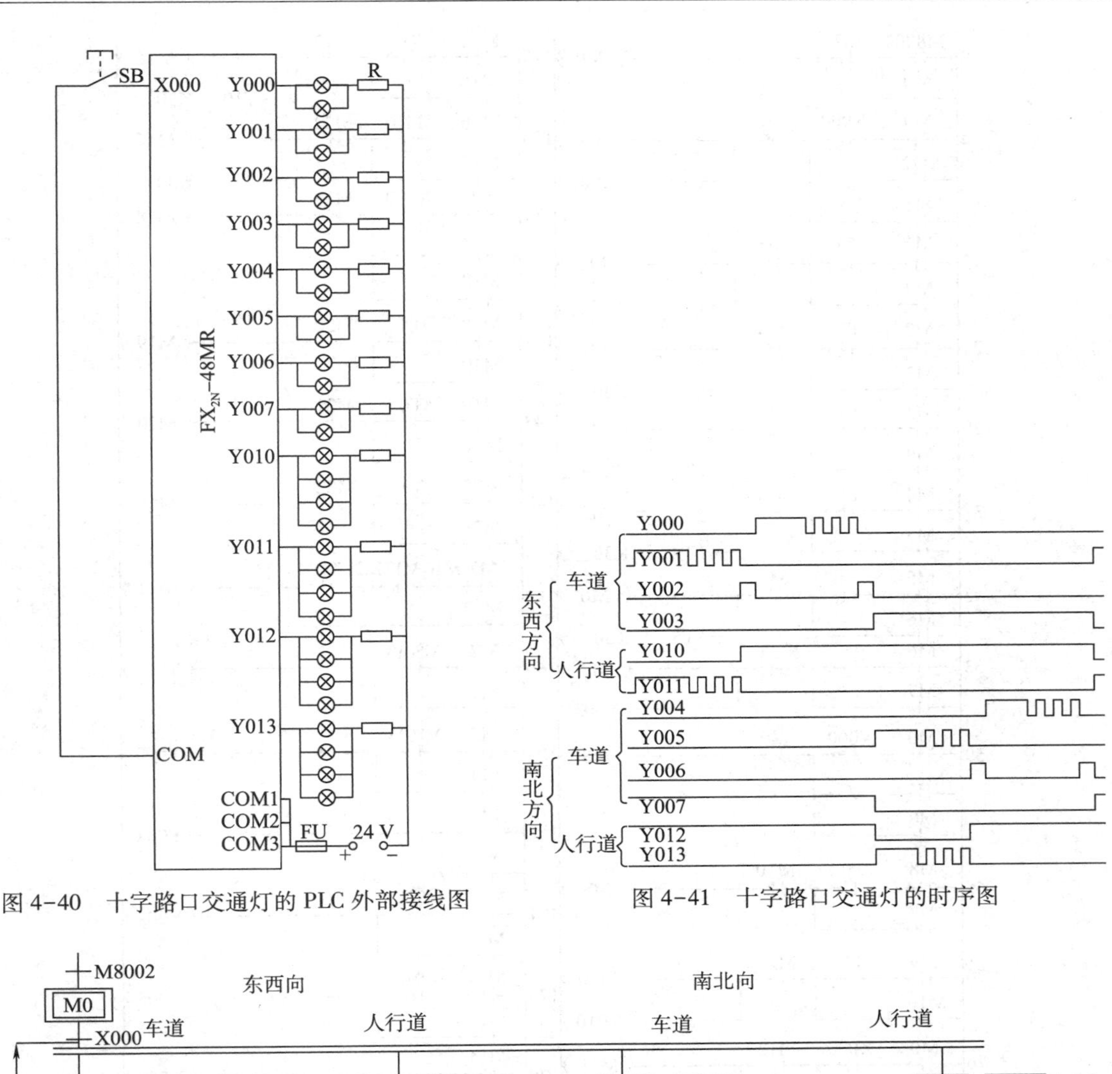

图 4–40 十字路口交通灯的 PLC 外部接线图

图 4–41 十字路口交通灯的时序图

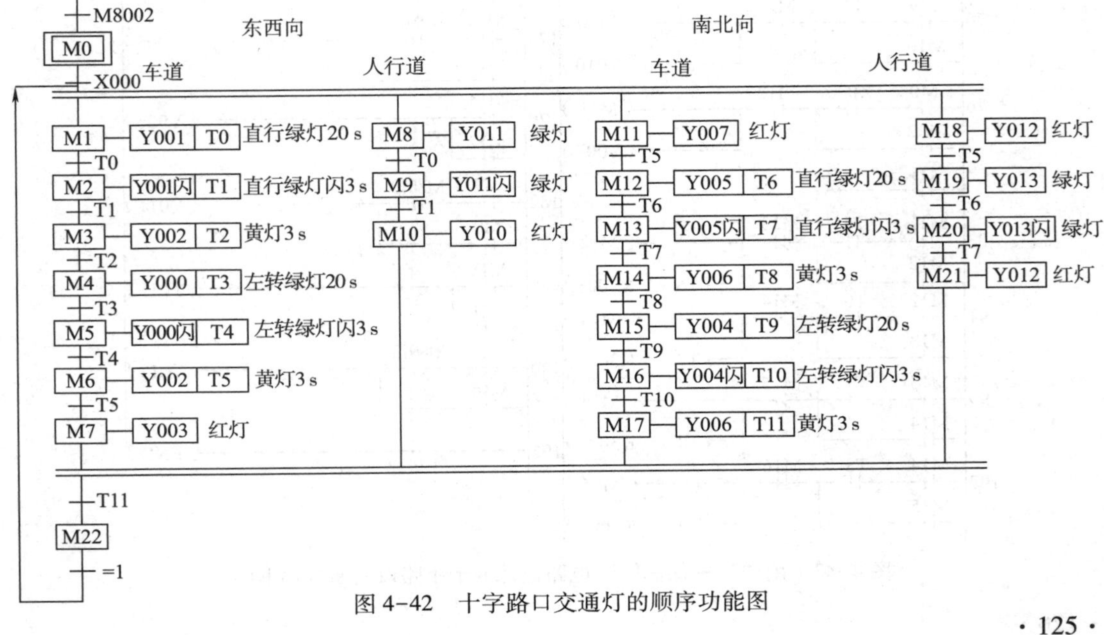

图 4–42 十字路口交通灯的顺序功能图

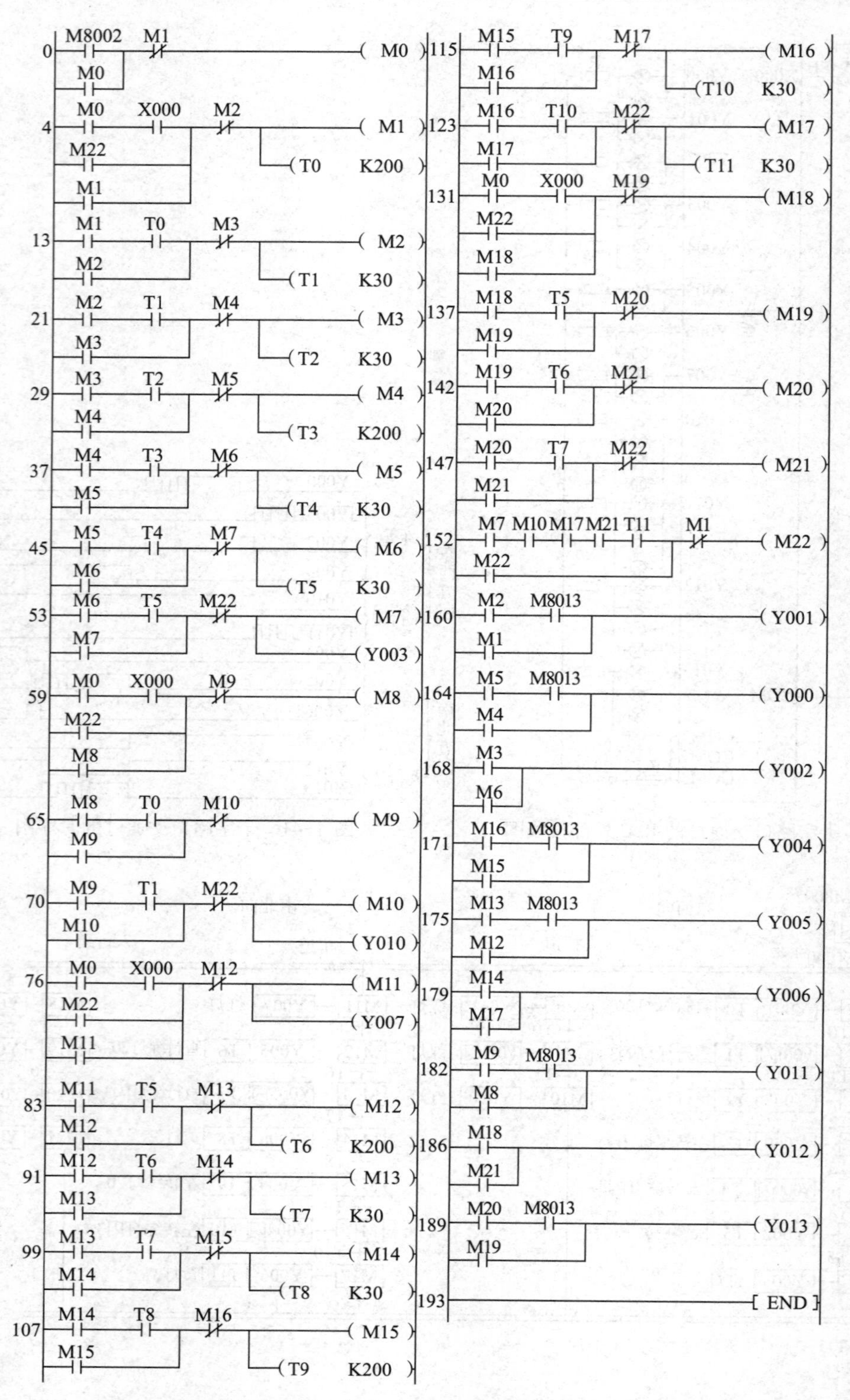

图 4-43　用“启—保—停”电路设计的十字路口交通灯梯形图

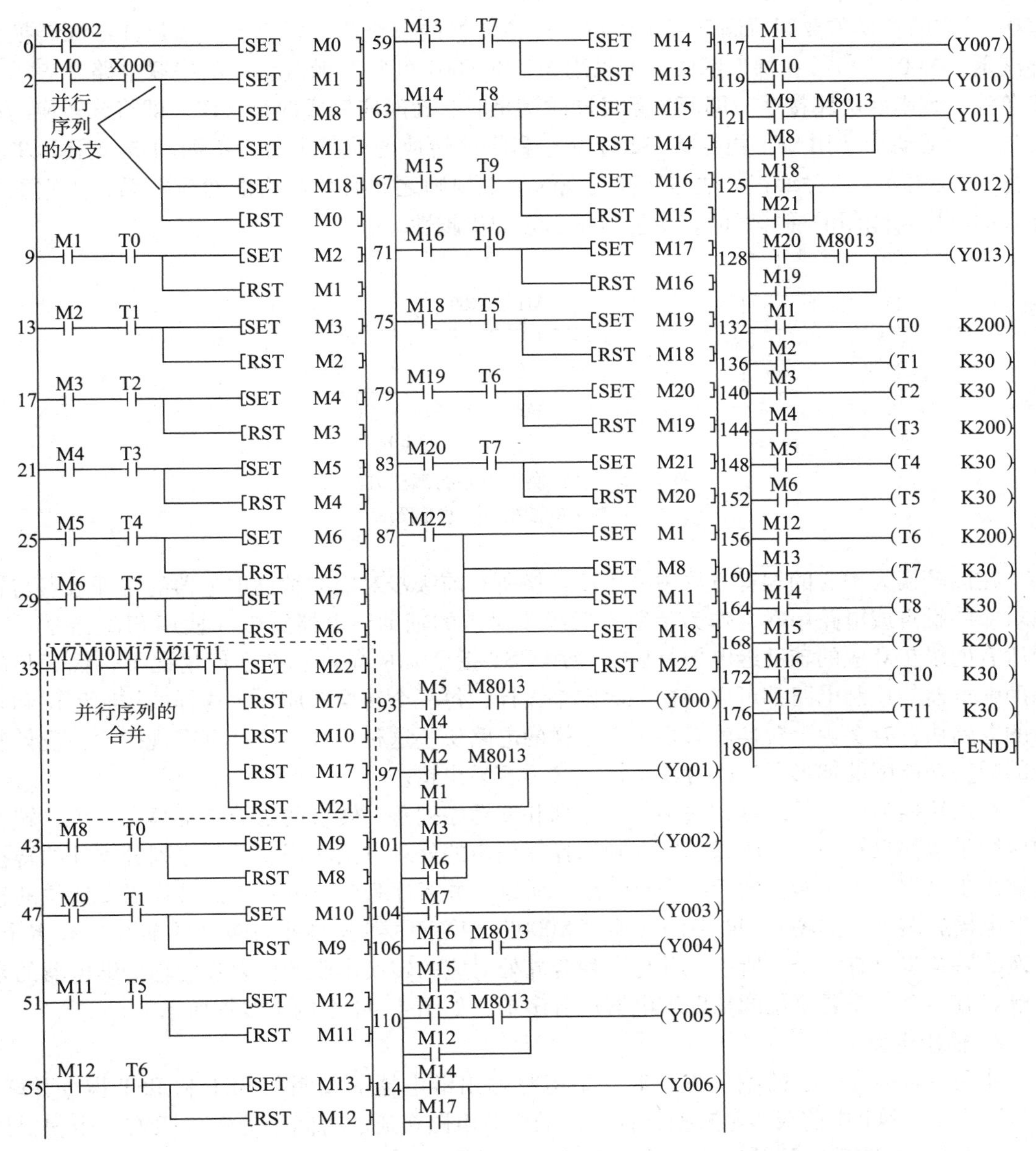

图 4-44 用以转换为中心的方法设计的十字路口交通灯梯形图

相关知识

由顺序功能图画出梯形图——以转换为中心的电路

以转换为中心的梯形图的编程方法应从步的处理和输出电路两方面来考虑。

1. 步的处理

图 4-45 所示为以转换为中心的编程方法的顺序功能图与梯形图的对应关系。实现图中

X001 对应的转换需要同时满足两个条件，即该转换的前级步是活动步（M1＝1）和转换条件满足（X001＝1）。在梯形图中，可以用 M1 和 X001 的常开触点组成的串联电路来表示上述条件。该串联电路接通，即两个条件同时满足时，此时应完成两个操作，即将该转换的后续步变为活动步（用 SET 指令将 M2 置位）和将该转换的前级步变为不活动步（用 RST 指令将 M1 复位），这种编程方法与转换实现的基本规则之间有着严格的对应关系，用它编制复杂的顺序功能图的梯形图时，更能显示出它的优越性。

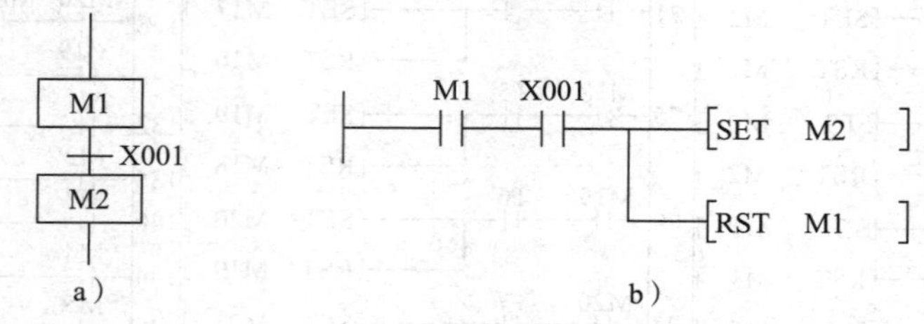

图 4-45　以转换为中心的编程方法

a）顺序功能图　b）梯形图

在以转换为中心的编程方法中，用该转换所有前级步对应的辅助继电器的常开触点与转换对应的触点或电路串联，作为使所有后续步对应的辅助继电器置位（使用 SET 指令）和使所有前级步对应的辅助继电器复位（使用 RST 指令）的条件。在任何情况下，代表步的辅助继电器的控制电路都可以用这一原则来设计，每一个转换对应一个这样的控制置位和复位的电路块，有多少个转换就有多少个这样的电路块。这种设计方法特别有规律，在设计复杂的顺序功能图的梯形图时既容易掌握，又不容易出错。

在以转换为中心的编程方法中，单序列和选择序列每一转换的前级步都只有一个，转换的后续步也都只有一步，所以单序列和选择序列步的处理方法相同。并行序列分支处的转换的前级步只有一个，转换的后续步有多个，所以，并行序列分支处对应的转换需要置位的辅助继电器有多个，如图 4-44 中的转换“X000”。并行序列合并处的转换的前级步有多个，转换的后续步只有一个，所以，并行序列合并处对应的转换串联的代表步的辅助继电器的常开触点有多个，需要复位的辅助继电器也有多个，如图 4-44 中的虚线框所示。

2. 输出电路

使用以转换为中心的编程方法时，不能将输出继电器的线圈与 SET 和 RST 指令并联，这是因为图 4-44 中前级步和转换条件对应的串联电路接通的时间十分短（只有一个扫描周期），转换条件满足后前级步马上被复位，在下一个扫描周期控制置位、复位的串联电路被断开，而输出继电器的线圈至少应该在某一步对应的全部时间内被接通。所以应根据顺序功能图，用代表步的辅助继电器的常开触点或它们的并联电路来驱动输出继电器的线圈。

任务实施

1. 将 1 个模拟按钮的常开触点接到 PLC 的 X000（见图 4-40 的输入部分），并连接 PLC 电源。检查线路正确性，确保无误。

2. 输入图 4-44 所示的梯形图，进行程序调试，运行后先按下 X000，监控观察各输出

(Y000~Y013)和相关定时器(T0~T11)的变化，检查是否实现了十字路口交通灯所要求的功能。

思考与练习

1. 将课题三任务 1~任务 5 设计的电路用顺序控制设计法来实现，画出 PLC 外部接线图、顺序功能图，并采用以转换为中心的方法画出梯形图并调试。

2. 在地下停车场的出入口处，为了节省空间，同时只允许一辆车进出（见图 4-46），在进出通道的两端设置有红绿灯，光电开关 X000 和 X001 用于检测是否有车经过，光线被车遮住时 X000 或 X001 为 ON。有车进入通道时（光电开关检测到车的前沿）两端的绿灯灭，红灯亮，以警示两方后来的车辆不可再进入通道。车开出通道时（光电开关检测到车的后沿）两端的红灯灭，绿灯亮，其他车辆可以进入通道。用顺序控制设计法来实现，画出实现此功能的 PLC 外部接线图、顺序功能图，并用以转换为中心的方法画出其梯形图并调试。

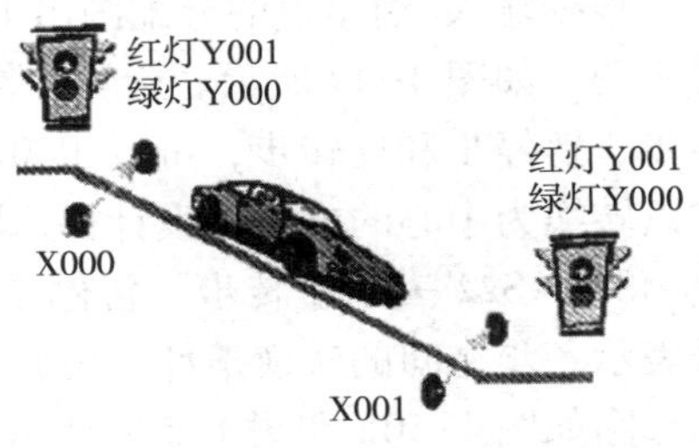

图 4-46 地下停车场出入口示意图

任务 7 用凸轮实现的旋转工作台

知识点：

- 了解状态继电器相关知识，掌握步进顺控指令

技能点：

- 会根据工艺要求画出用状态继电器表示步的单序列顺序功能图，会利用步进顺控指令将单序列顺序功能图改画为梯形图

任务提出

在机械加工时，很多场合会用到旋转工作台，在图 4-47 中，旋转工作台用凸轮和限位开关来实现其运动控制。在初始状态时，左限位开关 X003 为 ON，按下启动按钮，电动机驱动工作台沿顺时针正转，凸轮转到右限位开关 X004 所在位置时暂停 5 s，之后工作台反转，凸轮回到限位开关 X003 所在的初始位置时停止转动，系统回到初始状态。

本任务研究利用 PLC 来控制旋转工作台运动。

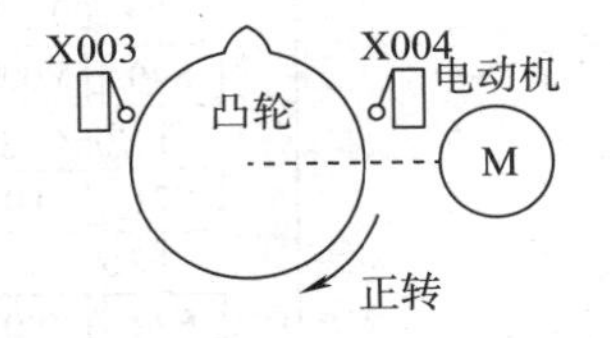

图 4-47 用凸轮和限位开关实现的旋转工作台运动控制

任务分析

为了用 PLC 来完成任务，PLC 需要 3 个输入点、2 个输出点，输入/输出点分配见表4-8。

表 4-8 输入/输出点分配表

输入继电器	作用	输出继电器	作用
X000	启动按钮	Y000	工作台正转
X003	左限位开关	Y001	工作台反转
X004	右限位开关		

根据输入/输出点的分配画出 PLC 的外部接线图，如图 4-48 所示，由提出的任务画出时序图，如图 4-49 所示。旋转工作台的工作周期划分为 4 步，除了初始步之外，还包括正转步、暂停步和反转步，可以用 M0～M3 表示，画出顺序功能图，再用“启—保—停”电路或以转换为中心的方法来设计梯形图，上述内容可以自行完成。下面用 S0 表示初始步，分别用S20～S22 表示正转步、暂停步和反转步，仍然用各限位开关、按钮和定时器提供的信号表示各步之间的转换条件。由此画出顺序功能图如图 4-50a 所示，用步进顺控指令设计出梯形图如图 4-50b 和图 4-50c 所示。其中图 4-50b 是用 SWOPC-FXGP/WIN-C 软件编写的，图4-50c 是用 GX Developer 软件编写的，指令表如图 4-50d 所示。

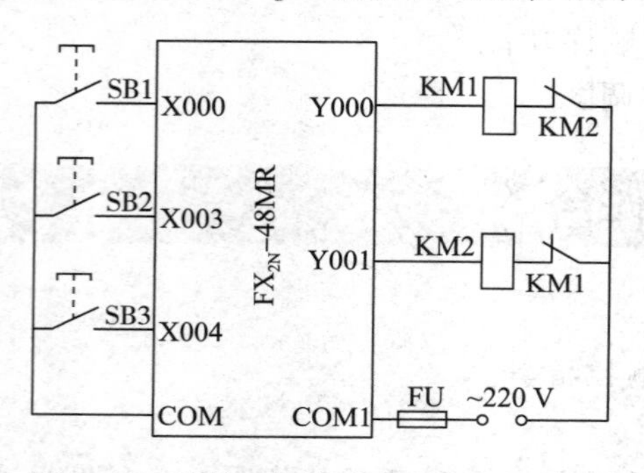

图 4-48 旋转工作台 PLC 的外部接线图

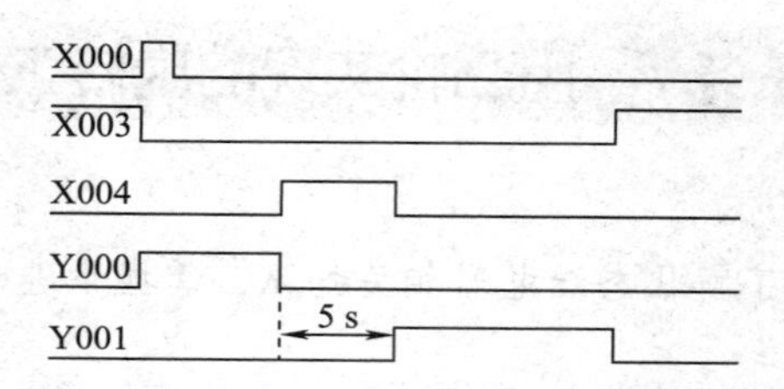

图 4-49 旋转工作台时序图

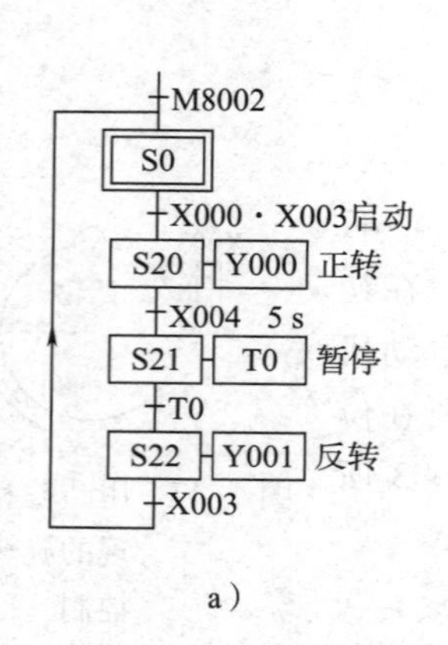

a）

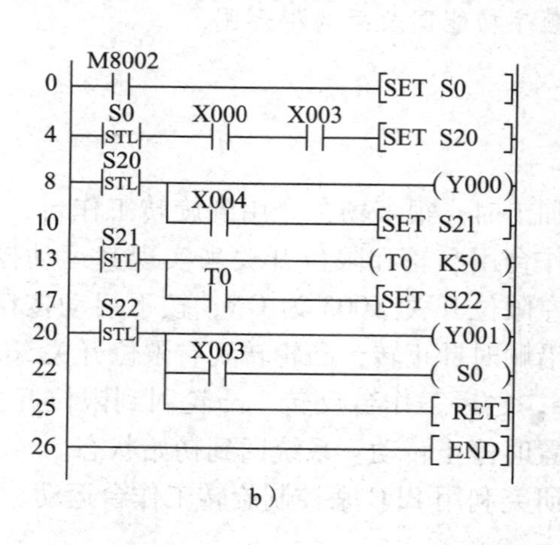

b）

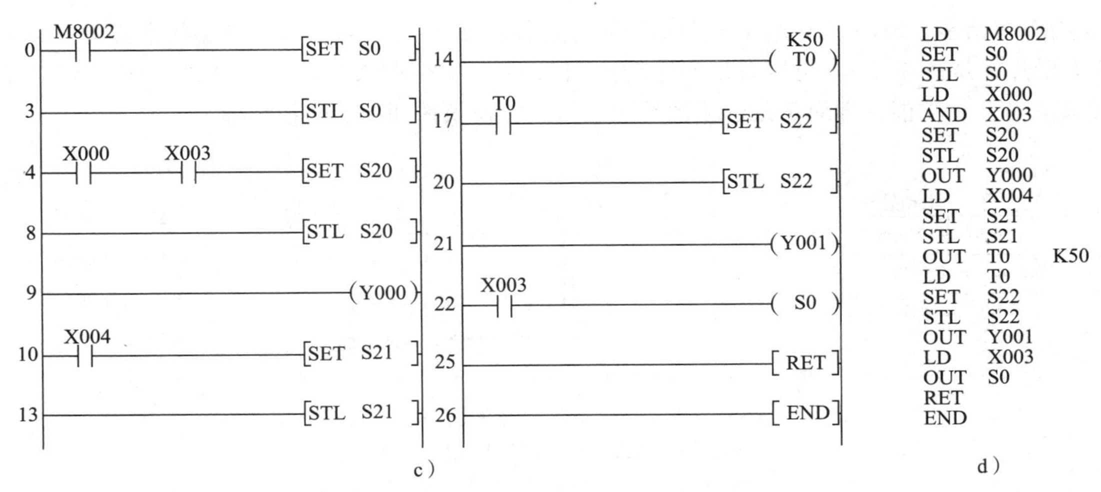

图 4-50 旋转工作台顺序功能图、梯形图和指令表

a）顺序功能图 b、c）梯形图 d）指令表

相关知识

一、状态继电器

状态继电器（S）用来记录系统运行中的状态，是编制顺序控制程序的重要编程元件，它与步进顺控指令 STL 配合应用。本任务的整个工作周期分为 4 步，如图 4-50a 所示，每一步都用一个状态继电器（S0、S20、S21、S22）记录。每个状态继电器都有各自的置位和复位信号（如 S21 由 X004 置位，由 T0 复位），并有各自要执行的操作（驱动 Y000、T0、Y001）。从启动开始，随着状态动作的转移，下一状态动作时上一状态自动返回原状。这样使每一步的工作互不干扰，不必考虑不同步之间元件的互锁，使设计清晰简洁。

状态继电器有 5 种类型：初始状态继电器 S0~S9 共 10 点；回零状态继电器 S10~S19 共 10 点；通用状态继电器 S20~S499 共 480 点；具有断电保持功能的状态继电器 S500~S899 共 400 点；供报警用的状态继电器（可用作外部故障诊断输出）S900~S999 共 100 点。

使用状态继电器时应注意：

1. 状态继电器与辅助继电器同样有无数的常开和常闭触点。
2. 状态继电器不与步进顺控指令 STL 配合使用时，可与辅助继电器 M 同样使用。
3. FX_{2N} 系列 PLC 可通过程序设定将 S0~S499 设置为有断电保持功能的状态继电器。

二、步进顺控指令

步进顺控指令也称步进梯形图指令，简称为 STL 指令，FX 系列 PLC 还有一条使 STL 指令复位的 RET 指令。利用这两条指令，可以很方便地编制顺序控制梯形图程序。

STL 指令可以生成流程与顺序功能图非常接近的程序。顺序功能图中的每一步对应一小段程序，每一步与其他步是完全隔离开的。使用者根据自己的要求将这些程序段按一定的顺序组合在一起，就可以完成控制任务。这种编程方法可以节约编程的时间，并能减少编程错误。

用 FX 系列 PLC 的状态继电器编制顺序控制程序时，一般应与 STL 指令一起使用。S0~

S9 用于初始步，S10～S19 用于自动返回原点。使用 STL 指令的状态继电器的常开触点称为 STL 触点，从图 4-51 中可以看出顺序功能图与梯形图之间的对应关系，STL 触点驱动的电路块具有 3 个功能，即对负载的驱动处理、指定转换条件和指定转换目标。

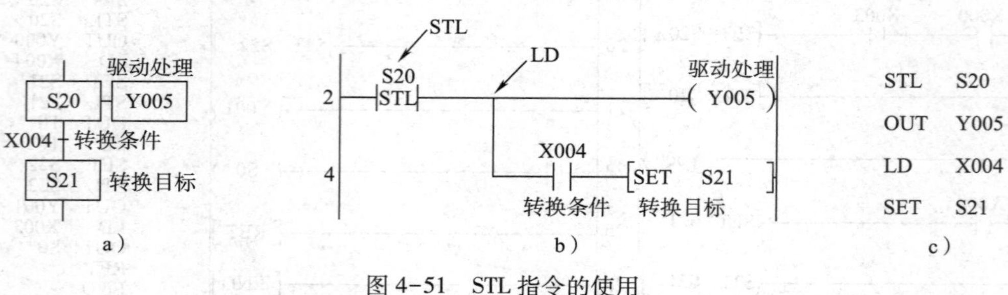

图 4-51　STL 指令的使用

a）顺序功能图　b）梯形图　c）指令表

STL 触点一般是与左侧母线相连的常开触点，当某一步为活动步时，对应的 STL 触点接通，它右边的电路被处理，直到下一步被激活。STL 程序区内可以使用标准梯形图的绝大多数指令和结构，包括应用指令。某一 STL 触点闭合后，该步的负载线圈被驱动。当该步后面的转换条件满足时，转换实现，即后续步对应的状态继电器被 SET 指令置位或 OUT 指令驱动，后续步变为活动步，同时与原活动步对应的状态继电器被系统程序自动复位，原活动步对应的 STL 触点断开。

系统的初始步应使用初始状态继电器 S0～S9，它们应放在顺序功能图的最上面，当由 STOP 状态切换到 RUN 状态时，可用只打开一个扫描周期的初始化脉冲 M8002 来将初始状态继电器置为 ON，为以后步的活动状态的转换做好准备。需要从某一步返回初始步时，应对初始状态继电器使用 OUT 指令。

三、使用 STL 指令应注意的问题

1. 与 STL 触点相连的触点应使用 LD 类指令，即 LD 点移到 STL 触点的右侧，该点成为临时母线。下一条 STL 指令的出现意味着当前 STL 程序区的结束和新的 STL 程序区的开始。RET 指令意味着整个 STL 程序区的结束，LD 点返回左侧母线。各 STL 触点驱动的电路一般放在一起，最后一个 STL 电路结束时一定要使用 RET 指令，否则将出现程序错误信息，PLC 不能执行用户程序。图 4-50b 所示梯形图的结束处使用了 RET 指令，使 LD 点回到左侧母线上。

2. STL 触点可以直接驱动或通过其他触点驱动 Y、M、S、T 等元件的线圈和应用指令。STL 触点右边不能使用进栈（MPS）指令。

3. 由于 CPU 只执行活动步对应的电路块，所以使用 STL 指令时允许双线圈输出，即不同的 STL 触点可以分别驱动同一编程元件的线圈。但是，同一元件的线圈不能在同时为活动步的 STL 区内出现，在有并行序列的顺序功能图中，应特别注意这一问题。

4. 在步的活动状态的转换过程中，相邻两步的状态继电器会同时打开一个扫描周期，可能会引发瞬时的双线圈问题。为了避免不能同时接通的两个输出（如控制异步电动机正、反转的交流接触器线圈）同时动作，除了在梯形图中设置软件互锁外，还应在 PLC 外部设置由常闭触点组成的硬件互锁电路。

定时器在下一次运行之前，首先应将它复位。同一定时器的线圈可以在不同的步中使用，但是，如果用于相邻的两步，在步的活动状态转换时，该定时器的线圈不能断开，当前值不能复位，将导致定时器的非正常运行。

5. OUT指令与SET指令均可用于步的活动状态的转换，将原来的活动步对应的状态寄存器复位，此外还有自保持功能。SET指令用于将STL状态继电器置位并保持，以激活对应的步。如果SET指令在STL程序区内，一旦当前的STL步被激活，原来的活动步对应的STL线圈将被系统程序自动复位。SET指令一般用于驱动状态继电器的元件号比当前步的状态继电器元件号大的STL步。STL程序区内的OUT指令用于顺序功能图中的闭环和跳步，如果想跳回已经处理过的步，或向前跳过若干步，可对状态继电器使用OUT指令（见图4-52）。OUT指令还可以用于远程跳步，即从顺序功能图中的一个序列跳到另外一个序列。以上情况虽然可以使用SET指令，但最好使用OUT指令。

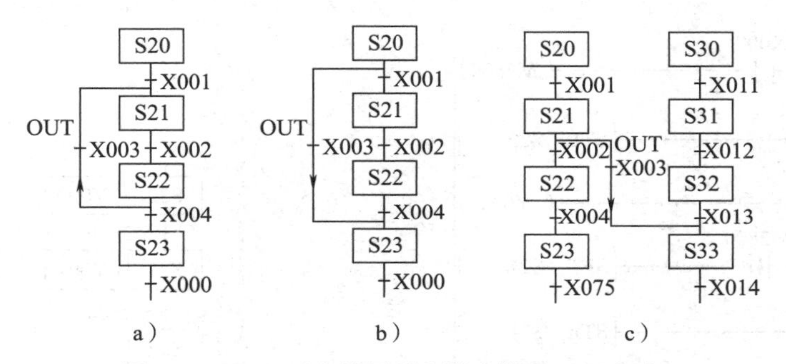

图4-52 STL区内的闭环和跳步使用OUT指令

a）向前跳步 b）向后跳步 c）远程跳步

6. STL指令不能与MC-MCR指令一起使用。在FOR-NEXT结构、子程序和中断程序中，不能有STL程序块，STL程序块不能出现在FEND指令之后。

7. 并行序列或选择序列中分支处的支路不能超过8条，总的支路不能超过16条。

8. 在转换条件对应的电路中，不能使用ANB、ORB、MPS、MRD和MPP指令。可用转换条件对应的复杂电路来驱动辅助继电器，再用后者的常开触点作为转换条件。

9. 与跳转指令（CJ）类似，CPU不执行处于断开状态的STL触点驱动的电路块中的指令，在没有并行序列时，同时只有一个STL触点接通，因此，使用STL指令可以显著地缩短用户程序的执行时间，提高PLC的输入、输出响应速度。

10. M2800~M3071是单操作标志，单操作标志及应用如图4-53所示。当图4-53a中M2800的线圈通电时，只有它后面第一个M2800的边沿检测触点（步序号6）能工作，而步序号0和步序号9对应的M2800的脉冲触点不会动作。步序号12对应的M2800的触点是使用LD指令的普通触点，当M2800的线圈通电时，该触点闭合。

借助单操作标志可以用一个转换条件实现多次转换。在图4-53b中，当X000的常开触点闭合时，M2800的线圈通电。若S20为活动步，且M2800的第一个上升沿使M2800触点闭合一个扫描周期，则能实现步S20到步S21的转换。X000的常开触点再次由断开变为接通时，因为S20是不活动步，所以没有执行图中的第一条LDP M2800指令，而S21的STL

触点之后的触点是 M2800 线圈之后遇到的它的第一个上升沿检测触点，所以该触点闭合一个扫描周期，系统由步 S21 转换到步 S22。

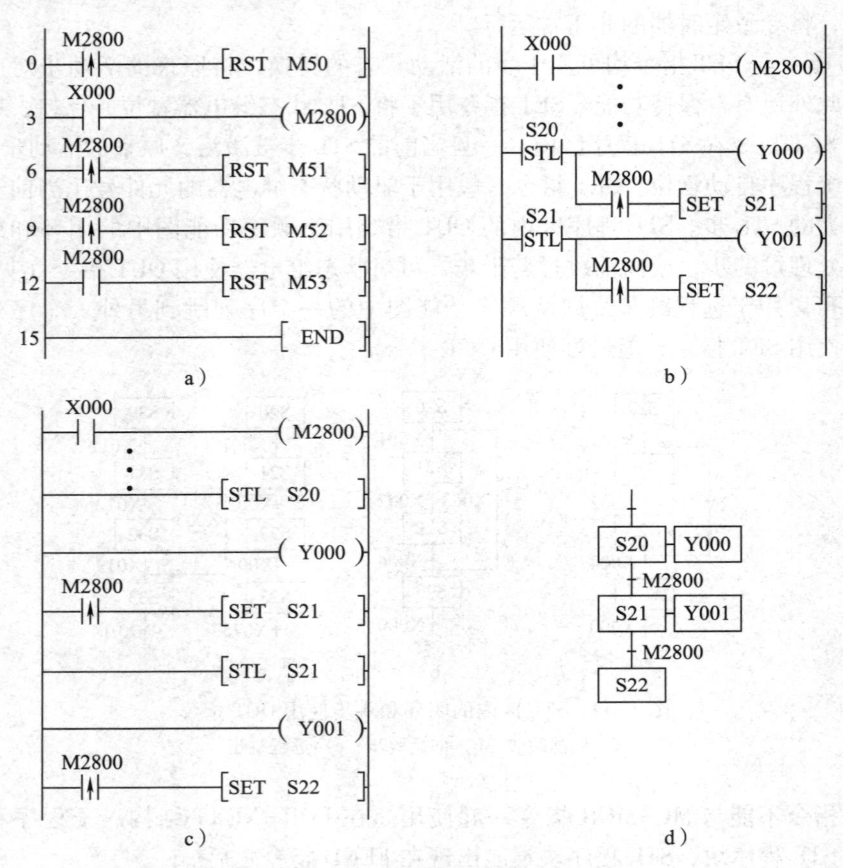

图 4-53　单操作标志及应用

a）单操作标志　b）用 FXGP 所编程序　c）用 GX 所编程序　d）顺序功能图

任务实施

1. 将 3 个模拟按钮的常开触点分别接到 PLC 的 X000、X003、X004（见图 4-48 的输入部分），并连接 PLC 电源。检查线路正确性，确保无误。

2. 输入图 4-50 所示的梯形图和指令表，进行程序调试。调试时要注意动作顺序，运行后先按下 X000 和 X003（模拟启动），再依次按下 X004、X003，每次操作都要监控观察各输出（Y000、Y001）和相关定时器（T0）的变化，检查是否完成了旋转工作台所要求的功能。

思考与练习

1. 用步进顺控指令实现课题四任务 1。

2. 用步进顺控指令实现课题四任务 1 中的思考与练习 2~5。

任务8 组合钻床

知识点：

● 掌握用状态继电器表示步的选择序列、并行序列的顺序功能图的方法

技能点：

● 会根据工艺要求画出用状态继电器表示步的选择序列、并行序列的顺序功能图，并利用步进顺控指令改画为梯形图

任务提出

某组合钻床用来加工圆盘状零件上均匀分布的6个孔，如图4-54所示。在进入自动运行之前，大、小两个钻头应在最上面，上限位开关X003和X005为ON，系统处于初始状态，计数器复位，计数当前值清零。操作人员放好工件后，按下启动按钮，Y000使工件夹紧，夹紧后压力继电器X001为ON，Y001和Y003使两个钻头同时开始向下进给。大钻头钻到由限位开关X002设定的深度时，Y002使它上升，升到由限位开关X003设定的起始位置时停止上行。小钻头钻到由限位开关X004设定的深度时，Y004使它上升，升到由限位开关X005设定的起始位置时停止上行，同时设定值为3的计数器的当前值加1。两个钻头都回到起始位置后，Y005使工件旋转120°，旋转结束后开始钻第二对孔。3对孔都钻完后，计数器的当前值等于设定值3，转换条件满足，工件松开，松开到位后，系统返回初始状态。本任务研究用PLC来控制组合钻床。

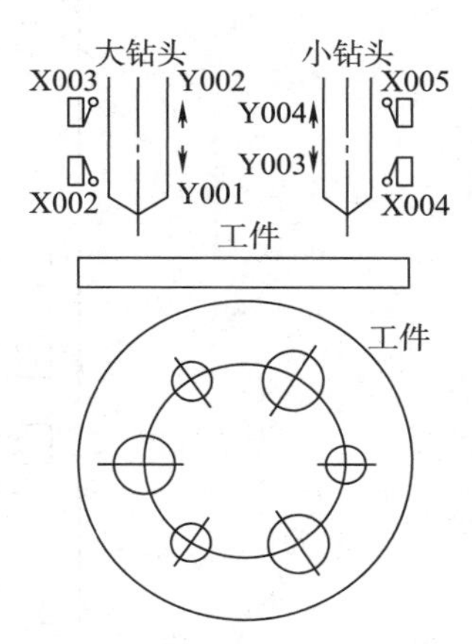

图4-54 某组合钻床示意图

任务分析

为了用PLC来完成任务，PLC需要8个输入点、6个输出点，输入/输出点分配见表4-9。

表4-9 输入/输出点分配表

输入继电器	作用	输出继电器	作用
X000	启动按钮	Y000	工件夹紧
X001	夹紧压力继电器	Y001	大钻头下进给
X002	大钻头下限位开关	Y002	大钻头退回
X003	大钻头上限位开关	Y003	小钻头下进给
X004	小钻头下限位开关	Y004	小钻头退回
X005	小钻头上限位开关	Y005	工件旋转
X006	工件旋转限位开关		
X007	松开到位限位开关		

组合钻床顺序功能图如图 4-55 所示，用状态继电器 S 来代表各步，顺序功能图中包含了选择序列和并行序列。在步 S21 之后，有一个选择序列的合并，还有一个并行序列的分支。在步 S29 之前，有一个并行序列的合并，还有一个选择序列的分支。在并行序列中，两个子序列中的第一步 S22 和 S25 是同时变为活动步的，两个子序列中的最后一步 S24 和 S27 是同时变为不活动步的。因为两个钻头上升到位有先有后，故设置了步 S24 和步 S27 作为等待步，它们用来同时结束两个并行序列。当两个钻头均上升到位，限位开关 X003 和 X005 均为 ON，大、小钻头两个子系统均进入两个等待步时，并行序列将会立即结束。每钻一对孔计数器 C0 的当前值加 1，未钻完 3 对孔时 C0 的当前值小于设定值，其常闭触点闭合，转换条件$\overline{C0}$满足，将从步 S24 和 S27 转换到步 S28。如果已钻完 3 对孔，C0 的当前值等于设定值，其常开触点闭合，转换条件 C0 满足，将从步 S24 和 S27 转换到步 S29。

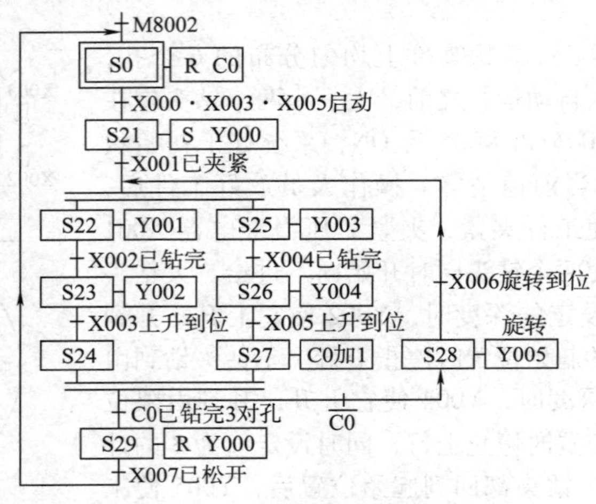

图 4-55　组合钻床顺序功能图

相关知识

步进顺控指令实现复杂的控制系统的关键仍然是对选择序列和并行序列编程时的分支与合并的处理。

一、用步进顺控指令实现的选择序列的编程方法

1. 选择序列分支的编程方法

图 4-55 中的步 S24 和 S27 有一个选择序列的分支。当步 S24 和 S27 是活动步（S24 为 ON，S27 为 ON）时，如果转换条件 C0 不满足（未完成 3 对孔），将转换到步 S28；如果转换条件 C0 满足，将进入步 S29。如果在某一步的后面有 N 条选择序列的分支，则该步的 STL 触点开始的电路块中应有 N 条分别指明各转换条件和转换目标的并联电路。例如，步 S24（S27）之后有两条支路，两个转换条件分别为 C0 和$\overline{C0}$，可能进入步 S29 或步 S28。如图 4-56 所示，S24（S27）的 STL 触点开始的电路块中，有两条分别由 C0 和$\overline{C0}$作为置位条件的并联支路。STL 触点具有与主控指令（MC）相同的特点，即 LD 点移到了 STL 触点的右端，对于选择序列分支对应的电路的设计是很方便的，用 STL 指令设计复杂系统的梯形

图时更能体现其优越性。

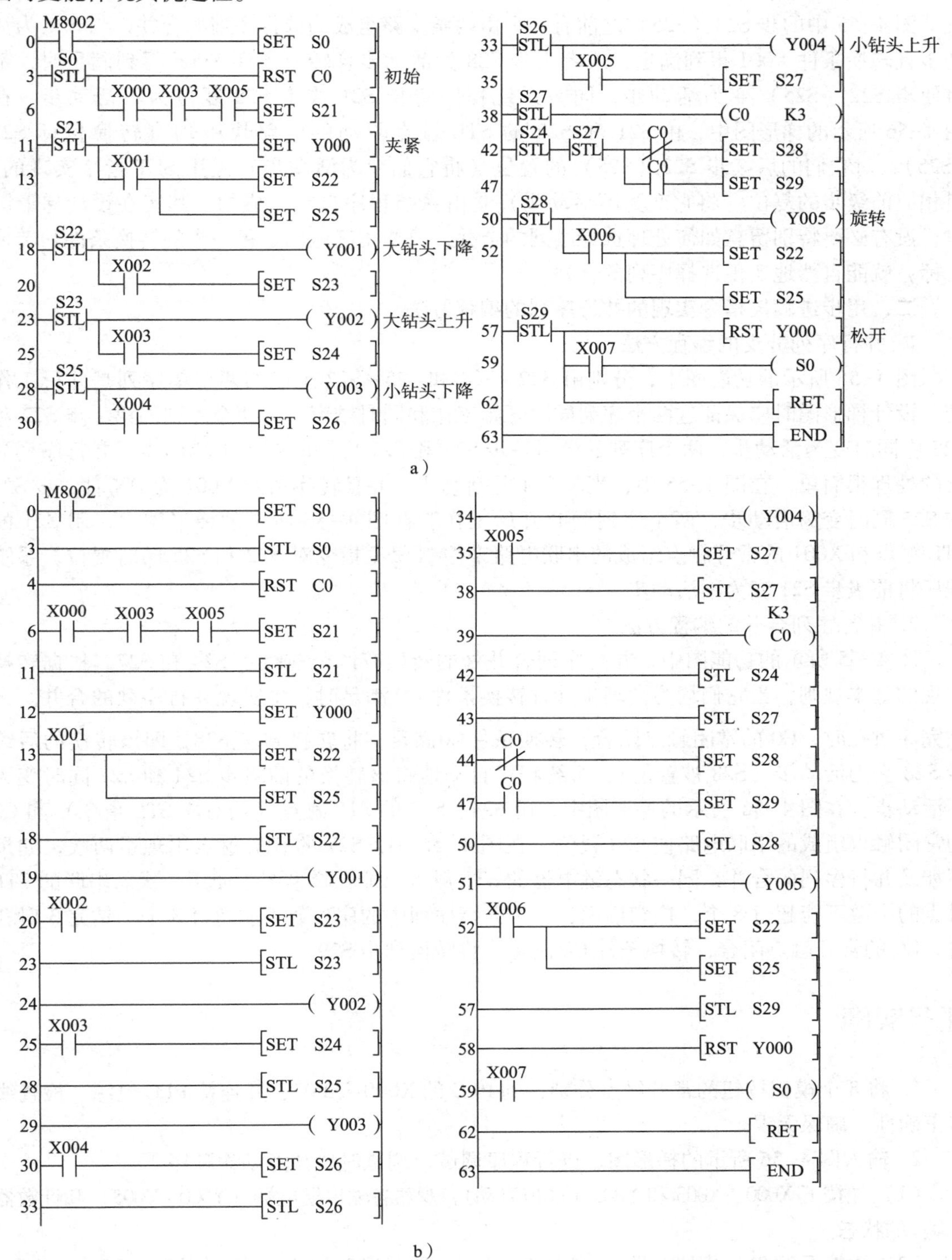

图 4-56 组合钻床梯形图

a）用 FXGP 所编程序 b）用 GX 所编程序

2. 选择序列合并的编程方法

图 4-55 中的步 S22（S25）之前有一个由两条支路组成的选择序列的合并，当 S21 为活动步且转换条件 X001 得到满足，或者当步 S28 为活动步且转换条件 X006 得到满足时，都将使步 S22（S25）变为活动步，同时系统程序将步 S21 或步 S28 复位为不活动步。在图 4-56 所示的梯形图中，由 S21 和 S28 的 STL 触点驱动的电路块中均有转换目标 S22（S25），对它们的后续步 S22（S25）的置位（将它们变为活动步）是用 SET 指令实现的，对相应前级步的复位（将它变为不活动步）是由系统程序自动完成的。其实在设计梯形图时，没有必要特别留意如何处理选择序列的合并，只要正确地确定每一步的转换条件和转换目标，就能自然地实现选择序列的合并。

二、用步进顺控指令实现的并行序列的编程方法

1. 并行序列分支的编程方法

图 4-55 所示的功能图中，分别由 S22~S24 和 S25~S27 组成的两个单序列是并行工作的，设计梯形图时应保证这两个序列同时开始工作和同时结束，即两个序列的第一步 S22 和 S25 应同时变为活动步，两个序列的最后一步 S24 和 S27 应同时变为不活动步。并行序列分支的处理很简单，在图 4-55 中，当步 S21 是活动步，并且转换条件 X001 为 ON 时，步 S22 和 S25 同时变为活动步，两个序列同时开始工作。在图 4-56 所示的梯形图中，用 S21 的 STL 触点和 X001 的常开触点组成的串联电路来控制 SET 指令对 S22 和 S25 同时置位，系统程序将前级步 S21 变为不活动步。

2. 并行序列合并的编程方法

图 4-55 所示的功能图中，并行序列合并处的转换有两个前级步 S24 和 S27，根据转换实现的基本规则，当它们均为活动步并且转换条件 C0 满足时，将实现并行序列的合并。未钻完 3 对孔时，C0 的常闭触点闭合，转换条件$\overline{\text{C0}}$满足，将转换到步 S28，即该转换的后续步 S28 变为活动步（S28 被置位），系统程序自动地将该转换的前级步 S24 和 S27 同时变为不活动步。在图 4-56 所示的梯形图中，用 S24、S27 的 STL 触点（均对应 STL 指令）和 C0 的常闭触点组成的串联电路使 S28 置位。在图 4-56 中，S27 的 STL 触点出现了两次，如果不涉及并行序列的合并，同一状态继电器的 STL 触点只能在梯形图中使用一次。串联的 STL 触点的个数不能超过 8 个，换句话说，一个并行序列中的序列数不能超过 8 个。钻完 3 对孔时，C0 的常开触点闭合，转换条件 C0 满足，将转换到步 S29。

任务实施

1. 将 8 个模拟按钮的常开触点分别接到 PLC 的 X000~X007，并连接 PLC 电源。检查线路正确性，确保无误。

2. 输入图 4-56 所示的梯形图，进行程序调试，调试时要注意动作顺序。

（1）先按下 X000、X003 和 X005（模拟启动），观察各输出继电器（Y000~Y005）和计数器（C0）的状态。

（2）再按下 X001（模拟夹紧），观察各输出继电器（Y000~Y005）和计数器（C0）的状态。

（3）模拟钻孔，依次按下 X002→X003→X004→X005，或者 X002→X004→X003→

X005，或者 X002→X004→X005→X003，或者 X004→X002→X003→X005，或者 X004→X005→X002→X003，或者 X004→X002→X005→X003，每次操作都要监控观察各输出（Y000~Y005）和计数器（C0）的变化。

（4）根据 Y005 或 Y000 的状态按下 X006 或 X007。

（5）重复第（3）步、第（4）步两次。

思考与练习

1. 根据图 4-57 所示的顺序功能图画出梯形图。

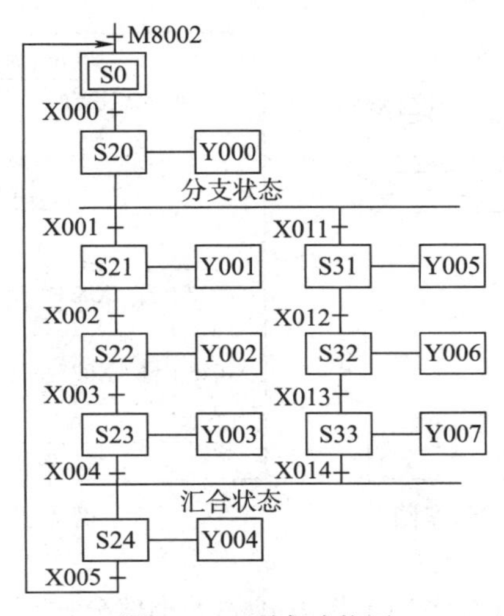

图 4-57 顺序功能图

2. 某控制系统有 6 台电动机 M1~M6，分别受 Y001~Y006 控制，控制要求如下：按下启动按钮 SB1（X000），M1 启动，延时 5 s 后 M2 启动，M2 启动延时 5 s 后 M3 启动，M3 启动延时 5 s 后 M4 启动，M4 启动延时 10 s 后 M5 启动，M5 启动延时 10 s 后 M6 启动。按下停止按钮 SB2（X001），M4、M5、M6 同时停止，M4、M5、M6 停止后，再延时 5 s，M1、M2、M3 同时停止。请用步进顺控指令编程完成此控制过程。

任务 9 大小球分选系统

知识点：

● 了解有多种工作方式的梯形图，掌握状态初始化指令

技能点：

● 会根据工艺要求画出具有多种工作方式的顺序功能图，会利用步进顺控指令和状态初始化指令等画出完整的梯形图

任务提出

在实际生产中，许多工业设备设置有多种工作方式，如手动和自动工作方式，自动工作方式又包括连续、单周期、单步和回原点工作方式。

某机械手用来分选钢质大球和小球（见图 4-58），控制面板如图 4-59 所示，输出继电器 Y004 为 ON 时钢球被电磁铁吸住，Y004 为 OFF 时钢球被释放。机械手的 5 种工作方式由工作方式选择开关进行选择，操作面板上设有 6 个手动按钮。“紧急停机”按钮是为了保证在紧急情况下（包括 PLC 发生故障时）能可靠地切断 PLC 的负载电源而设置的。

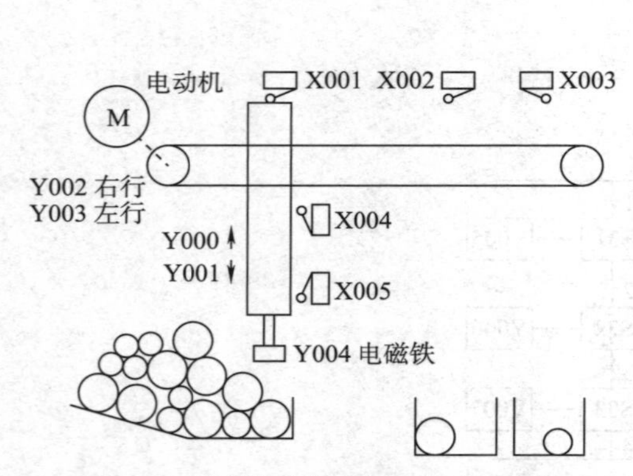

图 4-58　机械手分选大、小球示意图

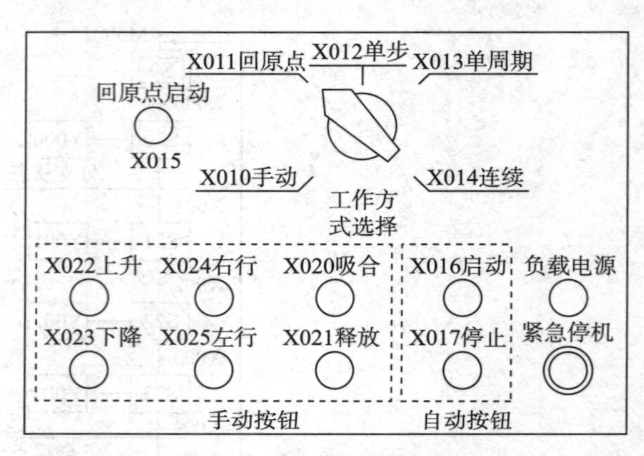

图 4-59　机械手控制面板

本任务研究用 PLC 实现具有多种工作方式的大小球分选系统。

系统设有手动和自动两种工作方式。采用手动方式时，系统的每一个动作都要靠 6 个手动按钮控制，接到输入继电器的各限位开关都不起作用。自动工作方式又分为以下 4 种工作形式：

1. 单周期工作方式

按下启动按钮 X016 后，从初始步开始，机械手按规定完成一个周期的工作后，返回并停留在初始步。

2. 连续工作方式

在初始状态按下启动按钮后，机械手从初始步开始一个周期一个周期地反复连续工作，按下停止按钮，机械手并不马上停止工作，完成最后一个周期的工作后，系统才返回并停留在初始步。

3. 单步工作方式

从初始步开始，按一下启动按钮，系统转换到下一步，完成该步的任务后，自动停止工作并停留在该步，再按一下启动按钮，才转换到下一步。单步工作方式常用于系统的调试。

4. 回原点工作方式

在选择单周期、连续和单步工作方式之前，系统应处于原点状态；如果不满足这一条件，可选择回原点工作方式。

机械手在最上面、最左边且电磁铁线圈断电时，称系统处于原点状态（初始状态）。

任务分析

为了用 PLC 来完成任务，PLC 需要 19 个输入点、5 个输出点，输入/输出点分配见表 4-10。

表 4-10　输入/输出点分配表

输入继电器	作用	输出继电器	作用
X001	左限位	Y000	机械手上升
X002	大球右限位	Y001	机械手下降
X003	小球右限位	Y002	机械手右行
X004	上限位	Y003	机械手左行
X005	下限位	Y004	电磁铁吸合
X010	手动		
X011	回原点		
X012	单步		
X013	单周期		
X014	连续		
X015	回原点启动		
X016	自动启动		
X017	自动停止		
X020	手动吸合		
X021	手动释放		
X022	手动上升		
X023	手动下降		
X024	手动右行		
X025	手动左行		

根据输入/输出点分配画出 PLC 的外部接线图，如图 4-60 所示，自动工作方式的顺序功能图如图 4-61 所示。

如何将多种工作方式的功能融合到一个程序中，是梯形图设计的难点之一。FX_{2N} 系列 PLC 专门提供了 IST 初始化指令，以将多种工作方式的功能融合到一个程序中。由此编写的梯形图如图 4-62 所示。

图 4-62 所示梯形图是用步进顺控指令与初始化指令结合完成的，这种具有多种工作方式的系统也可以用“启—保—停”电路和以转换为中心的电路来实现。

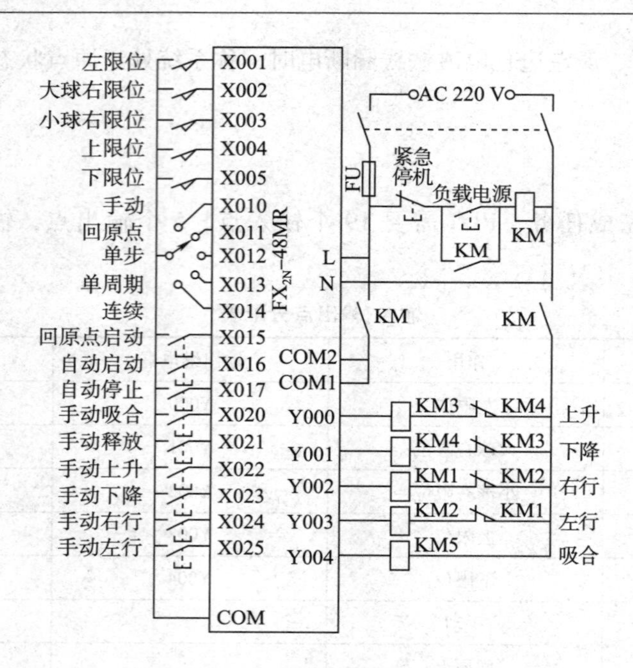

图 4-60　大小球分选系统的 PLC 外部接线图

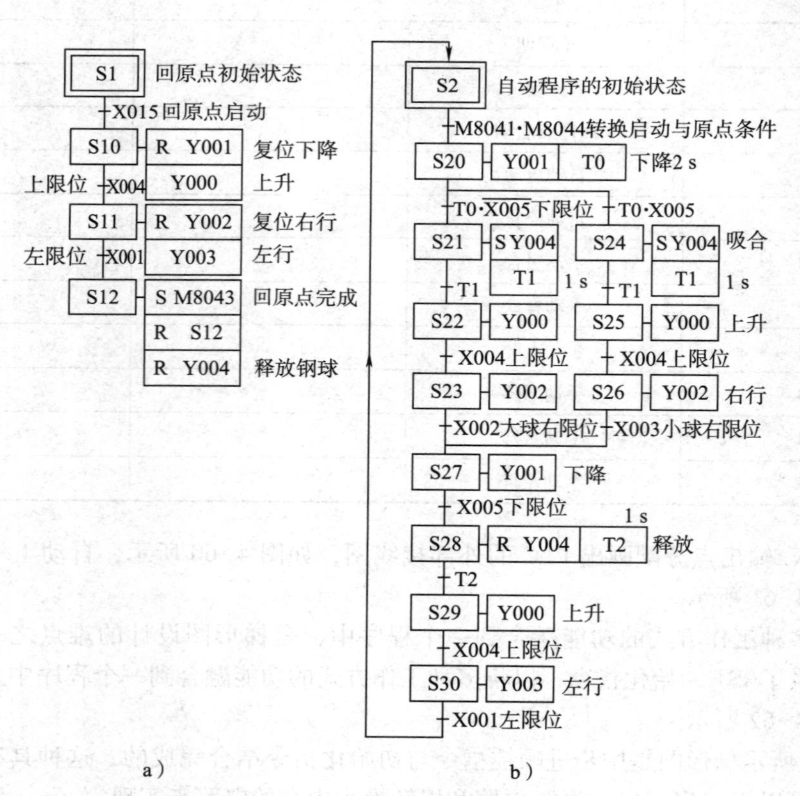

图 4-61　大小球分选自动程序顺序功能图

a）回原点　b）连续、单步、单周期

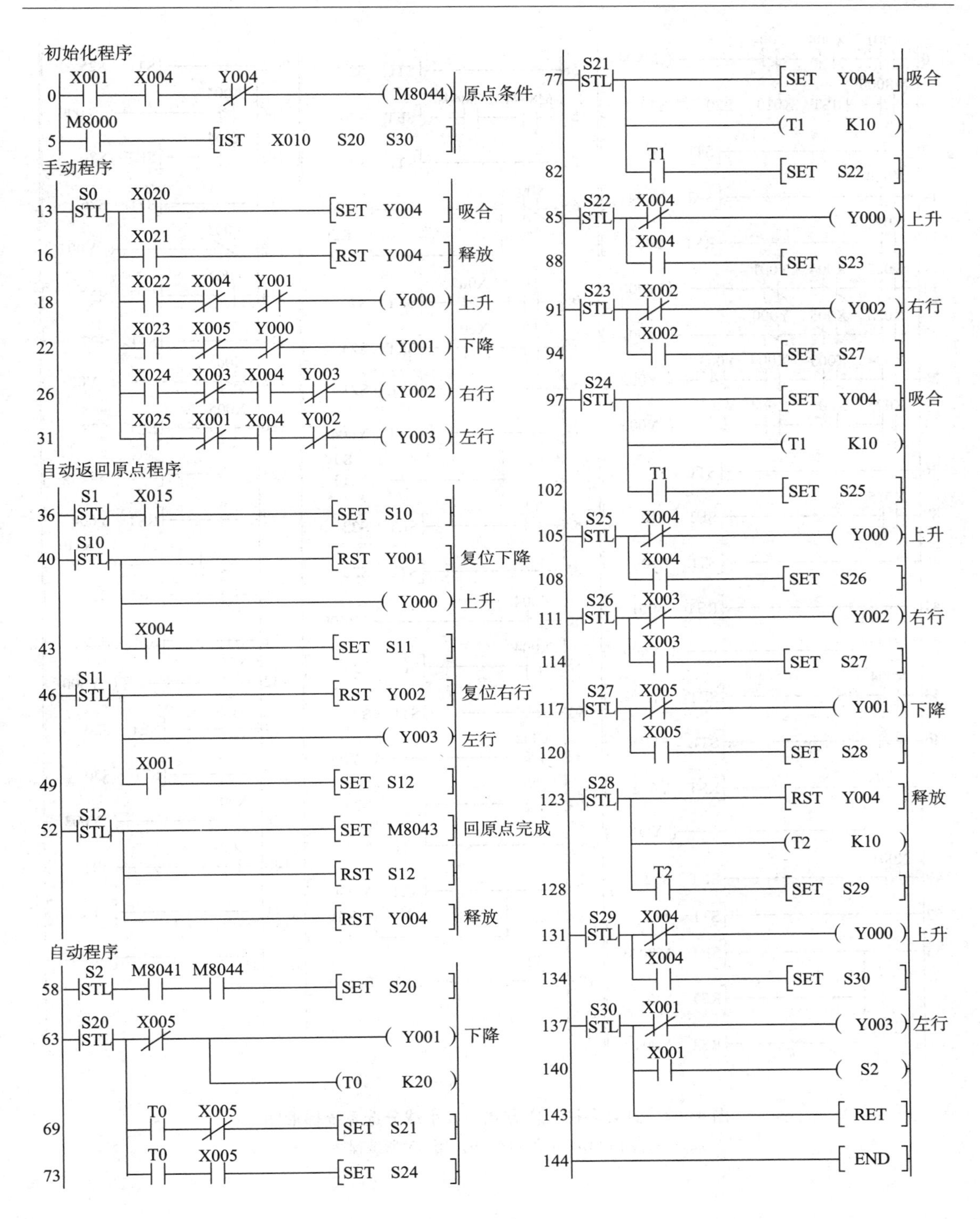

初始化程序
0 X001 X004 Y004 (M8044) 原点条件
5 M8000 [IST X010 S20 S30]
手动程序
13 S0 STL X020 [SET Y004] 吸合
16 X021 [RST Y004] 释放
18 X022 X004 Y001 (Y000) 上升
22 X023 X005 Y000 (Y001) 下降
26 X024 X003 X004 Y003 (Y002) 右行
31 X025 X001 X004 Y002 (Y003) 左行
自动返回原点程序
36 S1 STL X015 [SET S10]
40 S10 STL [RST Y001] 复位下降
(Y000) 上升
43 X004 [SET S11]
46 S11 STL [RST Y002] 复位右行
(Y003) 左行
49 X001 [SET S12]
52 S12 STL [SET M8043] 回原点完成
[RST S12]
[RST Y004] 释放
自动程序
58 S2 STL M8041 M8044 [SET S20]
63 S20 STL X005 (Y001) 下降
(T0 K20)
69 T0 X005 [SET S21]
73 T0 X005 [SET S24]
77 S21 STL [SET Y004] 吸合
(T1 K10)
82 T1 [SET S22]
85 S22 STL X004 (Y000) 上升
88 X004 [SET S23]
91 S23 STL X002 (Y002) 右行
94 X002 [SET S27]
97 S24 STL [SET Y004] 吸合
(T1 K10)
102 T1 [SET S25]
105 S25 STL X004 (Y000) 上升
108 X004 [SET S26]
111 S26 STL X003 (Y002) 右行
114 X003 [SET S27]
117 S27 STL X005 (Y001) 下降
120 X005 [SET S28]
123 S28 STL [RST Y004] 释放
(T2 K10)
128 T2 [SET S29]
131 S29 STL X004 (Y000) 上升
134 X004 [SET S30]
137 S30 STL X001 (Y003) 左行
140 X001 (S2)
143 [RET]
144 [END]

a）

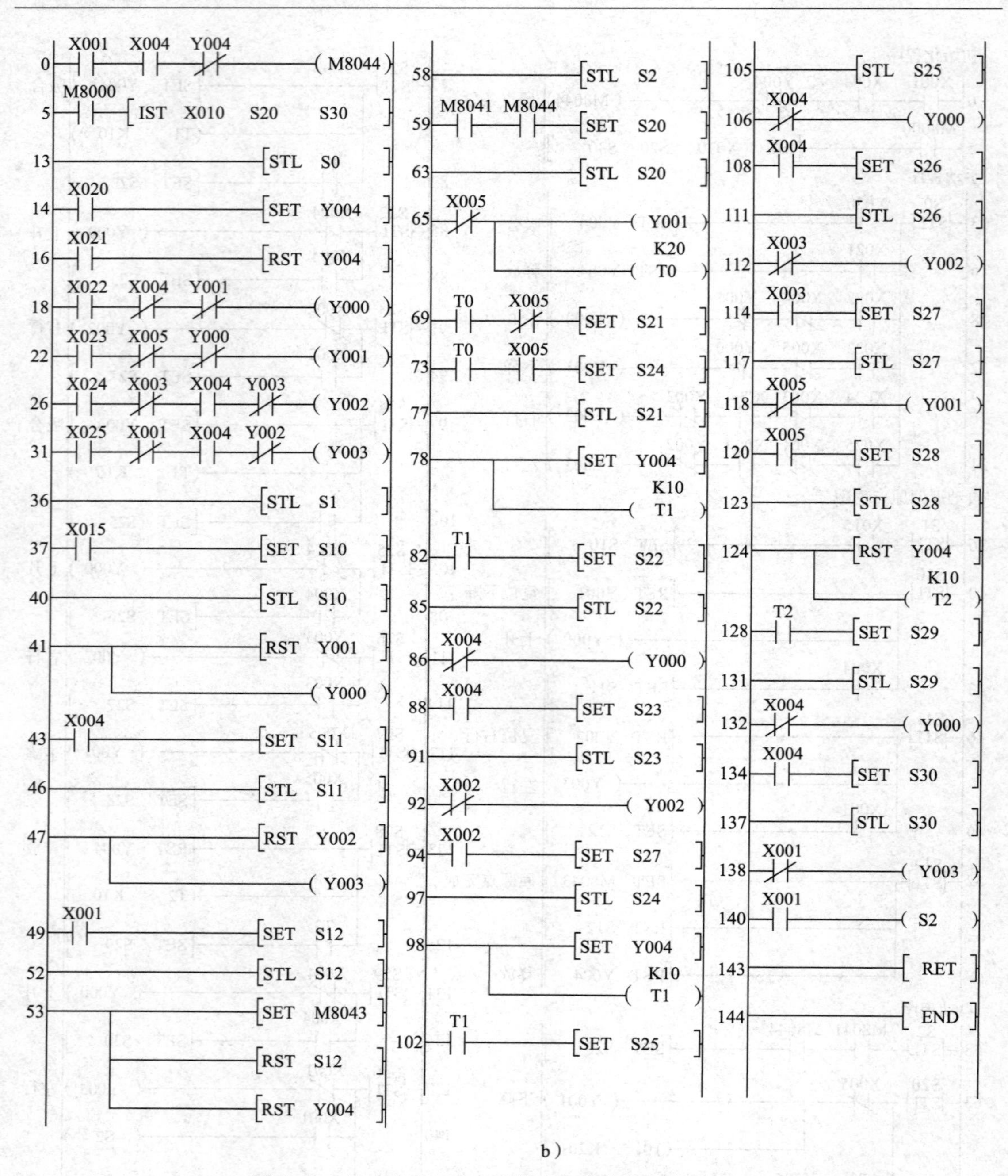

图 4-62　具有多种工作方式的大小球分选系统梯形图

a）用 FXGP 所编程序　b）用 GX 所编程序

相关知识

一、状态初始化指令 IST 和初始化程序

FX_{2N}系列 PLC 的状态初始化指令 IST 与 STL 指令一起使用，专门用来设置具有多种工作方式的控制系统的初始状态和设置有关特殊辅助继电器的状态，可以大大简化复杂的顺序控制程序的设计工作。IST 指令只能使用一次，它应放在程序开始位置，被它控制的 STL 电路应放在它的后面。

大小球分选系统的初始化程序（见图 4-62）用来设置初始状态和原点位置条件。IST 指令中的 S20 和 S30 用来指定自动操作中用到的最低和最高的状态继电器元件号，IST 中的源操作数可取 X、Y 和 M，图 4-62 中 IST 指令的源操作数 X010 用来指定与工作方式有关的输入继电器的首元件，它实际上指定从 X010 开始的 8 个输入继电器具有以下的意义：

X010：手动

X011：回原点

X012：单步运行

X013：单周期运行（半自动）

X014：连续运行（全自动）

X015：回原点启动

X016：自动启动

X017：自动停止

X010~X014 中同一时刻只能有 1 个处于接通状态，必须使用选择开关（见图 4-59），以保证这 5 个输入中不可能有两个同时为 ON。

当 IST 指令的执行条件满足时，初始状态继电器 S0~S2 和下列特殊辅助继电器被自动指定为以下功能，以后即使 IST 指令的执行条件变为 OFF，这些元件的功能仍保持不变：

M8040：禁止转换

M8041：转换启动

M8042：启动脉冲

M8043：回原点完成

M8044：原点条件

M8045：禁止所有输出复位

M8047：STL 监控有效

S0：手动操作初始状态继电器

S1：回原点初始状态继电器

S2：自动操作初始状态继电器

如果改变了当前选择的工作方式，在“回原点完成”标志 M8043 变为 ON 之前，所有的输出继电器将变为 OFF。

二、手动程序

手动程序用初始状态继电器 S0 控制，因为手动程序、自动程序（单步、单周期、连

续）和回原点程序均用 STL 触点驱动，这 3 部分程序不会同时被驱动，所以用 STL 指令和 IST 指令编程时，手动程序、自动程序和回原点程序的每一步对应一小段程序，每一步与其他步是完全隔离开的。只要根据控制要求将这些程序段按一定的顺序组合在一起，就可以完成控制任务，既节约了编程的时间，又减少了编程错误。

三、自动返回原点程序

自动返回原点的顺序功能图如图 4-61a 所示，当原点条件满足时，特殊辅助继电器 M8044（原点条件）为 ON（见图 4-62 中的初始化程序）。自动返回原点结束后，用 SET 指令将 M8043（回原点完成）置为 ON，并用 RST 指令将回原点顺序功能图中的最后一步 S12 复位，返回原点的顺序功能图中的步应使用 S10~S19。

四、自动程序

用 STL 指令设计的自动程序的顺序功能图如图 4-61b 所示，特殊辅助继电器 M8041（转换启动）和 M8044（原点条件）是从自动程序的初始步 S2 转换到下一步 S20 的转换条件，自动程序的梯形图如图 4-62 所示。使用 IST 指令后，系统的手动、单周期、单步、连续和回原点这几种工作方式的切换是系统程序自动完成的，但是，必须按照前述的规定，安排 IST 指令中指定的控制工作方式用的输入继电器 X010~X017 的元件号顺序。工作方式的切换是通过特殊辅助继电器 M8040~M8042 实现的，IST 指令自动驱动M8040~M8042。

五、IST 指令用于工作方式选择的输入继电器元件号的处理

IST 指令可以使用元件号不连续的输入继电器（见图 4-63b），也可以只使用前述的部分工作方式（见图 4-63c）。图 4-63 所示的特殊辅助继电器 M8000 在 RUN（运行）状态时为 ON，其常闭触点一直处于断开状态。图 4-63c 所示梯形图中只有回原点和连续两种工作方式，其余的工作方式是被禁止的，自动启动与回原点启动功能合用一个按钮 X032。

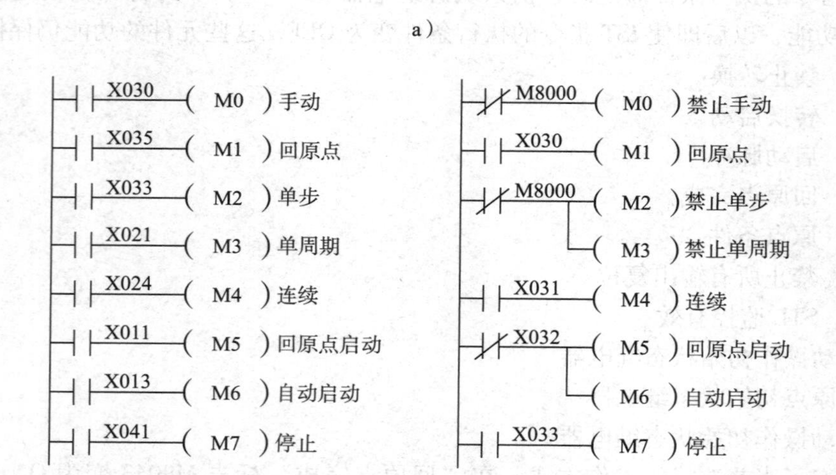

图 4-63　IST 指令输入软元件号的处理

a）IST 指令示例　b）IST 指令使用元件号不连续的输入继电器

c）IST 指令只使用部分工作方式

六、由 IST 指令自动控制的特殊辅助继电器

1. 禁止转换标志 M8040

M8040 的线圈通电时，禁止所有的状态转换。

手动工作方式时 M8040 一直为 ON，即禁止在手动工作时转换步的活动状态。

在回原点工作方式和单周期工作方式中，从按下停止按钮到按下启动按钮之间 M8040 起作用。如果在运行过程中按下停止按钮，M8040 变为 ON 并自保持，转换被禁止。在完成当前步的工作后，停在当前步。按下启动按钮时，M8040 变为 OFF，允许转换，系统才能转换到下一步，继续完成剩下的工作。

在单步工作方式中，M8040 只是在按了启动按钮时才不起作用，允许转换。

在连续工作方式中，当发生 STOP→RUN 的转换时，初始化脉冲 M8002 第一个扫描周期为 ON，M8040 变为 ON 并自保持，禁止转换；按启动按钮后，M8040 变为 OFF，允许转换。

2. 转换启动标志 M8041

M8041 是自动程序中的初始步 S2 到下一步的转换条件之一，在手动工作方式和回原点工作方式中不起作用，在单步工作方式和单周期工作方式中只有在按启动按钮时起作用(无保持功能)。在连续工作方式中，按启动按钮时 M8041 变为 ON 并自保持，按停止按钮后 M8041 变为 OFF，保证了系统的连续运行。

3. 启动脉冲标志 M8042

在非手动工作方式中按按钮和回原点按钮，它在一个扫描周期中为 ON。

4. STL 监控有效标志 M8047

M8047 的线圈通电时，当前的活动步对应的状态继电器的元件号按从大到小的顺序排列，存放在特殊数据寄存器 D8040~D8047 中，由此可以监控 8 点活动步对应的状态继电器的元件号。此外，若有任何一个状态继电器为 ON，特殊辅助继电器 M8047 将为 ON。

七、由用户程序控制的特殊辅助继电器

1. 回原点完成标志 M8043

在回原点工作方式中，当系统自动返回原点时，通过用户程序用 SET 指令将 M8043 置位，如图 4-61a 所示。

2. 原点条件标志 M8044

M8044 在系统满足初始条件（原点条件）时为 ON。

3. 禁止所有输出复位标志 M8045

系统在不同工作方式间切换后，若机械不在原点位置，则所有输出和动作状态被复位，但若先驱动了 M8045，则仅动作状态被复位。

任务实施

1. 将 19 个模拟各输入器件的按钮的常开触点分别接到 PLC 的 X001~X005、X010~X017 、X020~X025（见图 4-60 的输入部分），并连接 PLC 电源。检查线路正确性，确保无误。

2. 输入图 4-62 所示的梯形图，进行程序调试。

（1）手动工作方式调试：方式选择开关旋到 X010，按照机械手和电磁铁的位置确定 X020～X025 的操作，观察各输出继电器（Y000～Y004）的状态变化。

（2）回原点工作方式调试：方式选择开关旋到 X011，按下回原点启动按钮 X015，观察机械手的工作状态。

（3）连续工作方式调试：机械手在原点的状态下，方式选择开关旋到 X014，按下启动按钮 X016，2 s 后依次按下 X005→X004→X003，模拟机械手分选小球的工作，观察各输出继电器（Y000～Y004）的状态变化，可重复操作多次；也可以依次按下 X004→X002，模拟机械手分选大球的工作，观察各输出继电器（Y000～Y004）的状态变化。也可重复操作多次，一直到按下 X017 停止按钮为止。

（4）单周期工作方式调试：调试过程类似于连续工作方式，不同之处一是方式选择开关旋到 X013，二是完成一次大小球分选后机械手回到原点位置，要重新按下启动按钮 X016 才能进行下一次的分选。

（5）单步工作方式调试：调试过程类似于连续工作方式，不同之处一是方式选择开关旋到 X012，二是机械手每完成一个动作都要重新按下启动按钮 X016，才能进入下一次的动作。

思考与练习

图 4-62 所示梯形图是用步进顺控指令与初始化指令结合完成的，这种具有多种工作方式的系统也可以用“启—保—停”电路和以转换为中心的电路来实现。请参阅三菱 PLC 手册，分别用“启—保—停”电路和以转换为中心的电路编程完成本任务。

课题五　数据处理类应用指令

可编程控制器的基本指令主要用于逻辑处理，是基于继电器、定时器、计数器等软元件的指令。作为工业控制计算机，PLC 仅仅具有基本指令是远远不够的。现代工业控制在许多场合需要数据处理和通信，所以 PLC 制造商在 PLC 中引入了应用指令，主要用于提供数据的传送、运算、变换及程序控制等功能。这使得可编程控制器成了真正意义上的计算机。特别是近年来，应用指令又向综合性方向迈进了一大步，许多指令能独自实现以往需大段程序才能完成的任务，如 PID 功能、表功能等。实际上这类指令本身就是一个功能完整的子程序，从而大大提高了 PLC 的实用价值和普及率。

任务 1　用 PLC 应用指令实现电动机的Y-△启动控制

知识点：

- 掌握字元件、位组合元件以及它们与位元件的区别，掌握传送类指令 MOV

技能点：

- 会利用传送类指令编写梯形图，实现灯光控制、电动机运行控制、数据处理等

任务提出

在课题三中采用经验设计法利用 PLC 的基本指令实现了电动机的Y-△启动，本任务将利用应用指令实现电动机的Y-△启动控制。任务要求如下：

按电动机Y-△启动控制要求，通电时电动机绕组接成Y形启动；当转速上升到一定程度时，电动机绕组接成△形运行。此外，启动过程中的每个状态间应具有一定的时间间隔。

任务分析

为了实现任务，设置启动按钮为 X000，停止按钮为 X001；电路主接触器 KM1 接于输出口 Y000，电动机Y形接法接触器 KM2 接于输出口 Y001，电动机△形接法接触器 KM3 接于输出口 Y002，如图 5-1 所示，输入/输出点分配见表 5-1。

按照电动机Y-△启动控制要求，通电时 Y000、Y001 应为 ON（传送常数为 1+2=3），电动机Y形启动；当转速上升到一定程度时，断开 Y000、Y001，接通 Y002（传送常数为 4）。然后接通 Y000、Y002（传送常数为 1+4=5），电动机△形运行。停止时，各输出均为 OFF（传送常数为 0）。此外，启动过程中的每个状态间应有时间间隔，时间间隔由电动机启动特性决定，这里假设启动时间为 8 s，Y-△转换时间为 2 s，设计出梯形图如图 5-2 所示。

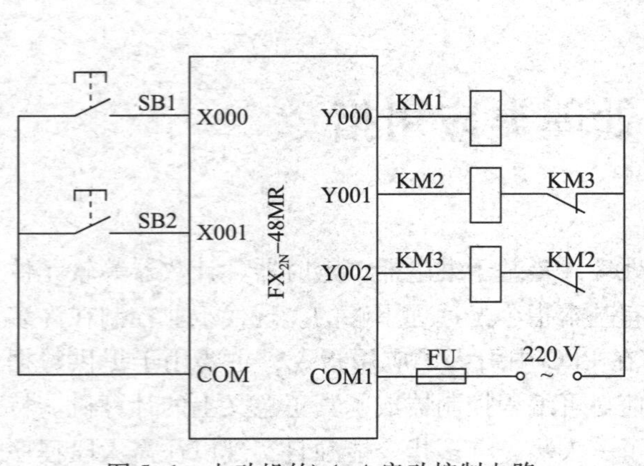

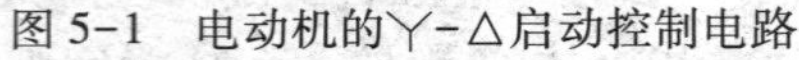
图 5-1　电动机的Y-△启动控制电路

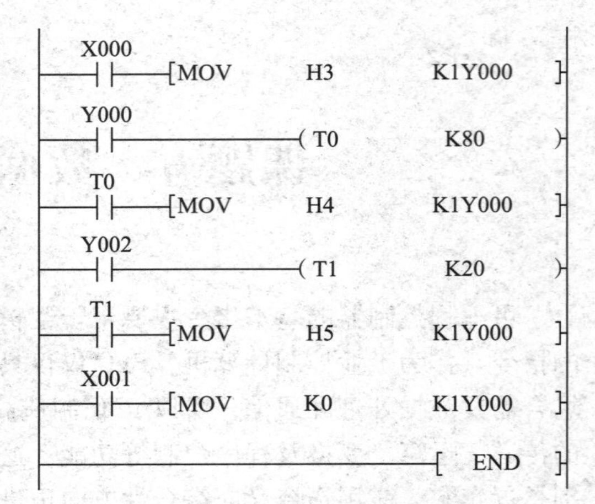

图 5-2　用 PLC 应用指令实现电动机的Y-△启动的梯形图

表 5-1　　输入/输出点分配表

输　入		输　出	
输入继电器	作用	输出继电器	作用
X000	启动按钮	Y000	主电源交流接触器
X001	停止按钮	Y001	Y形启动交流接触器
		Y002	△形运行交流接触器

相关知识

一、位元件和字元件

在前面的课题中，已经介绍了输入继电器 X、输出继电器 Y、辅助继电器 M、状态继电器 S 等编程元件。这些软元件在可编程控制器内部反映的是位的变化，主要用于开关量信息的传递、变换及逻辑处理，称为位元件。而在 PLC 内部，由于应用指令的引入，需处理大量的数据信息，需设置大量的用于存储数值数据的软元件，如各种数据存储器。此外，一定量的位软元件组合在一起也可用于存储数据，定时器 T、计数器 C 的当前值寄存器也可用于存储数据。上述这些能处理数值数据的元件统称为字元件。

二、位组合元件

位组合元件是一种字元件。在可编程控制器中，人们常希望能直接使用十进制数据。FX_{2N}系列 PLC 中使用 4 位 BCD 码表示 1 位十进制数据，由此产生了位组合元件，它将 4 位位元件成组使用。位组合元件在输入继电器、输出继电器、辅助继电器及状态继电器中都有使用。位组合元件表达为 KnX、KnY、KnM、KnS 等形式，式中 Kn 指有 n 组这样的数据，如 KnX0 表示位组合元件是由从 X000 开始的 n 组位元件组合而成的。若 n 为 1，则 K1X0 指 X003、X002、X001、X000 四位输入继电器的组合；若 n 为 2，则 K2X0 是指 X000～X007 八位输入继电器的组合；若 n 为 4，则 K4X0 是指 X010～X017、X000～X007 十六位输入继电器的组合。

三、应用指令的格式

与基本指令不同，应用指令不是表达梯形图符号间的相互关系，而是直接表达本指令的功能。FX_{2N}系列 PLC 在梯形图中使用功能框表示应用指令，图 5-3a 所示是应用指令的梯形图示例。图中，M8002 的常开触点是应用指令的执行条件，其后的方框即为功能框。功能框中分栏表示指令的助记符、相关数据和数据的存储地址，这种表达方式的优点是直观、易懂。上例中指令的功能是：当 M8002 接通时，十进制常数 123 将被送到辅助继电器 M0～M7 中去，用基本指令实现该程序的梯形图如图 5-3b 所示。可见，完成同样任务的情况下，用应用指令编写的程序要简练得多。

1. 编号

应用指令用编号 FNC00～FNC294 表示，并给出对应的助记符。例如，FNC12 的助记符是 MOV（传送），FNC45 的助记符是 MEAN（平均）。使用简易编程器时应输入编号，如 FNC12、FNC45 等，使用编程软件时可输入助记符，如 MOV、MEAN 等。目前，简易编程器已基本停止使用。应用指令的编号见本书附录三。

2. 助记符

指令名称用助记符表示，应用指令的助记符是该指令的英文缩写词。如传送指令 MOVE 简写为 MOV，加法指令 ADDITION 简写为 ADD，交替输出指令 ALTERNATE OUTPUT 简写为 ALT，采用这种方式容易了解指令的功能。图 5-4 所示梯形图中的助记符为 MOV、DMOVP，DMOVP 中的“D”表示数据长度，“P”表示执行形式。

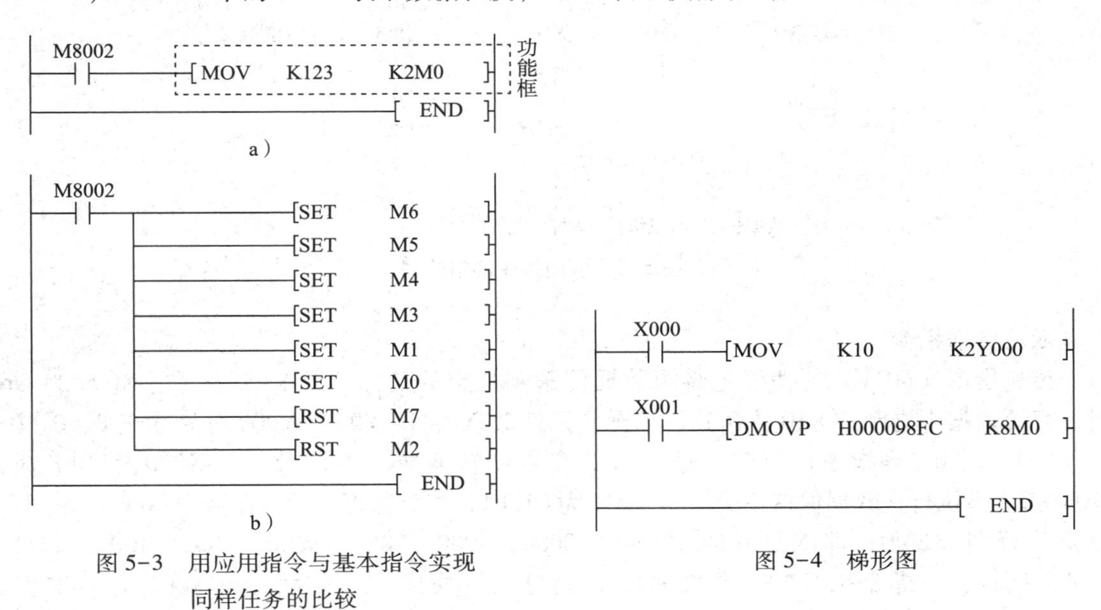

图 5-3　用应用指令与基本指令实现同样任务的比较

a）应用指令　b）基本指令

图 5-4　梯形图

3. 数据长度

应用指令按处理数据的长度分为 16 位指令和 32 位指令。其中 32 位指令在助记符前加

“D”，助记符前无“D”的为 16 位指令。例如，MOV 是 16 位指令，DMOV 是 32 位指令。

4. 执行形式

应用指令有脉冲执行型和连续执行型。指令助记符后标有“P”的为脉冲执行型，无“P”的为连续执行型。例如，MOV 是连续执行型 16 位指令，MOVP 是脉冲执行型 16 位指令，而 DMOVP 是脉冲执行型 32 位指令。脉冲执行型指令在执行条件满足时仅执行一个扫描周期，这对数据处理有很重要的意义。例如，一条加法指令，在脉冲执行时，只做一次加法运算。而连续执行型加法运算指令在执行条件满足时，每一个扫描周期都要执行一次加法运算。

5. 操作数

操作数是指应用指令涉及或产生的数据。有的应用指令没有操作数，大多数应用指令有 1~4 个操作数。操作数分为源操作数、目标操作数及其他操作数。源操作数是指令执行后不改变其内容的操作数，用［S］表示。目标操作数是指令执行后将改变其内容的操作数，用［D］表示。m、n 表示其他操作数。其他操作数常用来表示常数或者对源操作数和目标操作数作出补充说明。表示常数时，K 为十进制常数，H 为十六进制常数。某种操作数为多个时，可用数字区别，如［S1］和［S2］。

从根本上来说，操作数是参加运算的数据的地址，每个地址依元件的类型分布在存储区中。由于不同指令对参与操作的元件类型有一定限制，因此，操作数的取值有一定的范围。正确地选取操作数类型，对正确使用指令有很重要的意义。

应用指令的格式如图 5-5 所示。

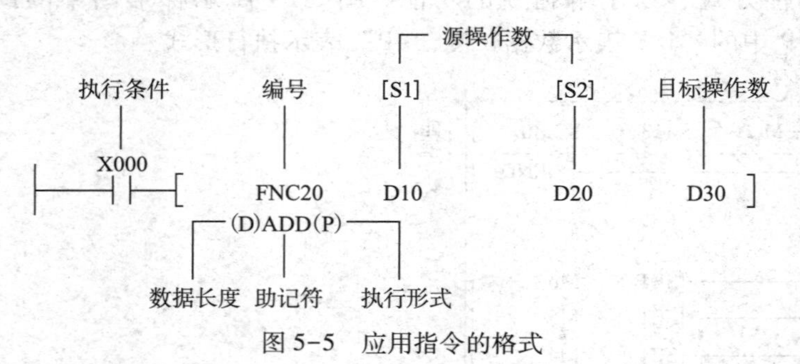

图 5-5　应用指令的格式

四、传送指令

传送指令（MOV）的功能是将源数据传送到指定的目标。图 5-4 中，当 X000 为 ON 时，将源数据十进制数 K10 传送到目标操作元件 K2Y0，即 Y007~Y000 分别输出 0、0、0、0、1、0、1、0。当指令执行时，常数 K10 会自动转换成二进制数。当 X000 为 OFF 时，MOV 指令不执行，数据保持不变。当 X001 为 ON 时，将源数据十六进制数 H98FC 传送到目标操作元件 K8M0，即 M31 ~ M0 分别为 0000、0000、0000、0000、1001、1000、1111、1100。同样，当指令执行时，常数 H98FC 会自动转换成二进制数。当 X001 为 OFF 时，DMOVP 指令不执行，数据保持不变。

使用 MOV 指令时应注意：

1. 源操作数可取所有数据类型，目标操作数可以是 KnY、KnM、KnS、T、C、D、V、Z。

2. 16 位运算占 5 个程序步，32 位运算占 9 个程序步。

任务实施

1. 按图 5-1 所示连接 PLC 与输入按钮，并连接 PLC 的电源，确保无误。

2. 输入图 5-2 所示的梯形图，检查无误后运行程序。

3. 按下与 X000 相连接的按钮 SB1，模拟Y-△启动的启动信号，仔细观察输出继电器（Y000~Y002）的状态变化是否符合Y-△启动的要求。

4. 按下与 X001 相连接的按钮 SB2，模拟Y-△启动的停机信号，仔细观察输出继电器（Y000~Y002）的状态变化是否符合Y-△启动的停机要求。

思考与练习

1. 8 盏灯 L1~L8 排成一行，每过 1 s 隔灯闪烁一次，即 L1、L3、L5、L7 点亮 1 s，然后 L2、L4、L6、L8 点亮 1 s，再 L1、L3、L5、L7 点亮 1 s，如此循环往复。请用传送指令设计程序，完成控制要求。

2. 3 台电动机相隔 5 s 启动，各运行 10 s 停止，循环往复。请用传送指令设计此程序，完成控制要求。

任务 2　用 PLC 实现闪光信号灯的闪光频率控制

知识点：

- 掌握数据寄存器和变址寄存器的相关知识

技能点：

- 会利用数据寄存器、变址寄存器及传送类指令编写梯形图，实现灯光控制、电动机运行控制、数据处理等

任务提出

利用 PLC 应用指令设计一个闪光信号灯电路，改变输入口所接置数开关可改变闪光频率。

任务分析

4 个置数开关分别接于 X000~X003，X010 为启停开关，启停开关 X010 选用带自锁的按钮，信号灯接于 Y000。输入/输出点分配见表 5-2，由此设计出的 PLC 接线图如图 5-6a 所示，其梯形图如图 5-6b 所示。梯形图中第一行实现变址寄存器清零，通电时完成。第二行实现从输入口读入设定开关数据，变址综合后送到定时器 T0 的设定值寄存器 D0，并和第三

行配合产生 D0 时间间隔的脉冲。

表 5-2　　输入/输出点分配表

输　入		输　出	
输入继电器	作用	输出继电器	作用
X000	置数开关	Y000	信号灯
X001	置数开关		
X002	置数开关		
X003	置数开关		
X010	启停开关		

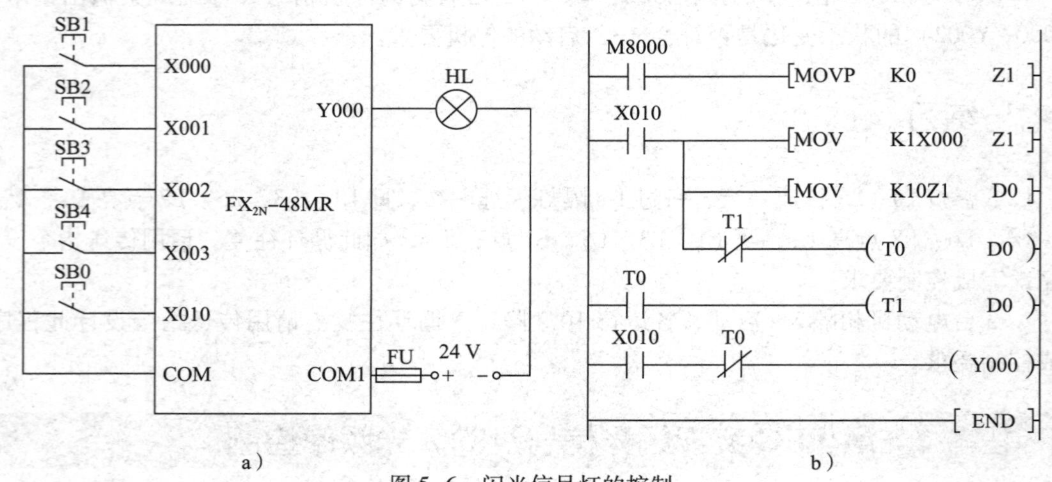

图 5-6　闪光信号灯的控制

a）PLC 接线图　b）PLC 梯形图

相关知识

一、数据寄存器

数据寄存器（D）是用于存储数值数据的字元件，其数值可通过应用指令、数据存取单元（显示器）及编程装置读出与写入。这些寄存器可存储 16 位的数值数据（最高位为符号位，可处理数值范围为-32 768～32 767），如将 2 个相邻数据寄存器组合，可存储 32 位的数值数据（最高位为符号位，可处理数值范围为-2 147 483 648～2 147 483 647）。数据寄存器有以下几类：

1. 通用数据寄存器（D0～D199）

通用数据寄存器一旦写入数据，只要不再写入其他数据，其内容就不会变化。但是，PLC 从运行到停止或停电时，所有数据将被清零（如果驱动特殊辅助继电器 M8033，则可以保持）。

2. 断电保持数据寄存器（D200～D7999）

只要不进行改写，无论 PLC 是从运行到停止，还是停电时，断电保持数据寄存器将保持原有数据。

如采用并联通信功能，当主站→从站时，D490～D499 被作为通信占用；当从站→主站时，D500~D509 被作为通信占用。

以上的设定范围是出厂时的设定值。数据寄存器的断电保持功能也可通过外围设备设定，实现通用与断电保持之间的调整转换。

3. 特殊数据寄存器（D8000~D8255）

特殊数据寄存器用于监控机内元件的运行方式。当电源接通时，利用系统只读存储器写入初始值。例如，D8000 中存有监视定时器的时间设定值，它的初始值由系统只读存储器在通电时写入，若要改变可利用传送指令写入，如图 5-7 所示。

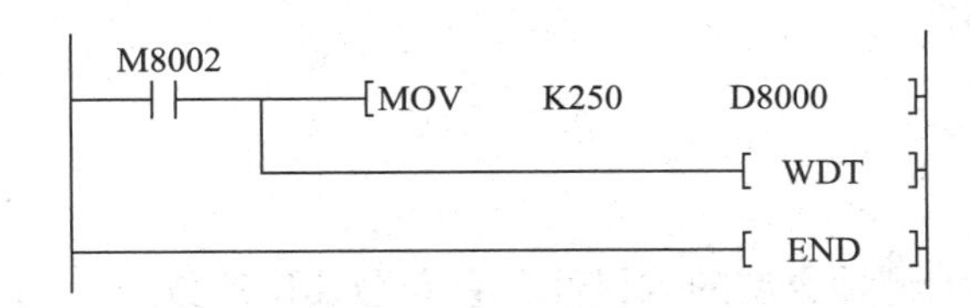

图 5-7 特殊数据寄存器数据写入

特殊数据寄存器的种类和功能见附录。

必须注意的是，未定义的特殊数据寄存器不要使用。

4. 文件寄存器（D1000~D7999）

文件寄存器以 500 点为单位，可被外围设备存取。文件寄存器实际上被设置为 PLC 的参数区，它与断电保持数据寄存器是重叠的，保证数据不丢失。

二、变址寄存器

变址寄存器 V、Z 和通用数据寄存器类似，是进行数值数据读、写的 16 位数据寄存器，主要用于修改运算操作数的地址。FX_{2N}的 V 和 Z 各 8 点，分别为 V0~V7、Z0~Z7。

进行 32 位数据运算时，将两者结合使用，指定 Z 为低位，组合成为（V，Z），如图 5-8 所示。如果直接向 V 写入较大的数据，容易出现运算误差。

根据 V 与 Z 的内容修改元件地址号，称为元件的变址。可以用变址寄存器进行变址的元件是 X、Y、M、S、P、T、C、D、K、H、KnX、KnY、KnM、KnS。

例如，如果 V1=6，则 K20V1 为 K26（20+6=26）；如果 V3=7，则 K20V3 为 K27（20+7=27）；如果 V4=12，则 D10V4 为 D22（10+12=22）。但是，变址寄存器不能修改 V 与 Z 本身或位数指定用的 Kn 参数。例如，K4M0Z2 有效，而 K4Z2M0 无效。

变址寄存器的应用如图 5-9 所示，执行该程序时，若 X000 为 ON，则 D15 和 D26 的数据都为 K20。

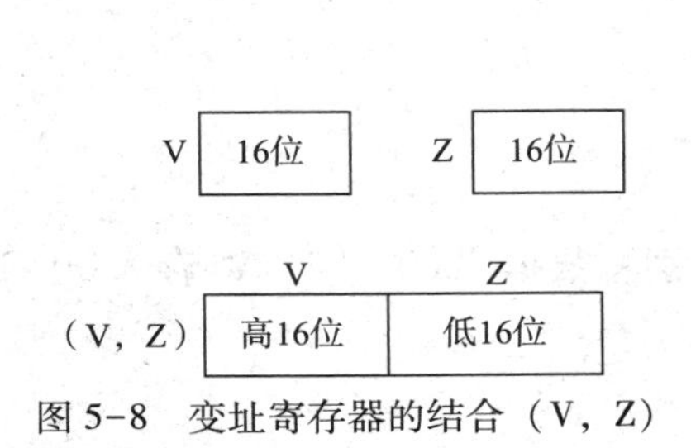

图 5-8 变址寄存器的结合（V，Z）

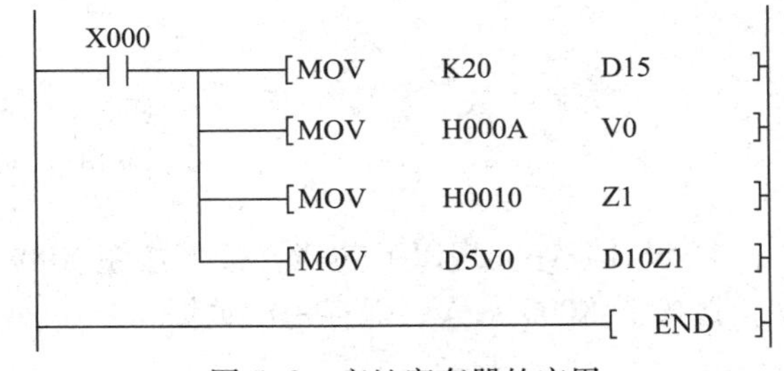

图 5-9 变址寄存器的应用

任务实施

1. 按图 5-6a 所示的 PLC 接线图连接 PLC 与输入置数拨码开关、输出信号灯，并连接 PLC 的电源，确保接线无误。

2. 输入图 5-6b 所示的梯形图，检查无误后运行程序。

3. 程序运行时分别设置置数拨码开关的值为 0~9，仔细观察输出继电器（Y000）的状态变化是否符合信号灯的要求。

思考与练习

1. 说明下列软元件各为哪种类型的软元件，它们是几位的数据？

X000、D10、S20、K4Y0、V2、Z7、M19、K1X0

2. 说明图 5-10 中各传送指令所实现的功能。

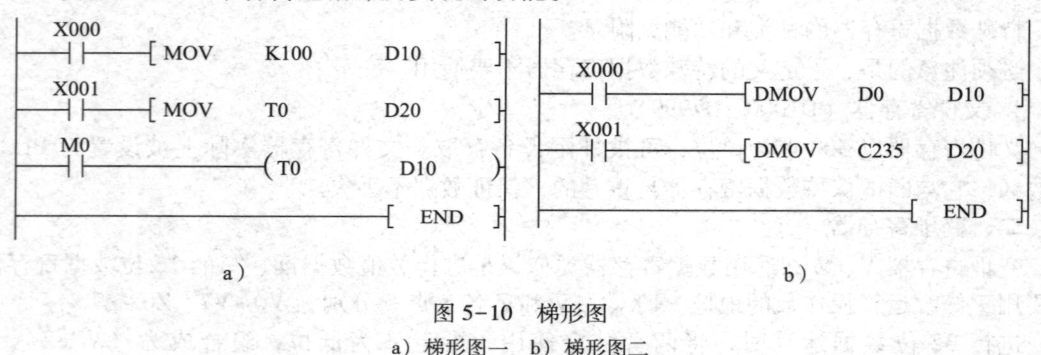

图 5-10　梯形图

a）梯形图一　b）梯形图二

3. 比较图 5-11a 和图 5-11b 所示梯形图的功能是否相同？

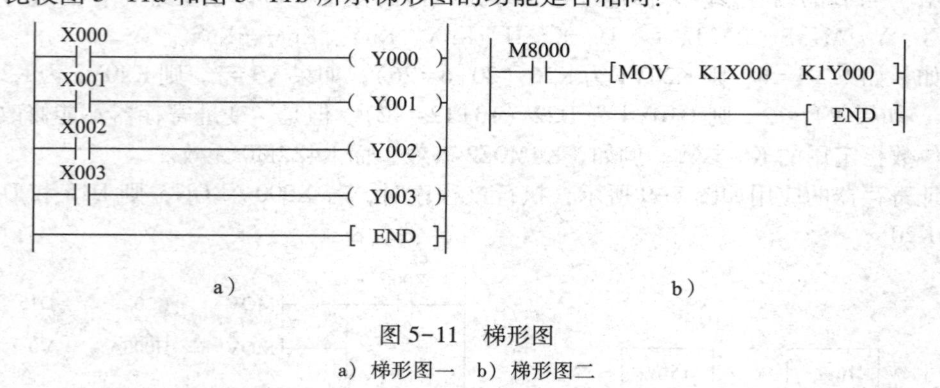

图 5-11　梯形图

a）梯形图一　b）梯形图二

4. 设计程序实现以下功能：按下按钮 X000 时，分别将数据 2000、04、30 存入D0~D2中，每按下 X000 一次，保存一次数据。

任务 3　密码锁

知识点：

- 掌握比较类指令 CMP、ZRST
- 了解传送比较指令的基本用途

技能点：

- 会利用传送比较指令编写梯形图，实现灯光控制、电动机运行控制、数据处理等

任务提出

利用 PLC 实现密码锁控制。密码锁有 3 组置数开关（12 个拨码开关），分别代表 3 个十进制数，如所拨数值与密码锁设定值相符，则 3 s 后密码锁打开，20 s 后重新上锁。

任务分析

用比较指令实现密码锁的控制。置数开关有 12 条输出线，分别接入 X000~X003，X004~X007，X010~X013，其中 X000~X003 代表第 1 个十进制数，X004~X007 代表第 2 个十进制数，X010~X013 代表第 3 个十进制数，密码锁的控制信号从 Y000 输出。输入/输出点分配见表 5-3。

表 5-3　输入/输出点分配表

输入		输出	
输入继电器	作用	输出继电器	作用
X000~X003	密码个位	Y000	密码锁控制信号
X004~X007	密码十位		
X010~X013	密码百位		

密码锁的密码由程序设定，假定为 K283，如要解锁则从 K3X0 上送入的数据应和它相等，可以用比较指令实现判断，密码锁的开启由 Y000 的输出控制。其梯形图如图 5-12 所示。

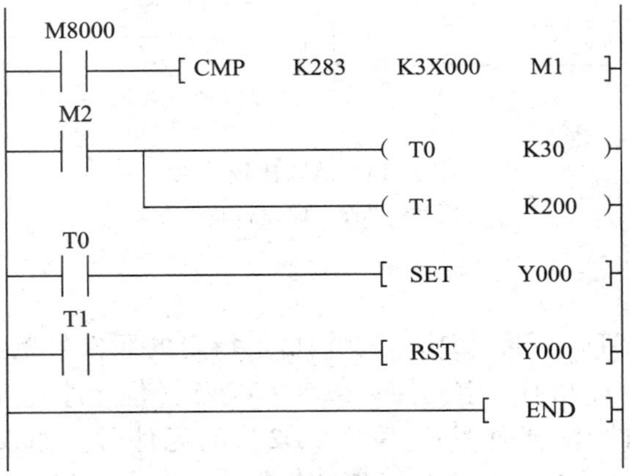

```
 M8000
--| |------[ CMP   K283   K3X000   M1 ]
 M2
--| |--+-----------( T0    K30  )
       +-----------( T1    K200 )
 T0
--| |--------------[ SET   Y000 ]
 T1
--| |--------------[ RST   Y000 ]
-------------------[ END ]
```

图 5-12　密码锁梯形图

相关知识

一、比较指令

比较指令（CMP）是比较两个源操作数［S1］和［S2］的代数值大小，将结果送到目标操作数[D]~[D+2]中。CMP 指令的说明如图 5-13 所示。

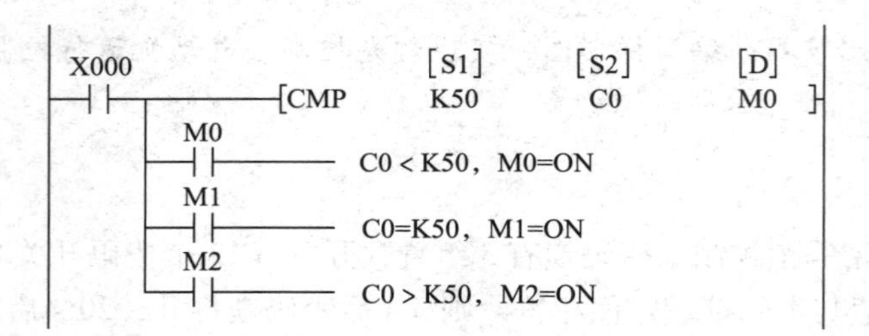

图 5-13　CMP 指令的说明

数据比较是进行代数值大小的比较（即带符号比较），所有的源数据均按二进制处理。在图 5-13 中，当 X000 断开，即不执行 CMP 指令时，M0~M2 保持 X000 断开前的状态。当 X000 接通时，若 C0 的当前值小于十进制数 K50，M0 为 ON；若 C0 的当前值等于十进制数 K50，M1 为 ON；若 C0 的当前值大于十进制数 K50，M2 为 ON。

使用 CMP 指令时应注意：

1. CMP 指令中的［S1］和［S2］可以是所有字元件，［D］为 Y、M、S。

2. 当比较指令的操作数不完整（若只指定一个或两个操作数），或者指定的操作数不符合要求（例如，把 X、D、T、C 指定为目标操作数），或者指定的操作数的元件号超出了允许范围等情况时，用比较指令就会出错。

3. 如要清除比较结果，要采用复位指令 RST 或区间复位指令 ZRST，如图 5-14 所示。

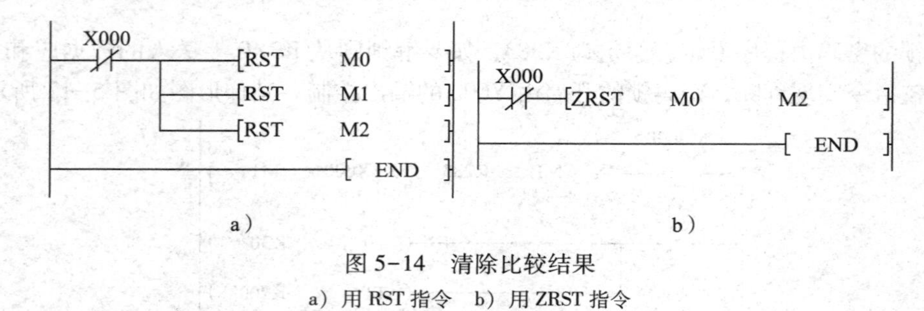

图 5-14　清除比较结果

a）用 RST 指令　b）用 ZRST 指令

二、区间复位指令

区间复位指令（ZRST）可将［D1］和［D2］指定的元件号范围内的同类元件成批复位，目标操作数可取 T、C 和 D（字元件）或 Y、M、S（位元件）。［D1］和［D2］指定的应为同一类元件，［D1］的元件号应小于［D2］的元件号。如果［D1］的元件号大于［D2］的元件号，则只有［D1］指定的元件被复位。

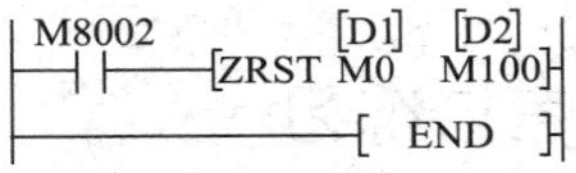

虽然 ZRST 指令是 16 位处理指令，但［D1］［D2］也可以指定 32 位计数器。

如图 5-15 所示，此梯形图的功能是将 M0～M100 共 101 位全部清零。

```
M8002                [D1]  [D2]
─┤├──────[ZRST  M0   M100]
─────────────[ END ]
```

图 5-15　ZRST 指令说明

三、传送比较指令的基本用途

前述的 MOV、CMP 指令及后面要介绍的 SMOV、CML、BMOV、FMOV、XCH、BCD、BIN 和 ZCP 指令统称为传送比较指令，它们是应用指令中使用最频繁的指令。它们的基本用途有以下几个方面：

1. 获得程序的初始工作数据

一个控制程序总是需要初始数据。这些数据可以从输入端口上连接的外部器件获得，然后通过传送指令读取这些器件上的数据并送到内部单元；初始数据也可以用程序设置，即向内部单元传送立即数；此外，某些运算数据存储在机内的某个地方，等程序开始运行时通过初始化程序传送到工作单元。

2. 进行机内数据的存取管理

在数据运算过程中，机内的数据传送是不可缺少的。因为数据运算可能要涉及不同的工作单元，数据需在它们之间传送；同时，运算还可能会产生一些中间数据，这些数据也需要传送到适当的地方暂时存放；此外，有时机内的数据需要备份保存，需要适当的地方把这些数据存储妥当。总之，对于一个涉及数据运算的程序，数据管理是很重要的。

3. 向输出端口传送运算处理结果

运算处理结果总是要通过输出实现对执行器件的控制。对于与输出口连接的离散执行器件，可成组处理后看作整体的数据单元，按各输出端口的目标状态送入相应的数据，以实现对这些器件的控制。

4. 用比较指令建立控制点

控制现场常有将某个物理量的量值或变化区间作为控制点的情况。如温度低于某设定值时打开电热器，速度高于或低于某设定值时报警等。作为一个控制“阀门”，比较指令常出现在工业控制程序中。

任务实施

1. 将 12 个带自锁功能的按钮分别连接到 PLC 的 X000～X003、X004～X007、X010～X013，输出用指示灯代替，连接 PLC 的电源，确保接线无误。

2. 输入图 5-12 所示的梯形图，检查无误后运行程序。

3. 先不操作输入开关，观察输出继电器（Y000）的状态有无变化。

4. 设置输入开关的值为十进制数 K283（二进制数 0001 0001 1011），即 X010、X004、X003、X001、X000 为 ON，其余为 OFF，仔细观察输出继电器（Y000）的状态变化是否符合密码锁的要求。

5. 设置输入开关的值为除十进制数 K283 以外的任何数，然后观察输出继电器（Y000）的状态变化是否符合密码锁的要求。

思考与练习

1. 设计程序实现以下功能：当 X001 接通时，计数器每隔 1 s 计数。当计数值小于 50 时，Y010 为 ON，当计数值大于 50 时，Y012 为 ON，当计数值等于 50 时，Y011 为 ON。当 X001 为 OFF 时，计数器及 Y010~Y012 均复位。

2. 设计程序实现以下功能：X000 为脉冲输入，当脉冲数大于 5 时，Y001 为 ON，否则 Y002 为 ON。

任务 4　简易定时报时器

知识点：

- 掌握区间比较指令 ZCP 和触点型比较指令

技能点：

- 会利用传送比较指令编写梯形图，实现灯光控制、电动机运行控制、数据处理等

任务提出

利用计数器与比较指令，设计 24 h 可设定定时时间的住宅控制器的控制程序（每 15 min 为一设定单位，即 24 h 共有 96 个设定单位），要求实现如下控制：

1. 6:30，闹钟每秒响一次，10 s 后自动停止。
2. 9:00—17:00，启动住宅报警系统。
3. 18:00 打开住宅照明。
4. 22:00 关闭住宅照明。

任务分析

设 X000 为启停开关，X001 为 15 min 快速调整与试验开关，X002 为格数设定的快速调整与试验开关，时间设定值为钟点数×4。使用时，在 0:00 启动定时器。输入/输出点分配见表 5-4。

表 5-4　　输入/输出点分配表

输　入		输　出	
输入继电器	作用	输出继电器	作用
X000	启停开关	Y000	闹钟
X001	15 min 试验	Y001	住宅报警监控
X002	格数试验	Y002	住宅照明

由此设计出的梯形图如图 5-16 所示。图中，C0 为 15 min 计数器，当按下 X000 时，C0 当前值每过 1 s 加 1，当 C0 当前值等于设定值 K900 时，即为 15 min。C1 为 96 格计数器，它的当前值每过 15 min 加 1，当 C1 当前值等于设定值 K96 时，即为 24 h。另外，十进制常数 K26、K36、K68、K72、K88 分别为 6:30、9:00、17:00、18:00 和 22:00 的时间点。梯形图中 X001 为 15 min 快速调整与试验开关，它每过 10 ms 加 1（M8011）；X002 为格数设定的快速调整与试验开关，它每过 100 ms 加 1（M8012）。

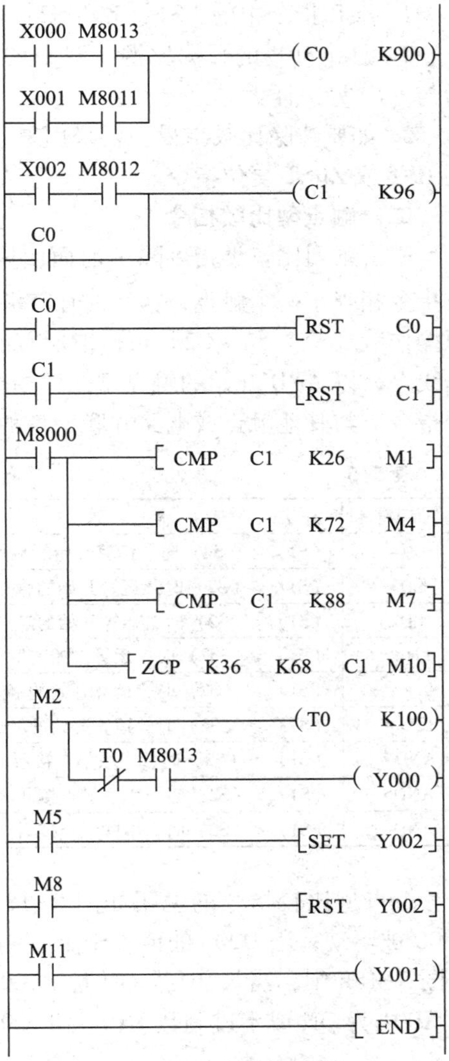

图 5-16 简易定时报时器梯形图

相关知识

一、区间比较指令

区间比较指令（ZCP）将一个数据［S］与两个源数据［S1］和［S2］间的数据进行代数比较，比较结果送到目标操作数［D］~［D+2］中，ZCP 指令说明如图 5-17 所示。

与 CMP 指令相同，ZCP 指令的数据比较是进行代数值大小比较（即带符号比较），所有的源数据均按二进制数处理。图 5-17 中，当 X000 断开时，ZCP 指令不执行，M0~M2 保持 X000 断开前的状态。当 X000 接通时，若 C0 的当前值小于十进制数 K50，M0 为 ON；若 C0 的当前值小于等于 K100 且大于等于 K50，M1 为 ON；若 C0 的当前值大于十进制数 K100，M2 为 ON。

使用 ZCP 指令时应注意：

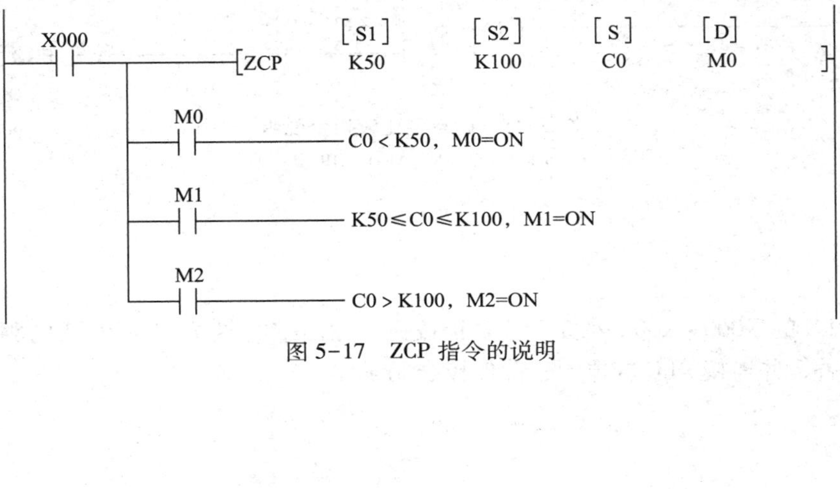

图 5-17 ZCP 指令的说明

1. ZCP 指令中的［S1］和［S2］可以是所有字元件，［D］为 Y、M、S。

2. 源［S1］的数据比源［S2］的数据要小，如果［S1］比［S2］大，则［S2］被视为与［S1］一样大。

3. 如要清除比较结果，要采用复位指令 RST。在不执行指令需清除比较结果时，也要用 RST 或 ZRST 复位指令。

二、触点型比较指令

FX_{2N}系列比较类指令除了前面使用的 CMP、ZCP 外，还有触点型比较指令。触点型比较指令相当于一个触点，执行时比较源操作数［S1］和［S2］，满足比较条件则触点闭合。源操作数［S1］和［S2］可以取所有的数据类型。以 LD 开始的触点型比较指令接在左侧母线上，以 AND 开始的触点型比较指令应与其他触点或电路串联，以 OR 开始的触点型比较指令应与其他触点或电路并联，各种触点型比较指令见表 5-5。

表 5-5　　各种触点型比较指令

助记符	命令名称	助记符	命令名称
LD=	（S1）=（S2）时，运算开始的触点接通	AND<>	（S1）≠（S2）时，串联触点接通
LD>	（S1）>（S2）时，运算开始的触点接通	AND<=	（S1）≤（S2）时，串联触点接通
LD<	（S1）<（S2）时，运算开始的触点接通	AND>=	（S1）≥（S2）时，串联触点接通
LD<>	（S1）≠（S2）时，运算开始的触点接通	OR=	（S1）=（S2）时，并联触点接通
LD<=	（S1）≤（S2）时，运算开始的触点接通	OR>	（S1）>（S2）时，并联触点接通
LD>=	（S1）≥（S2）时，运算开始的触点接通	OR<	（S1）<（S2）时，并联触点接通
AND=	（S1）=（S2）时，串联触点接通	OR<>	（S1）≠（S2）时，并联触点接通
AND>	（S1）>（S2）时，串联触点接通	OR<=	（S1）≤（S2）时，并联触点接通
AND<	（S1）<（S2）时，串联触点接通	OR>=	（S1）≥（S2）时，并联触点接通

触点型比较指令的说明如图 5-18 所示。在图 5-18a 中，当 C10 的当前值等于 20 时，Y000 被驱动；当 D200 的值大于十进制数 K-30 且 X000 为 ON 时，Y001 被 SET 指令置位。在图 5-18b 中，当 X010 为 ON 且 D100 的值大于十进制数 K58 时，Y000 被 RST 指令复位；当 X001 为 ON 或十进制数 K10 大于 C0 的当前值时，Y001 被驱动。

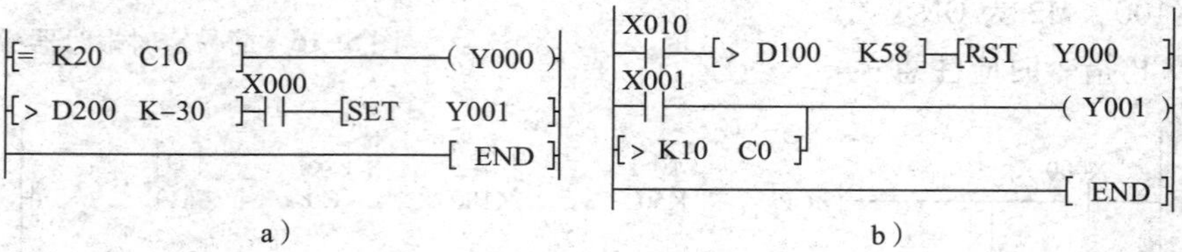

图 5-18　触点型比较指令说明

a）LD 型　b）AND、OR 型

任务实施

1. 将 PLC 的 X000～X002 外接 3 个自锁按钮，输出继电器 Y000～Y002 的驱动设备用 3 个指示灯代替，并连接 PLC 的电源，确保接线无误。

2. 输入图 5-16 所示的梯形图，检查无误后运行程序。

3. 按下 X002，利用格数设定的快速调整与试验开关调试程序，观察输出继电器（Y000~Y002）的状态变化情况。再按下 X002，停止格数设定的快速调整与试验。

4. 按下 X001，利用 15 min 快速调整与试验开关调试程序，观察输出继电器（Y000~Y002）的状态变化情况。再按下 X001，停止 15 min 快速调整与试验。

5. 在 0:00，按下 X000，启动定时报时器。

思考与练习

1. 用定时器控制路灯的定时点亮和熄灭，要求 18:00 开灯，6:00 熄灯，请设计此程序并调试。

2. 设计闹钟，每天早上 6:00 提醒使用者按时起床。

任务 5　外置数计数器

知识点：

- 掌握其他传送比较指令 BIN、BCD、XCH、BMOV 等

技能点：

- 会利用传送比较指令编写梯形图，实现输入数据与信号的处理等

任务提出

在前面编写的各个程序中，计数器的设定值都是由程序设定的，要改变设定值就要改变程序。但在一些工业控制场合，需要计数器能在程序外由现场操作人员根据工艺要求临时设定，这就要用到外置数计数器，本任务就是设计这样一种外置数计数器。

任务分析

输入/输出点分配见表 5-6，二位拨码开关接于 X000~X007，通过它可以自由设定数值在 99 以下的计数值；X010 为计数脉冲；X011 为启停开关。Y000 为计数器 C0 的控制对象，当计数器 C0 的当前值与由拨码开关设定的计数器设定值相同时，Y000 被驱动。

表 5-6　输入/输出点分配表

输入		输出	
输入继电器	作用	输出继电器	作用
X000~X003	拨码开关	Y000	控制对象
X004~X007			
X010	计数脉冲		
X011	启停开关		

由此设计出的梯形图如图 5-19 所示。其中，C0 计数值是否与外部拨码开关设定值一致，是借助比较指令判断的。需要注意的是，拨码开关送入的值为 BCD 码，要用二进制转换指令进行数制的变换，因为比较操作只对二进制数有效。

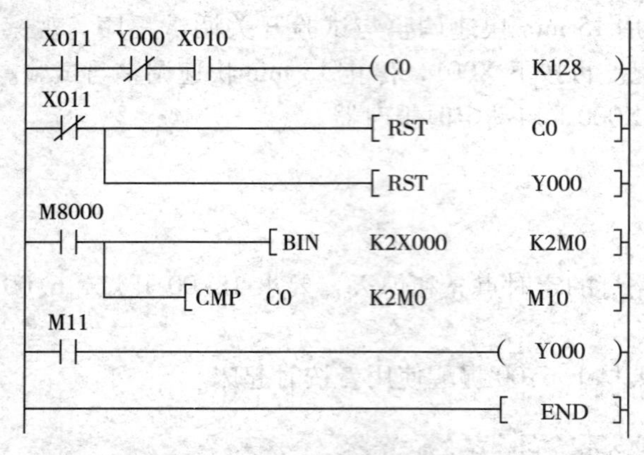

图 5-19　外置数计数器梯形图

相关知识

一、二进制数与 BCD 码变换指令

1. BCD 码到二进制数变换指令（BIN）

BCD 码到二进制数变换指令的作用是将源元件中的 BCD 码转换成二进制数并送到目标元件。其数值范围：16 位操作数为 0~9 999；32 位操作数为 0~99 999 999。BIN 指令的使用方法如图 5-20a 所示，当 X000 为 ON 时，将源元件 K2X000 中的 BCD 码转换成二进制数送到目标元件 D10 中去。

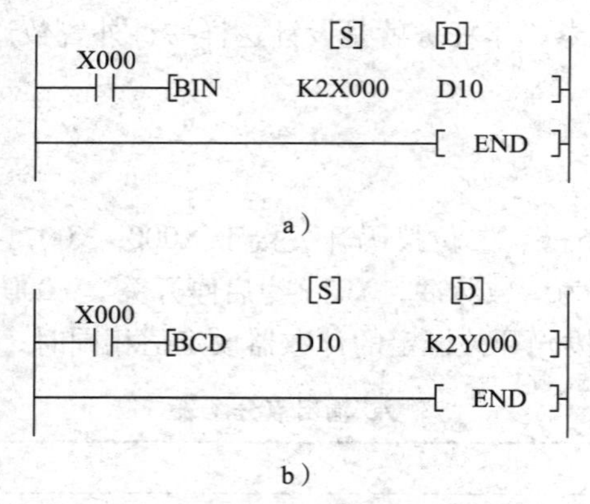

图 5-20　二进制数与 BCD 码变换指令说明

a）BIN 指令　b）BCD 指令

使用 BIN 指令时应注意：

（1）如果源数据不是 BCD 码，M8067 为 ON（运算错误），M8068（运算错误锁存）不

工作，为 OFF。

（2）由于常数 K 自动进行二进制变换处理，因此不可作为该指令的操作数。

2. 二进制数到 BCD 码变换指令（BCD）

二进制数到 BCD 码变换指令的作用是将源元件中的二进制数转换成 BCD 码并送到目标元件。BCD 指令的使用方法如图 5-20b 所示，当 X000 为 ON 时，源元件 D10 中的二进制数转换成 BCD 码送到目标元件 Y007～Y000 中去。

使用 BCD 指令时应注意：

（1）如果是 16 位操作，变换结果超出 0～9 999 的范围就会出错；如果是 32 位操作，变换结果超出 0～99 999 999 的范围就会出错。

（2）BCD 指令可用于将 PLC 内的二进制数据变为七段显示等所需的 BCD 码。

二、数据交换指令

数据交换指令（XCH）是指在指定的目标软元件间进行数据交换。数据交换指令的说明如图 5-21 所示，当 X000 为 ON 时，将十进制数 20 传送给 D0，十进制数 30 传送给 D1，所以 D0 和 D1 中的数据分别为 20 和 30；当 X001 为 ON 时，执行数据交换指令，目标元件 D0 和 D1 中的数据分别为 30 和 20，即 D0 和 D1 中的数据进行了交换。

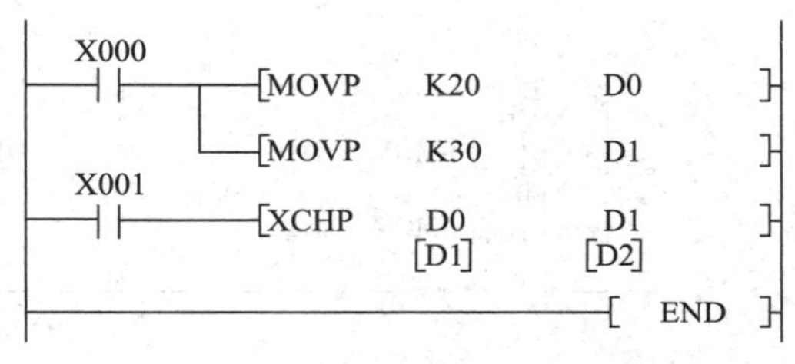

图 5-21 数据交换指令说明

使用 XCH 指令时应注意：

XCH 指令一般要采用脉冲执行方式，否则在每一个扫描周期都要交换一次数据。

三、块传送指令

块传送指令（BMOV）是指将源操作数指定的软元件开始的 n 点数据传送到指定的目标操作数开始的 n 点软元件中。如果元件号超出允许的元件号范围，数据仅传送到允许的范围内。块传送指令的说明如图 5-22 所示，如果 BMOV 指令执行前 D0～D2 中的数据分别为十进制数 100、200、300，则当 X000 为 ON 时，执行块传送指令 BMOV，目标元件 D10～D12 中的数据也变为十进制数 100、200、300，即将 D0～D2 中的数据传送给了 D10～D12。

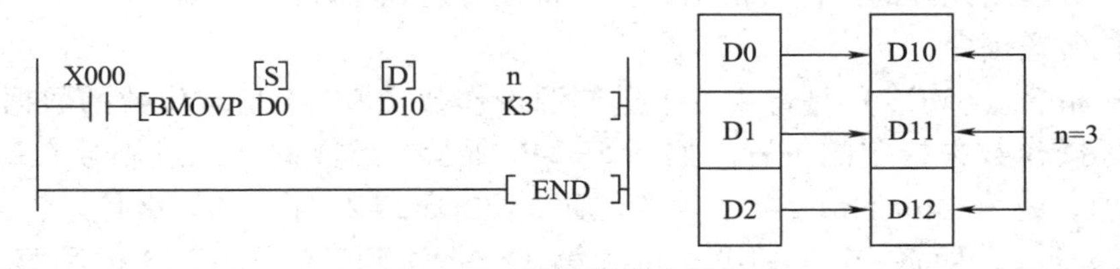

图 5-22 块传送指令说明

使用 BMOV 指令时应注意：

1. BMOV 指令中的源操作数与目标操作数是位组合元件时，源操作数与目标操作数要采用相同的位数，如图 5-23a 所示。

2. 在传送的源操作数与目标操作数的地址号范围重叠的场合，为了防止输送源数据没传送就被改写，PLC 会自动确定传送顺序，如图 5-23b 中①~③的顺序。

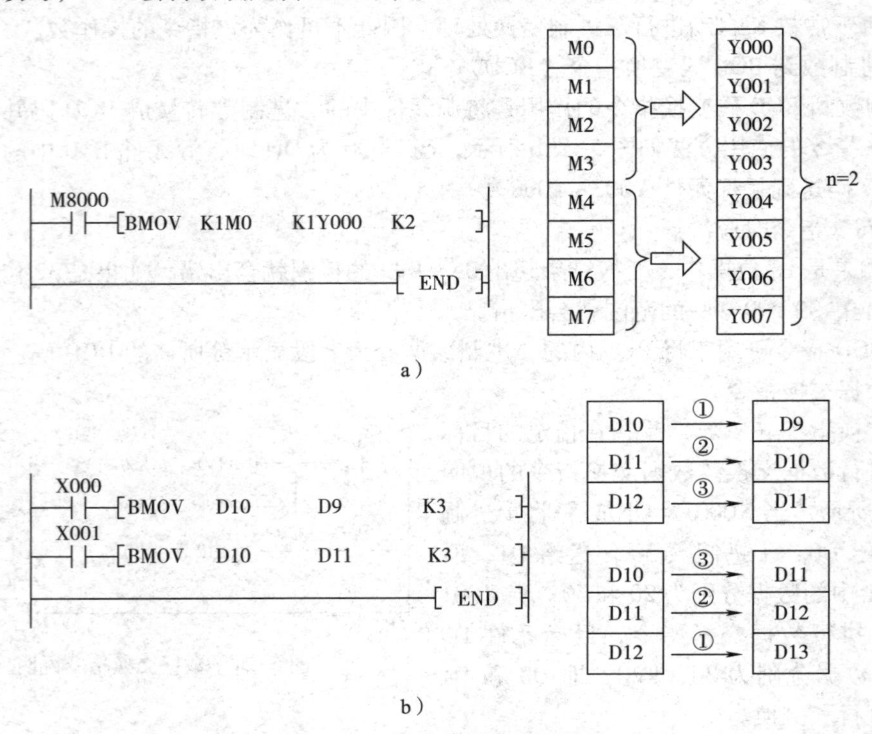

图 5-23　块传送指令使用说明

a）传送位组合元件　b）PLC 自动排序

3. 利用 BMOV 指令可以读出文件寄存器（D1000~D7999）中的数据。

四、多点传送指令

多点传送指令（FMOV）是将源操作数指定的软元件的内容向以目标操作数指定的软元件开始的 n 点软元件传送。如图 5-24a 所示，FMOV 指令的作用是将 D0~D99 共 100 个软元件的内容全部置为 0。

如果元件号超出允许的元件号范围，数据将仅传送到允许的范围内。

五、移位传送指令

移位传送指令（SMOV）是将 4 位十进制源操作数［S］中指定位数的数据，传送到 4 位十进制目标操作数中指定的位置。如图 5-24b 所示，源数据（二进制数）D1 中是 4 位 BCD 码变换值，将第 4 位（m1=4）、第 3 位共 2 位（m2=2）向目标 D2 传送，以 D2 的第 3 位（n=3）为开头，即将 D1 中的第 4 位和第 3 位传送到 D2 中的第 3 位和第 2 位。假设 SMOV 指令执行前，D1 中的内容为 0011 1000 0111 0110，D2 中的内容为 1001 0001 0010 0100，则当 X000 为 ON 时执行 SMOV 指令，将 D1 中的第 4 位 0011 和第 3 位 1000 向目标 D2 的第 3 位和第 2 位传送，所以 D2 的内容变为 1001 0011 1000 0100 并将其变为二进制数。

六、取反传送指令

取反传送指令（CML）是将源操作数［S］中的数据逐位取反（1→0，0→1）并传送到指定目标［D］。如图 5-24c 所示，若 D0 中的数据在 CML 指令执行前为 1001 0001 0010

0100，则当 X000 为 ON 时，Y003～Y000 的数据变为 1011。

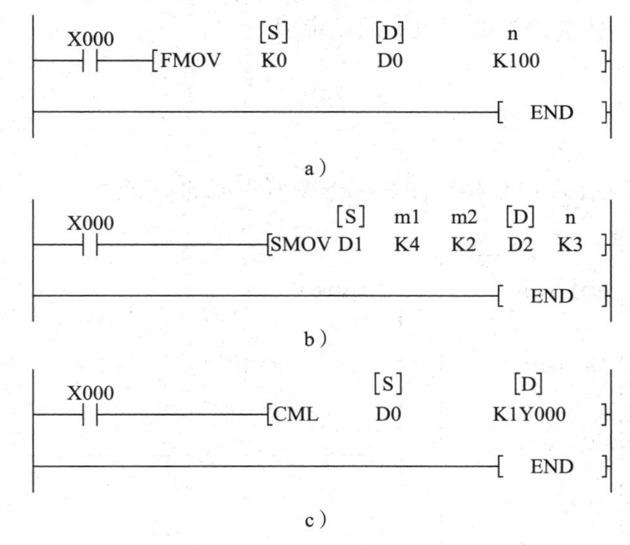

图 5-24　FMOV、SMOV、CML 指令说明

a）FMOV 指令　b）SMOV 指令　c）CML 指令

任务实施

1. 将两组拨码开关连接到 PLC 的 X000～X007（若无拨码开关，可用带自锁功能的按钮替代），计数脉冲（由函数发生器产生）连接到 X010，启停开关连接到 X011，输出用指示灯代替，如图 5-25 所示，在连接 PLC 的电源后，确保所有接线无误。

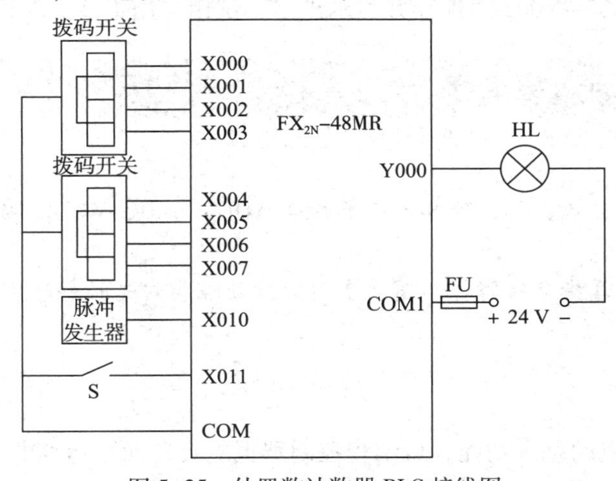

图 5-25　外置数计数器 PLC 接线图

2. 输入图 5-19 所示的梯形图，检查无误后运行程序。

3. 先不操作拨码开关和输入按钮，观察输出继电器（Y000）的状态。

4. 按下 X011，分别设置拨码开关的值为 BCD 码 10 和 90，仔细观察输出继电器（Y000）的状态变化，体会外置数计数器的设定值。

思考与练习

1. 说明图 5-26 所示的 PLC 接线图和梯形图所完成的功能。

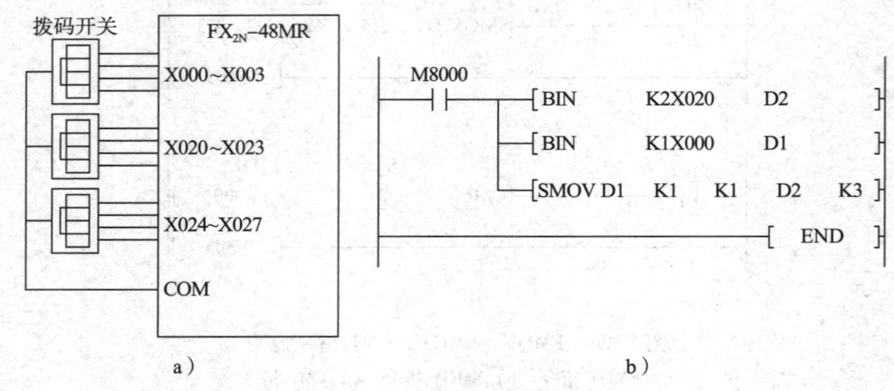

图 5-26　PLC 接线图和梯形图

a）PLC 接线图　b）梯形图

2. 彩灯的交替点亮控制：有一组灯 L1～L8，要求隔灯显示，每 2 s 变换一次，反复进行。用一个开关实现启停控制，试用应用指令编程以实现此控制。

3. 用 X000～X015 共 16 个按钮输入十六进制数 0～F（按下连接到 X000 的按钮，表示输入十六进制数 0，按下连接到 X001 的按钮，表示输入十六进制数 1，依此类推），将它们以二进制数的形式在 Y000～Y003 内保存并显示出来，试用应用指令编程以实现此控制。

任务 6　四则运算应用

知识点：

- 掌握二进制加、减、乘、除算术运算指令 ADD、SUB、MUL、DIV

技能点：

- 会利用算术运算指令编写梯形图，实现数据处理、灯光控制、电动机运行控制等

任务提出

四则运算是计算机的基本功能，可编程控制器也应具备四则运算的功能，如某控制程序中要进行以下算式的运算：

$$Y=\frac{36X}{30}+2$$

本任务要求用 PLC 完成上式中的加、乘、除运算。

任务分析

上式中“X”用输入端口 K2X0 表示，代表送入的二进制数，运算结果输送到输出端口 K2Y0，用 X020 作为启停开关。输入/输出点分配见表 5-7。

表 5-7 输入/输出点分配表

输入		输出	
输入继电器	作用	输出继电器	作用
X000~X007	输入二进制数	Y000~Y007	运算结果
X020	启停开关		

由此设计出的梯形图如图 5-27 所示。

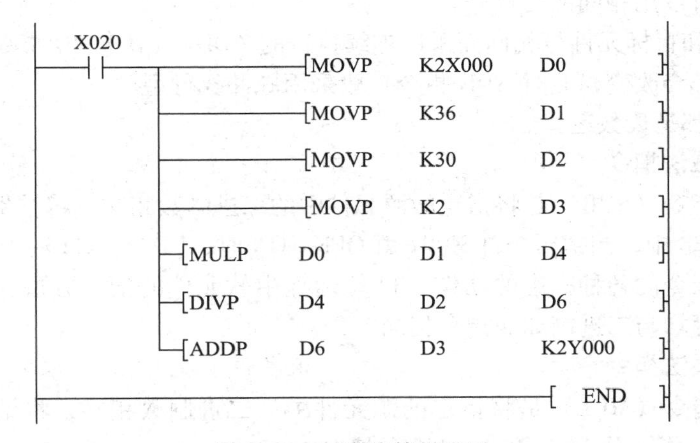

图 5-27 四则运算梯形图

相关知识

四则及逻辑运算指令是基本运算指令。

可编程控制器中有两种四则运算，即整数四则运算和实数四则运算。前者指令较简单，参加运算的数据只能是整数。非整数参加运算需先取整，除法运算的结果分为商和余数。而实数四则运算是浮点运算，是一种高准确度的运算。

一、二进制加法指令

二进制加法指令（ADD）是将指定的源元件中的二进制数相加，将结果送到指定的目标元件中去。如图 5-28 所示，当执行条件 X000 为 ON 时，[D10]+[D12]→[D14]。图 5-27 中的 ADD 指令表示将 D6 和 D3 中的数据相加后传送到 Y007~Y000。

使用 ADD 指令时应注意：

1. ADD 指令有 3 个常用标志。M8020 为零标志，M8021 为借位标志，M8022 为进位

```
X000                 [S1]     [S2]     [D]
─┤├──[ADD            D10      D12      D14 ]
X001
─┤├──────[DSUBP   D0       K119     D0  ]
──────────────────────────[ END ]
```

图 5-28　二进制加法、减法指令说明

标志。

如果运算结果为 0，则零标志 M8020 置 1；如果运算结果超过 32 767（16 位）或 2 147 483 647（32 位），则进位标志 M8022 置 1；如果运算结果小于-32 767（16 位）或 -2 147 483 647（32 位），则借位标志 M8021 置 1。

2. 在 32 位运算中，被指定的字元件是低 16 位元件，而下一个元件为高 16 位元件。源元件和目标元件可以用相同的元件号。

3. 若源元件和目标元件号相同而采用连续执行的 ADD、（D）ADD 指令时，加法的结果在每个扫描周期都会改变，此时 ADD 指令一般采用脉冲执行型。

4. 四则运算都是代数运算。

二、二进制减法指令

二进制减法指令（SUB）是将指定的源元件中的二进制数相减，将结果送到指定的目标元件中去。图 5-28 中，当执行条件 X001 由 OFF→ON 时，[D0]-K119→[D0]。

二进制减法指令的各种标志的动作、32 位运算中软元件的指定方法、连续执行型和脉冲执行型的差异等均与二进制加法指令相同。

三、二进制乘法指令

二进制乘法指令（MUL）是将指定的源元件中的二进制数相乘，将结果送到指定的目标元件中去。MUL 指令分 16 位和 32 位两种情况。

图 5-29 所示为 16 位运算，当执行条件 X000 由 OFF→ON 时，[D0]×[D2]→[D5,D4]。源操作数是 16 位，目标操作数是 32 位。当[D0]=8，[D2]=9 时，[D5,D4]=72。最高位为符号位，0 为正，1 为负。

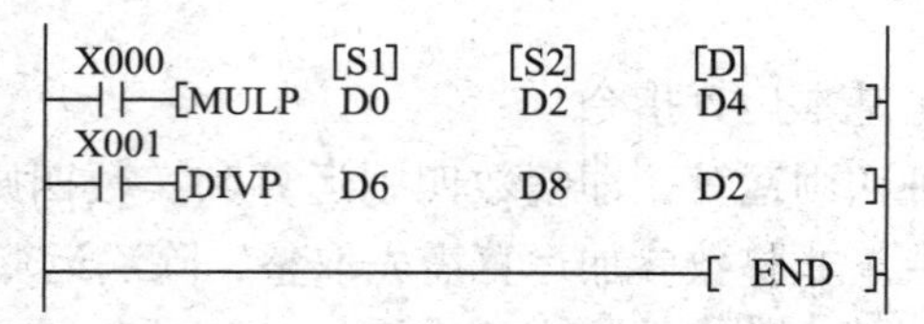

图 5-29　二进制乘法、除法指令说明

若为 32 位运算，当执行条件 X000 由 OFF→ON 时，[D1,D0]×[D3,D2]→[D7,D6,D5,D4]。源操作数是 32 位，目标操作数是 64 位。当[D1,D0]=238，[D3,D2]=189 时，[D7,D6,D5,D4]=44 982。最高位为符号位，0 为正，1 为负。

将位组合元件用于目标操作数时，限于 n 的取值，只能得到低位 32 位的结果，不能得到高位 32 位的结果，这时应将数据移入字元件再进行计算。用字元件时，不能监视 64 位数据，只能监视高 32 位和低 32 位数据。V 和 Z 不能用在［D］中。

四、二进制除法指令

二进制除法指令（DIV）是将指定源元件中的二进制数相除，［S1］为被除数，［S2］为除数，将商送到指定的目标元件［D］中去，余数送到［D］的下一个目标元件［D+1］中。DIV 指令的使用方法如图 5-29 所示，它也分 16 位和 32 位两种情况。

若为 16 位运算，当执行条件 X001 由 OFF→ON 时，执行运算［D6］÷［D8］，商在［D2］，余数在［D3］。当［D6］=19，［D8］=3 时，［D2］=6，［D3］=1。V 和 Z 不能用在［D］中。

若为 32 位运算，当执行条件 X001 由 OFF→ON 时，执行运算［D7，D6］÷［D9，D8］。商在［D3，D2］，余数在［D5，D4］中。V 和 Z 不能用在［D］中。

除数为 0 时，有运算错误，则不执行指令。若［D］为指定位元件，则得不到余数。

任务实施

1. 将代表输入置数的 8 个按钮连接到 PLC 的 X007~X000，启停开关连接到 X020，输出用指示灯代替，然后连接 PLC 的电源，确保接线无误。
2. 输入图 5-27 所示的梯形图，检查无误后运行程序。
3. 输入置数先设置为 0，按下启停开关开始算术运算，观察输出继电器（Y000~Y007）的状态，检验是否完成了算术运算功能。再按下启停开关停止。
4. 改变输入置数，重复第 3 步，观察算术运算的结果。

思考与练习

1. 编程完成以下算术运算：

$$Y=\frac{18X}{4}-10$$

2. 用乘、除法指令实现灯组的移位循环。有一组共 15 盏灯，接于 Y000~Y016，要求当 X000 为 ON 时，灯正序每隔 1 s 单个移位，并循环；当 X001 为 ON 且 Y000 为 OFF 时，灯反序每隔 1 s 单个移位，至 Y000 为 ON 后停止。

任务 7 彩灯控制电路

知识点：

- 掌握逻辑运算类指令 INC、DEC、WAND、WOR、WXOR

技能点：

- 会利用逻辑运算指令编写梯形图，实现数据处理、灯光控制、电动机运行控制等

任务提出

生活中经常可以看到许多广告灯光、舞台灯光以各种方式闪烁，例如，12 盏彩灯正序逐个点亮至全亮、反序逐个熄灭至全熄然后再循环。本任务就是利用 PLC 控制灯光闪烁。

任务分析

彩灯共 12 盏，分别由 Y013～Y010、Y007～Y000 输出，X000 为彩灯控制的启停开关。输入/输出点分配见表 5-8。

表 5-8　　输入/输出点分配表

输入		输出	
输入继电器	作用	输出继电器	作用
X000	启停按钮	Y013～Y010、Y007～Y000	彩灯输出

本功能可用加 1、减 1 指令及变址寄存器实现，彩灯状态变化的时间单元为 1 s，用 M8013 实现。由此得出的梯形图如图 5-30 所示。

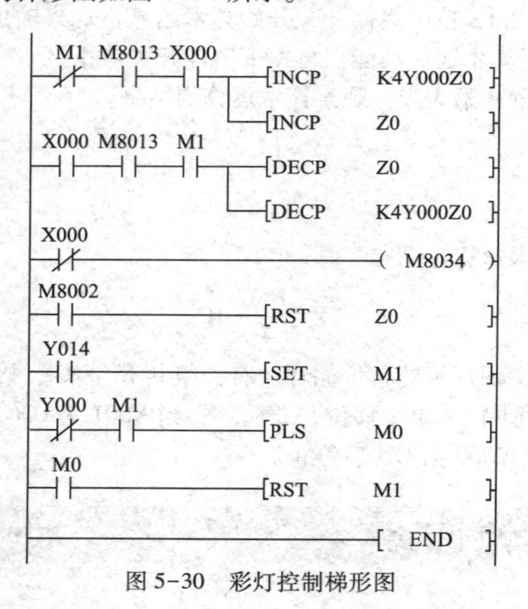

图 5-30　彩灯控制梯形图

相关知识

一、加 1 指令

加 1 指令（INC）的说明如图 5-31a 所示。当 X000 由 OFF→ON 时，由［D］指定的元件 D10 中的二进制数自动加 1。若用连续指令，则每个扫描周期均加 1。

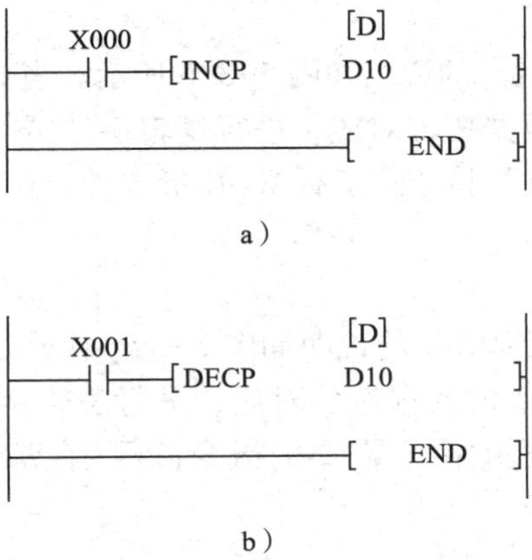

X000 [D]
INCP D10
END

a）

X001 [D]
DECP D10
END

b）

图 5-31 INC、DEC 指令说明

a）INC b）DEC

进行 16 位运算时，+32 767 再加 1 就变为-32 768，但标志不置位。同样，在进行 32 位运算时，+2 147 483 647 再加 1 就变为-2 147 483 648，标志也不置位。

二、减 1 指令

减 1 指令（DEC）的说明如图 5-31b 所示。当 X001 由 OFF→ON 时，由［D］指定的元件 D10 中的二进制数自动减 1。若用连续指令，则每个扫描周期均减 1。

在进行 16 位运算时，-32 768 再减 1 就变为+32 767，但标志不置位。同样，在进行 32 位运算时，-2 147 483 648 再减 1 就变为+2 147 483 647，标志也不置位。

三、逻辑字"与"指令

逻辑字"与"指令（WAND）的说明如图 5-32a 所示。当 X000 为 ON 时，［S1］指定的 D10 和［S2］指定的 D12 内数据按位对应，进行逻辑字"与"运算，结果存于由［D］指定的元件 D14 中。逻辑字"与"指令除了有 WAND 形式外，还有 DWAND、WANDP 和 DWANDP 三种形式。

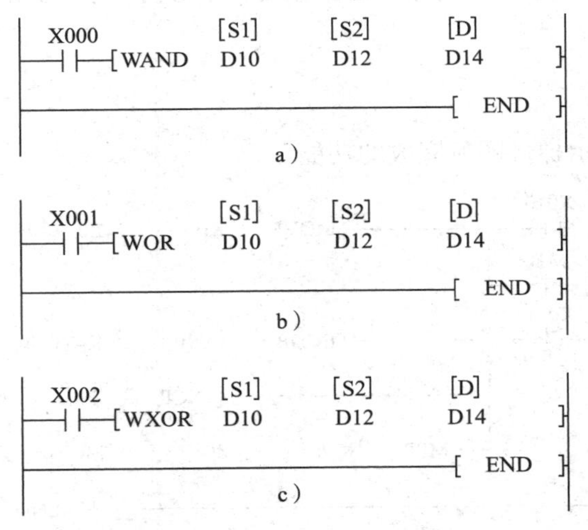

图 5-32 WAND、WOR、WXOR 指令说明

a）WAND b）WOR c）WXOR

四、逻辑字“或”指令

逻辑字“或”指令（WOR）的说明如图 5-32b 所示。当 X001 为 ON 时，［S1］指定的 D10 和［S2］指定的 D12 内数据按位对应，进行逻辑字“或”运算，结果存于由［D］指定的元件 D14 中。逻辑字“或”指令除了有 WOR 形式外，还有 DWOR、WORP 和 DWORP 三种形式。

五、逻辑字“异或”指令

逻辑字“异或”指令（WXOR）的说明如图 5-32c 所示。当 X002 为 ON 时，［S1］指定的 D10 和［S2］指定的 D12 内数据按位对应，进行逻辑字“异或”运算，结果存于由［D］指定的元件 D14 中。逻辑字“异或”指令除了有 WXOR 形式外，还有 DWXOR、WXORP 和 DWXORP 三种形式。

六、求补指令

求补指令（NEG）只有目标操作数，如图 5-33 所示。它将［D］指定的数的每一位取反后再加 1，结果存于同一元件中，求补指令实际上是绝对值不变的变号操作。

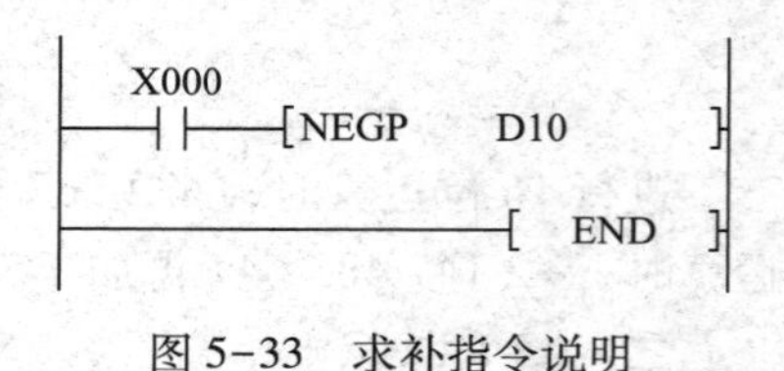

图 5-33　求补指令说明

FX 系列 PLC 的负数用 2 的补码的形式来表示，最高位为符号位，正数时该位为 0，负数时该位为 1，将负数求补后得到它的绝对值。

任务实施

1. 将 1 个带自锁功能的按钮连接到 PLC 的 X000，将 12 盏彩灯连接到 PLC 的 Y013～Y010、Y007～Y000，然后连接 PLC 的电源，确保接线无误。
2. 输入图 5-30 所示的梯形图，检查无误后运行程序。
3. 先不按下输入按钮，观察彩灯是否有变化，体会 M8034 的作用。
4. 按下输入按钮，观察彩灯的点亮情况是否符合彩灯控制电路的要求。

思考与练习

1. 说明图 5-34 所示梯形图所完成的功能。

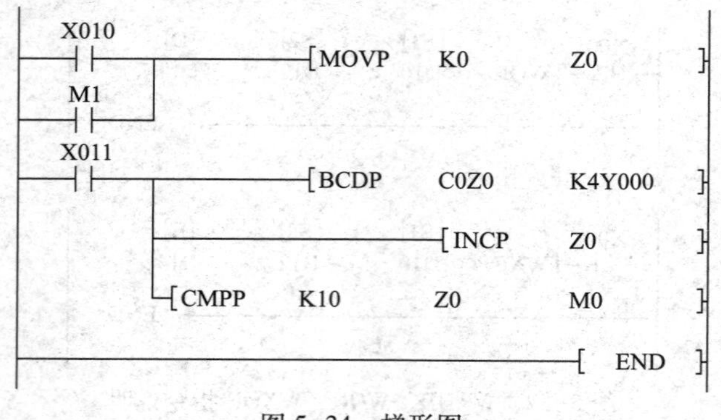

图 5-34　梯形图

2. 说明图 5-35 所示梯形图所完成的功能。

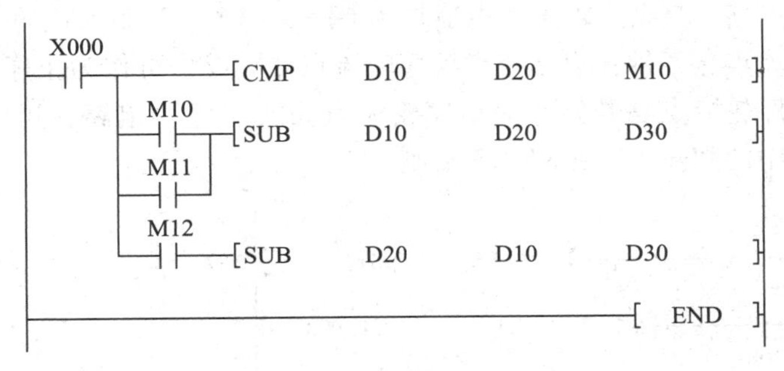

图 5-35 梯形图

3. 某机场装有 12 盏指示灯，接于 K4Y0。一般情况下，有的指示灯是亮的，有的指示灯是灭的。但有时候机场需将灯全部打开，也有时需将灯全部关闭。请设计梯形图，分别用一个开关控制所有灯的打开和熄灭。

任务 8 流水灯光控制

知识点：

- 掌握循环移位指令 ROR、ROL、RCR、RCL

技能点：

- 会利用循环移位指令编写梯形图，实现数据处理、灯光控制及电动机运行控制等

任务提出

利用 PLC 实现流水灯光控制，某灯光招牌有 L1～L8 共 8 盏灯接于 K2Y000，要求当 X000 为 ON 时，灯先以正序每隔 1 s 轮流点亮，当 Y007 亮后，停 3 s；然后以反序每隔 1 s 轮流点亮，当 Y000 再亮后，停 3 s，重复上述过程。当 X001 为 ON 时，停止工作。

任务分析

由提出的任务可知，流水灯光控制需要 2 个输入点、8 个输出点。输入/输出点分配见表 5-9。

表 5-9 输入/输出点分配表

输　入		输　出	
输入继电器	作用	输出继电器	作用
X000	启动按钮	Y007～Y000	外接 L8～L1
X001	停止按钮		

本任务可用循环移位指令实现，由此得出的梯形图如图 5-36 所示。若 X000 为 ON，则 Y000 外接的灯 L1 点亮，其余各输出继电器均为 OFF，第 3 行到第 5 行的“启—保—停”电路用来设置正序轮流点亮条件：启动或者反序轮流点亮完成均可作为正序轮流点亮的“启”电路，停止或者反序轮流点亮开始作为正序轮流点亮的“停”电路；正序轮流点亮电路和反序轮流点亮电路中的间隔 1 s 由 M8013 控制。

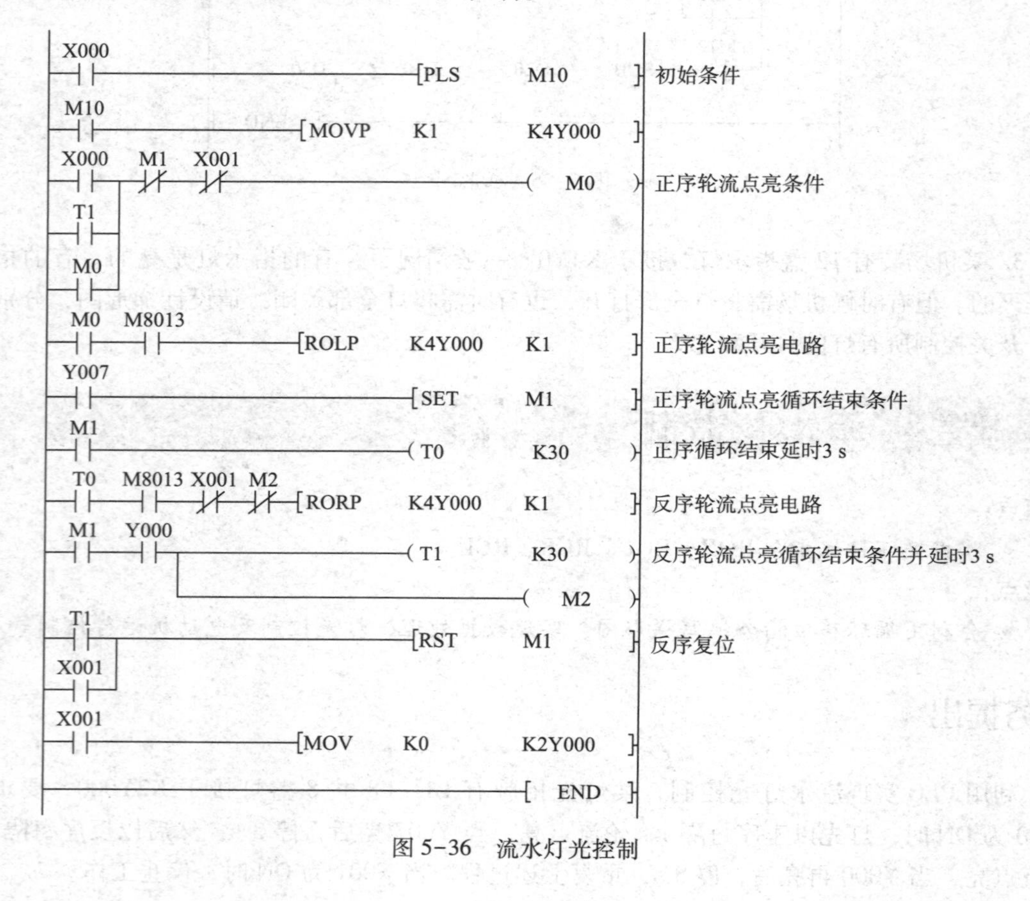

图 5-36　流水灯光控制

相关知识

一、循环移位

循环移位是指数据在本字节或双字节内的移位，是一种环形移动。而非循环移位是线性的移位，数据移出部分会丢失，移入部分从其他数据获得。移位指令可用于数据的 2 倍乘处理，可以形成新数据或某种控制开关。

二、循环右移指令

循环右移指令（ROR）能使 16 位数据、32 位数据向右循环移位。如图 5-37a 所示，当 X004 由 OFF→ON 时，［D］内各位数据向右移 n 位，最后一次从最低位移出的状态存于进位标志 M8022 中。若用连续指令执行，循环移位操作每个周期执行一次。若［D］为指定位软元件，则只有 K4（16 位指令）或 K8（32 位指令）有效，如图 5-36 中的 K4Y000。

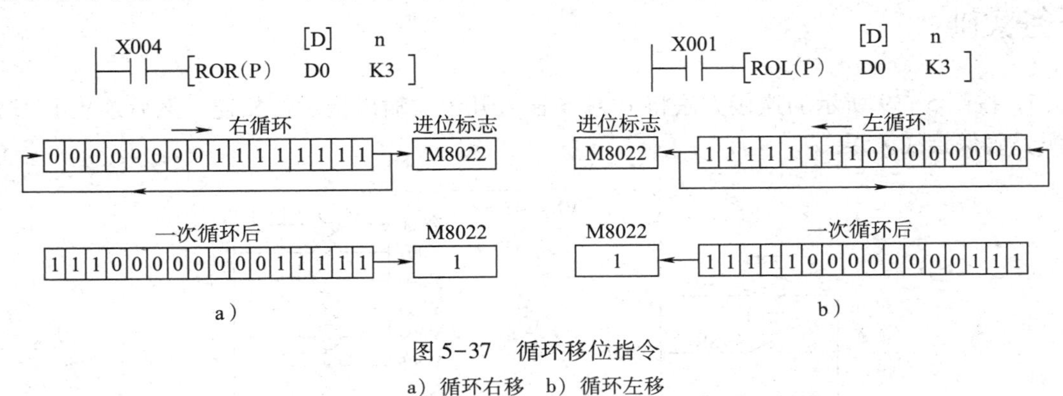

图 5-37 循环移位指令

a）循环右移 b）循环左移

三、循环左移指令

循环左移指令（ROL）能使 16 位数据、32 位数据向左循环移位。如图 5-37b 所示，当 X001 由 OFF→ON 时，［D］内各位数据向左移 n 位，最后一次从最高位移出的状态存于进位标志 M8022 中。若用连续指令执行，循环移位操作每个周期执行一次。若［D］为指定位软元件，则只有 K4（16 位指令）或 K8（32 位指令）有效。

四、带进位的右循环移位指令

带进位的右循环移位指令（RCR）的操作数和 n 的取值范围与循环移位指令相同。如图 5-38a 所示，执行 RCR 时，各位的数据与进位位 M8022 一起（当为 16 位指令时一共 17 位数字参与循环）向右循环移动 n 位。在循环中移出的位送入进位标志，后者又被送回到目标操作数的另一端。

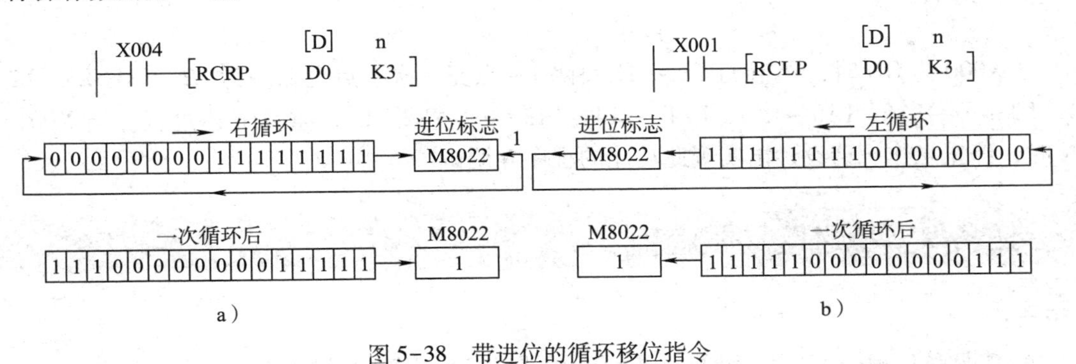

图 5-38 带进位的循环移位指令

a）RCR b）RCL

五、带进位的左循环移位指令

带进位的左循环移位指令（RCL）的操作数和 n 的取值范围与循环移位指令相同。如图 5-38b 所示，执行 RCL 时，各位的数据与进位位 M8022 一起（当为 16 位指令时一共 17 位数字参与循环）向左循环移动 n 位。在循环中移出的位送入进位标志，后者又被送回到目标操作数的另一端。

任务实施

1. 按图 5-39 所示的连接方法将 PLC 与输入开关、输出指示灯相连，然后连接 PLC 的电源，确保接线无误。

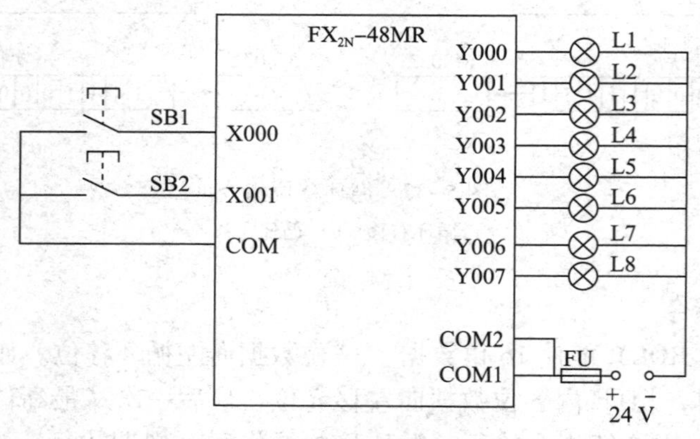

图 5-39　流水灯光控制 PLC 接线图

2. 输入图 5-36 所示的梯形图，检查无误后运行程序。
3. 按下 X000 的输入按钮，观察 L1～L8 的状态变化。
4. 按下 X001 的输入按钮，结束程序运行。

思考与练习

当 X000 为 ON 时，16 盏灯 L1～L16 每隔 1 s 点亮一次，点亮顺序为 L2、L1→L3、L2→L4、L3→…→L16、L15→L15、L14→L14、L13→…→L2、L1，重复上述过程。当 X001 为 ON 时，停止工作。请设计出实现此功能的程序并调试。

任务 9　步进电动机控制

知识点：

- 掌握移位指令 SFTR、SFTL、WSFR、WSFL、SFWR、SFRD

技能点：

- 会利用移位指令编写梯形图，实现数据处理、灯光控制及电动机运行控制等

任务提出

本任务是利用 PLC 控制步进电动机。步进电动机是一种将电脉冲信号转换为线位移或角位移的电动机，它广泛应用于打印机位移和托架移动，复印机纸数控制，绘图仪的 *X*、*Y*

轴驱动，数控机床的 X、Y 轴驱动等。图 5-40 所示是步进电动机工作原理示意图，通过顺序切换开关，控制电动机每组绕组轮流通电，以使电动机转子按照顺时针方向一步一步地转动。切换开关由电脉冲信号控制，脉冲信号由 PLC 根据控制要求计算后发出，然后再经分配放大后驱动步进电动机。其驱动过程如图 5-41 所示。

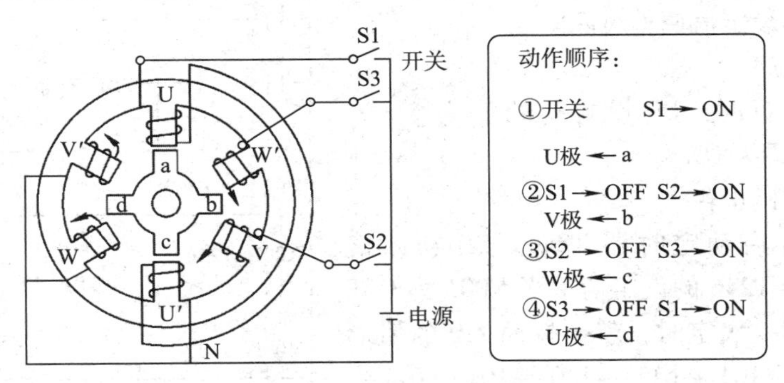

图 5-40 步进电动机工作原理

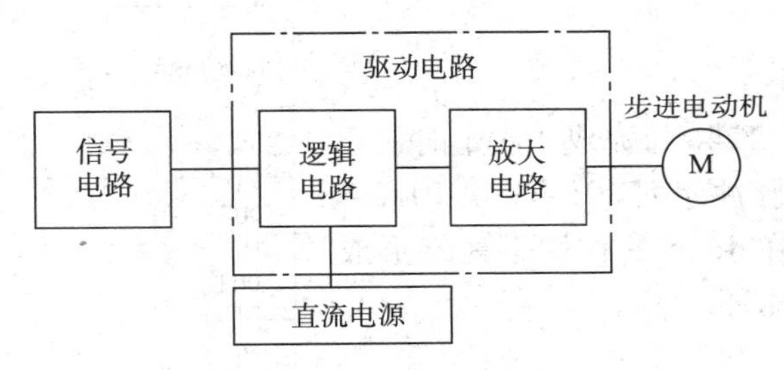

图 5-41 步进电动机驱动过程

现用 PLC 位移指令实现步进电动机正反转和调速控制。以三相三拍电动机为例，脉冲序列由 Y010～Y012（晶体管输出）送出，作为步进电动机驱动电源功放电路的输入。

任务分析

按任务要求，设置 X000 为启停按钮，X001 为正反转切换开关（X001 为 OFF 时，正转；X001 为 ON 时，反转），X002 为减速按钮，X003 为增速按钮，脉冲序列通过 Y010～Y012（选择晶体管输出型 PLC）送出，输入/输出点分配见表 5-10。

表 5-10　　输入/输出点分配表

输　　入		输　　出	
输入继电器	作用	输出继电器	作用
X000	启停按钮	Y012～Y010	电脉冲序列
X001	正反转切换按钮		
X002	减速按钮		
X003	增速按钮		

由此设计出的梯形图如图 5-42 所示，其中采用积算定时器 T246 作为脉冲发生器，产生移位脉冲，其设定值为 K2～K500，定时值为 2～500 ms，这样步进电动机可获得 2～500 步/s 的变速范围。T0 为脉冲发生器设定值调整时间限制。

1. 初始化程序

程序开始运行时，D0 设置初始值为 K500，M1、M0、Y011 置为 ON。

2. 步进电动机正转

按下 X000，启动定时器 T246，D0 初始值 K500 作为定时器 T246 的设定值，当 X001 为 OFF 时，T246 每完成一次定时，就会按照 M0 的值形成正序脉冲序列 101→011→110→101→011→110→…即在 T246 的作用下最终形成 101、011、110 的三拍循环。

3. 步进电动机反转

当 X001 为 ON 时，T246 每完成一次定时就会按照 M1 的值形成反序脉冲序列 101→110→011→101→110→011→…即在 T246 的作用下最终形成 101、110、011 的三拍循环。

4. 减速调整

X002 为减速按钮。当按下 X002 时，定时器 T246 的设定值 D0 增加，即 T246 定时值增加，每秒步数减小，于是步进电动机转速变小。

5. 增速调整

X003 为增速按钮。当按下 X003 时，定时器 T246 的设定值 D0 减小，即 T246 定时值减小，每秒步数增加，于是步进电动机转速变大。

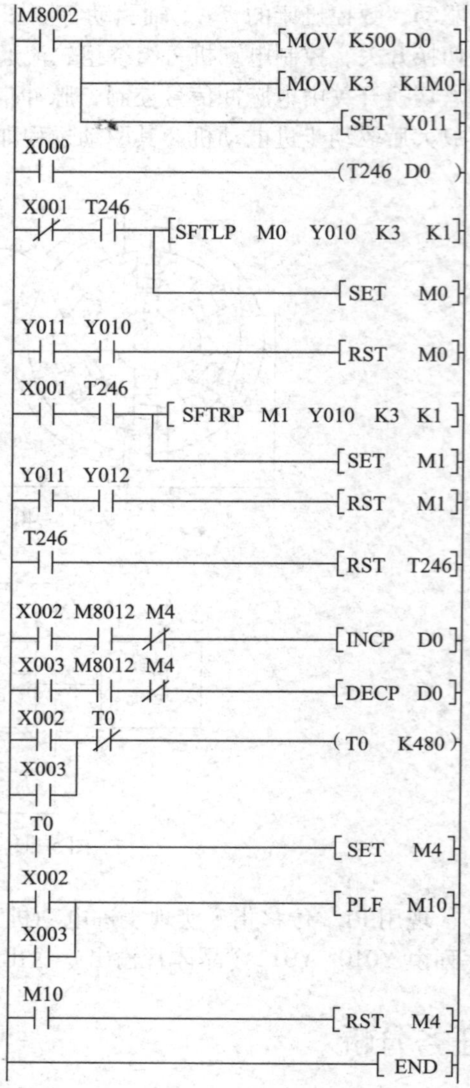

图 5-42　步进电动机控制电路梯形图

注意：调速时，应按住 X002（减速）或 X003（增速）按钮，仔细观察 D0 的变化，当变化值达到所需速度值时，释放按钮。

相关知识

一、位右移指令

位右移指令（SFTR）是把 n1 位［D］所指定位元件和 n2 位［S］所指定位元件的位进行右移的指令，要求 n2≤n1≤1 024。如图 5-43 所示，每当 X010 由 OFF→ON 时，［D］内（M0～M15）各位数据连同［S］内（X000～X003）4 位数据向右移 4 位，即（M3～M0）→溢出，（M7～M4）→（M3～M0），（M11～M8）→（M7～M4），（M15～M12）→（M11～M8），（X003～X000）→（M15～M12）。

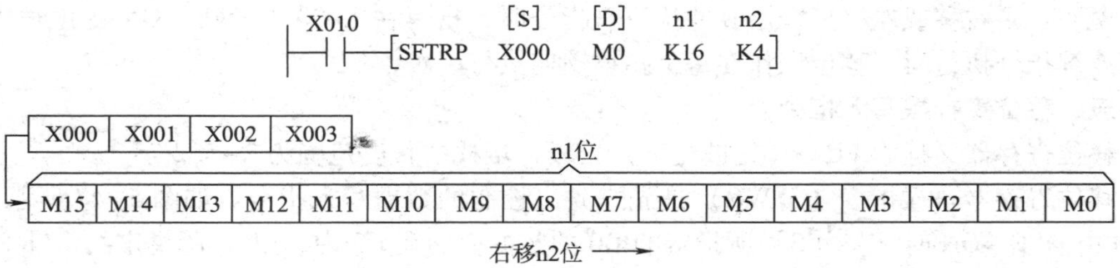

X010
[S] [D] n1 n2
SFTRP X000 M0 K16 K4
X000 X001 X002 X003
n1位
M15 M14 M13 M12 M11 M10 M9 M8 M7 M6 M5 M4 M3 M2 M1 M0
右移n2位

图 5-43 位右移指令说明

二、位左移指令

位左移指令（SFTL）是把 n1 位［D］所指定位元件和 n2 位［S］所指定位元件的位进行左移的指令，要求 n2≤n1≤1 024。如图 5-44 所示，每当 X010 由 OFF→ON 时，［D］内（M0～M15）各位数据连同［S］内（X000～X003）4 位数据向左移 4 位。

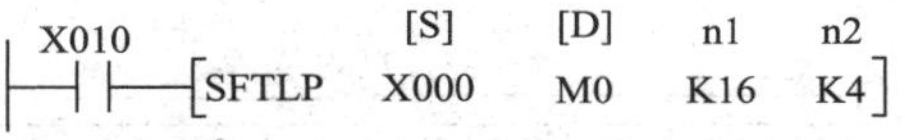

X010
[S] [D] n1 n2
SFTLP X000 M0 K16 K4

图 5-44 位左移指令说明

说明：位右移或左移指令用脉冲执行型指令时，指令执行取决于 X010 由 OFF→ON 的变化；而用连续指令执行时，移位操作在每个扫描周期执行一次。

三、字右移指令

字右移指令（WSFR）是把［D］所指定 n1 个字长的字元件与［S］所指定 n2 个字长的字元件进行右移的指令，要求 n2≤n1≤512。如图 5-45 所示，每当 X000 由 OFF→ON 时，［D］内（D10～D25）16 个字数据连同［S］内（D0～D3）4 个字数据向右移 4 位，即（D13～D10）→溢出，（D17～D14）→（D13～D10），（D21～D18）→（D17～D14），（D25～D22）→（D21～D18），（D3～D0）→（D25～D22）。

X000
[S] [D] n1 n2
WSFRP D0 D10 K16 K4
D0 D1 D2 D3
n1个字
D25 D24 D23 D22 D21 D20 D19 D18 D17 D16 D15 D14 D13 D12 D11 D10
右移n2个字

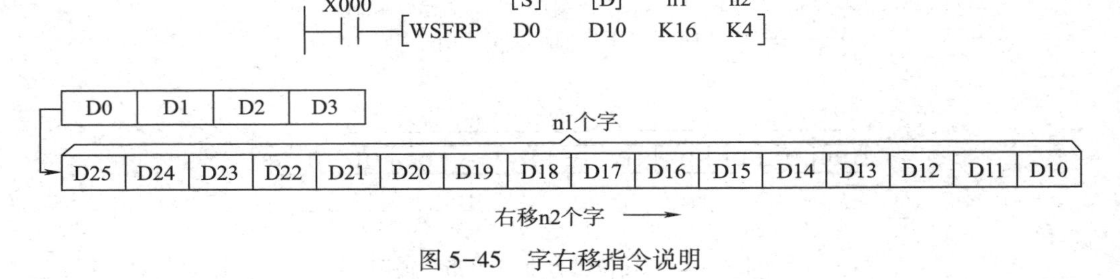

图 5-45 字右移指令说明

四、字左移指令

字左移指令（WSFL）是把［D］所指定 n1 个字长的字元件与［S］所指定 n2 个字长的字元件进行左移的指令，要求 n2≤n1≤512。如图 5-46 所示，每当 X000 由 OFF→ON 时，［D］内（D10～D25）16 个字数据连同［S］内（D0～D3）4 个字数据向左移 4 位。

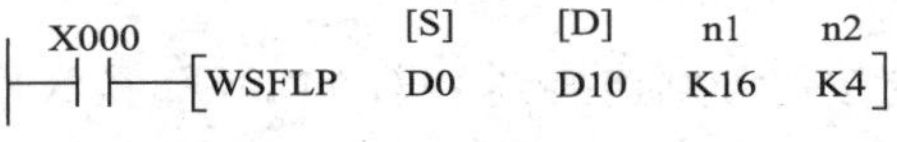

X000
[S] [D] n1 n2
WSFLP D0 D10 K16 K4

图 5-46 字左移指令说明

说明：字右移或左移指令用脉冲执行型指令时，指令在 X000 由 OFF→ON 变化时执行；而用连续指令执行时，移位操作在每个扫描周期执行一次。

五、移位寄存器写入指令

移位寄存器又称为 FIFO（先进先出）堆栈，堆栈的长度范围为 2~512 字。

移位寄存器写入指令（SFWR）是先进先出控制的数据写入指令。如图 5-47 所示，当 X000 由 OFF→ON 时，将［S］所指定的 D0 的数据存储在 D2 内，［D］所指定的指针 D1 的内容变为 1。若改变了 D0 的数据，当 X000 再次由 OFF→ON 时，又将 D0 的数据存储在 D3 中，D1 的内容变为 2。依此类推，D1 内的数为数据存储点数。如超过 n-1，则变为无法处理，这时进位标志 M8022 动作。

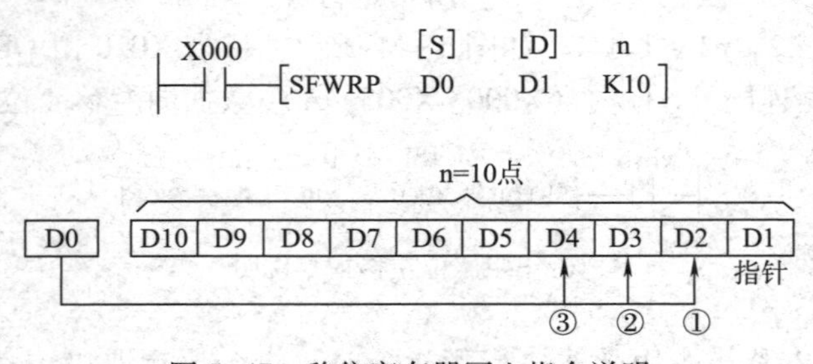

图 5-47　移位寄存器写入指令说明

若用连续指令执行，则在每个扫描周期按顺序执行一次。

六、移位寄存器读出指令

移位寄存器读出指令（SFRD）是先进先出控制的数据读出指令。如图 5-48 所示，当 X000 由 OFF→ON 时，将 D2 的数据传送到 D20 内，与此同时，指针 D1 的内容减 1，D3~D10 的数据向右移。当 X000 再次由 OFF→ON 时，原 D3 中的内容传送到 D20 内，D1 的内容再减 1。依此类推，当 D1 的内容为 0 时，上述操作不再执行，零标志 M8020 动作。

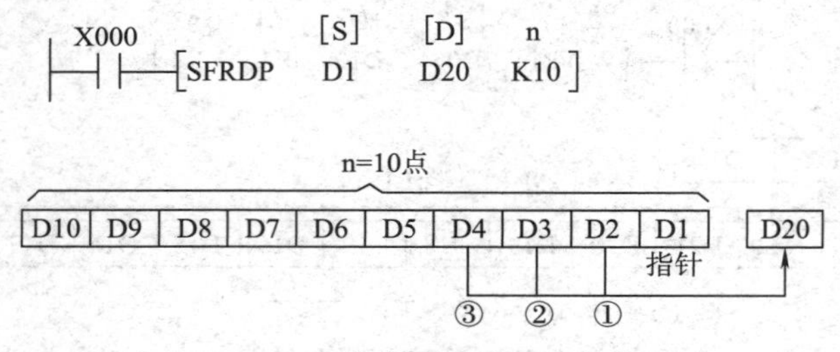

图 5-48　移位寄存器读出指令说明

若用连续指令执行，则在每个扫描周期按顺序向右移位传送执行一次。

任务实施

1. 将两个带自锁功能的按钮分别连接到 PLC 的 X000 和 X001，另两个无自锁功能的按钮连接到 X002 和 X003，电脉冲输出用指示灯代替，然后连接 PLC 的电源，确保接线无误。

2. 输入图 5-42 所示的梯形图，检查无误后运行程序。
3. 按下 X000 启停按钮，观察正序脉冲。
4. 按下 X001 正反转切换按钮，观察反序脉冲。
5. 按下 X003 减速按钮，调整脉冲频率，再观察正序和反序脉冲。
6. 按下 X002 增速按钮，调整脉冲频率，再观察正序和反序脉冲。

思考与练习

1. 实现广告牌中字的闪烁控制。用 L1~L8 共 8 盏灯分别照亮“顺德职业技术学院”8 个字，L1 点亮时，照亮“顺”，L2 点亮时，照亮“德”……L8 点亮时，照亮“院”；然后全部点亮，再全部熄灭，闪烁 4 次，循环往复。试用位左移指令构成移位寄存器编程实现此功能。

2. 图 5-49 所示是某仓库的产品进出库控制程序，阅读程序并说明 X000、X001、Y017~Y000、D256~D357 的作用，然后再调试程序。

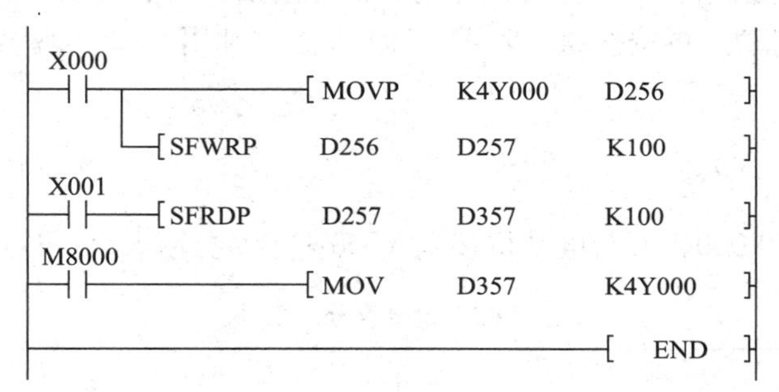

图 5-49 产品进出库控制程序

3. 图 5-50 所示是某顺序控制程序，阅读程序并调试。

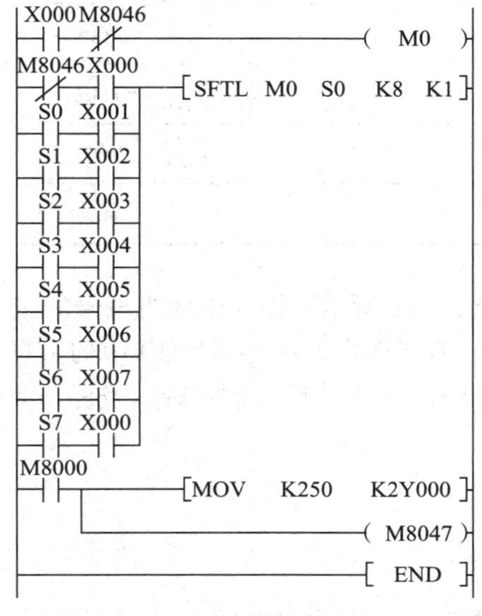

图 5-50 顺序控制程序

任务 10　用单按钮实现五台电动机的启停控制

知识点：

- 掌握编、译码指令

技能点：

- 会利用编、译码指令编写梯形图，实现数据处理、灯光控制及电动机运行控制等

任务提出

用单按钮控制五台电动机的启停。对五台电动机进行编号，按下按钮一次（保持 1 s 以上），1 号电动机启动，再按按钮，1 号电动机停止；按下按钮两次（第二次保持 1 s 以上），2 号电动机启动，再按按钮，2 号电动机停止；依此类推，按下按钮五次（最后一次保持 1 s 以上），5 号电动机启动，再按按钮，5 号电动机停止。利用 PLC 实现该功能。

任务分析

将启停按钮接到 X000，五台电动机接到 Y000～Y004。输入/输出点分配见表 5-11。

表 5-11　输入/输出点分配表

输入		输出	
输入继电器	作用	输出继电器	作用
X000	启停按钮	Y000	控制 1 号电动机
		Y001	控制 2 号电动机
		Y002	控制 3 号电动机
		Y003	控制 4 号电动机
		Y004	控制 5 号电动机

由此设计出的梯形图如图 5-51 所示。输入电动机编号的按钮接于 X000，电动机编号使用加 1 指令记录在 K1M10 中。DECO 指令则将 K1M10 中的数据译码并令 M0 右侧和 K1M10 中数据相同的位元件置 1。M9 及 T0 用于输入数字确认及停止复位控制。

相关知识

一、译码指令

译码指令（DECO）的功能相当于数字电路中的译码电路。译码指令有两种用法，如

图 5-52 所示。

1. 当［D］为位元件时，如图 5-52a 所示。若以［S］为首地址的 n 位连续的位元件所表示的十进制码值为 N，则 DECO 指令把以［D］为首地址目标元件的第 N 位（不含目标元件位本身）置 1，其他位置 0。

图 5-52a 中的源数据与译码值的对应关系见表 5-12。源数据 N=1+2=3，则从 M10 开始的第 3 位 M13 为 1。当源数据 N=0 时，第 0 位（即 M10）为 1。

当 n=0 时，程序不执行；当 n 是 0~8 之外的数据时，出现运算错误。若 n=8，［D］位数为 2^8=256。当驱动输入 X004 为 OFF 时，不执行指令，上一次译码输出置 1 的位保持不变。

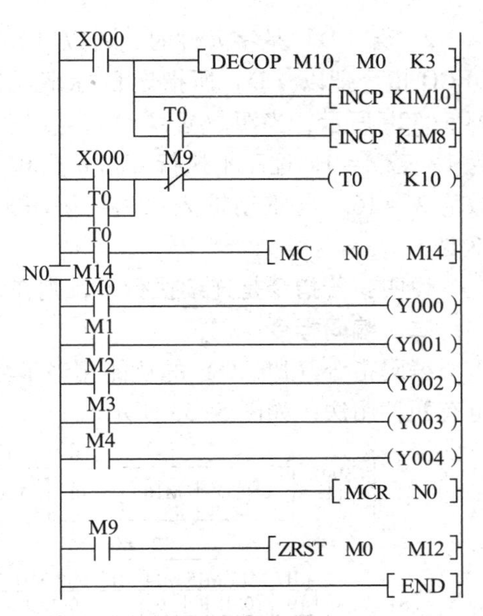

图 5-51 单按钮控制五台电动机的梯形图

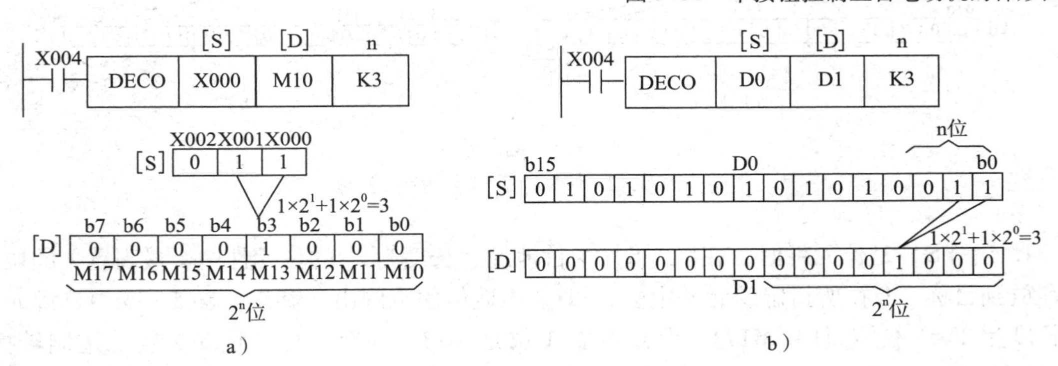

图 5-52 译码指令

a）［D］为位元件时 b）［D］为字元件时

表 5-12 **源数据与译码值的对应关系**

[S]			[D]							
X002	X001	X000	M17	M16	M15	M14	M13	M12	M11	M10
0	0	0	0	0	0	0	0	0	0	1
0	0	1	0	0	0	0	0	0	1	0
0	1	0	0	0	0	0	0	1	0	0
0	1	1	0	0	0	0	1	0	0	0
1	0	0	0	0	0	1	0	0	0	0
1	0	1	0	0	1	0	0	0	0	0
1	1	0	0	1	0	0	0	0	0	0
1	1	1	1	0	0	0	0	0	0	0

2. 当［D］是字元件时，若以［S］指定字元件的低 n 位所表示的十进制码为 N，则 DECO 指令把以［D］所指定目标字元件的第 N 位（不含最低位）置 1，其他位置 0。如图 5-52b 所示，当源数据 N=1+2=3 时，D1 的第 3 位为 1。当源数据为 0 时，D1 的第 0 位为 1。若 n=0，程序不执行；当 n 是 0~4 之外的数据时，出现运算错误。若 n=4，［D］位数为 $2^4=16$。当驱动输入 X004 为 OFF 时，不执行指令，上一次译码输出置 1 的位保持不变。

说明：若指令是连续执行型，则在每个扫描周期都会执行一次。

二、编码指令

编码指令（ENCO）的功能相当于数字电路中的编码电路。与译码指令相同，编码指令也有两种用法，如图 5-53 所示。

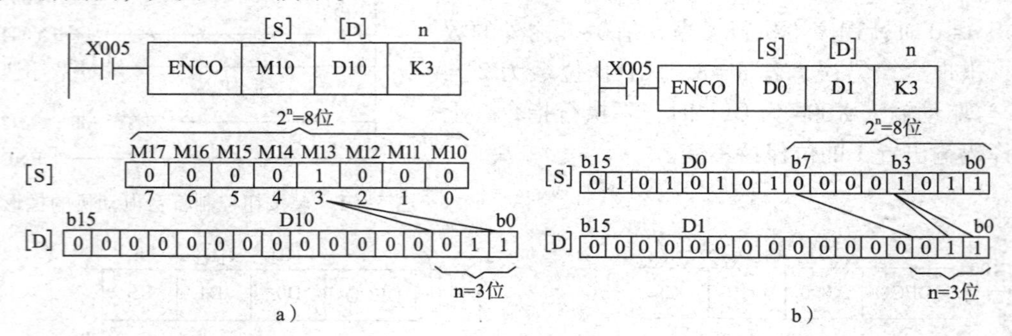

图 5-53　编码指令

a)［S］为位元件时　b)［S］为字元件时

1. 当［S］是位元件时，在以［S］为首地址、长度为 2^n 的位元件中，最高置 1 的位置被存放到目标［D］所指定的元件中去，［D］中数值的范围由 n 确定。图 5-53 中，源元件的长度为 $2^n=8$ 位（M10~M17），其最高置 1 位是 M13，即第 3 位。将 3 进行二进制转换，则 D10 的低 3 位为 011。

若源数据的第一个（即第 0 位）位元件为 1，则［D］中存放 0。若源数据中无 1，则出现运算错误。

当 n=0 时，程序不执行；当 n 是 0~8 之外的数据时，出现运算错误。若 n=8，［S］的位数为 $2^8=256$。当驱动输入 X005 为 OFF 时，不执行指令，上次编码输出保持不变。

2. 当［S］为字元件时，可作同样的分析，如图 5-53b 所示。

说明：［S］内的多个位为 1 时，可忽略不计低位。若指令是连续执行型，则在每个扫描周期都会执行一次。

任务实施

1. 将输入连接到 PLC 的 X000，输出用指示灯代替，然后连接 PLC 的电源，确保接线无误。

2. 输入图 5-51 所示的梯形图，检查无误后运行程序。

3. 按下 X000 一次，观察各输出继电器（Y000～Y004）的状态，注意按键时间。再按 X000 一次，观察各输出继电器（Y000～Y004）的状态。

4. 按下 X000 两次，观察各输出继电器（Y000～Y004）的状态，注意按键时间。再按 X000 一次，观察各输出继电器（Y000～Y004）的状态。

5. 按下 X000 三次，观察各输出继电器（Y000～Y004）的状态，注意按键时间。再按 X000 一次，观察各输出继电器（Y000～Y004）的状态。

6. 按下 X000 四次，观察各输出继电器（Y000～Y004）的状态，注意按键时间。再按 X000 一次，观察各输出继电器（Y000～Y004）的状态。

7. 按下 X000 五次，观察各输出继电器（Y000～Y004）的状态，注意按键时间。再按 X000 一次，观察各输出继电器（Y000～Y004）的状态。

思考与练习

1. 编程实现用双按钮控制五台电动机的启停。

2. 试用译码指令实现某喷水池花式喷水控制。要求第一组喷 4 s→第二组喷 4 s→第三组喷 4 s→第四组喷 4 s→四组齐喷 4 s→四组均停 1 s，然后重复上述过程。

任务 11　外部故障诊断电路

知识点：

- 掌握报警器置位、复位指令
- 掌握平均值指令、二进制平方根指令、二进制整数与二进制浮点数转换指令和高低字节交换指令
- 了解编程技巧

技能点：

- 会利用报警器置位、复位指令编写梯形图，实现数据处理、灯光控制及电动机运行控制等

任务提出

在生活与生产实际中，经常需要用到一些监测手段来提示异常信息。例如，某生产机械发出向前运行命令后，若检测装置在一定时间（如 1 s）内检测不到向前运动，就会报警；又如，当要求机械在某个区间内运行，但上、下限位开关在一定时间（如 2 s）内均未动作，就会报警。

任务分析

本任务需设置 6 个输入点、3 个输出点。输入/输出点分配见表 5-13。

表 5-13　　　　输入/输出点分配表

输　入		输　出	
输入继电器	作用	输出继电器	作用
X000	向前运行检测	Y000	向前运行驱动
X001	向上运行检测	Y001	上、下运行驱动
X002	向下运行检测	Y010	故障指示
X003	向前运行开关		
X004	上、下运行开关		
X005	报警复位按钮		

由此设计出的梯形图如图 5-54 所示。状态标志 S900~S999 是信号报警器，在报警器置位指令 ANS 和报警器复位指令 ANR 中使用，作为外部故障诊断的输出。特殊辅助继电器 M8049 是报警器有效指示，若将其驱动，则表示监视有效，PLC 将 S900~S999 中的动作状态的最小地址号存储在特殊数据寄存器 D8049 内。特殊辅助继电器 M8048 是报警器接通指示，若 M8049 被驱动，则状态 S900~S999 中任何一个动作都会使 M8048 动作。

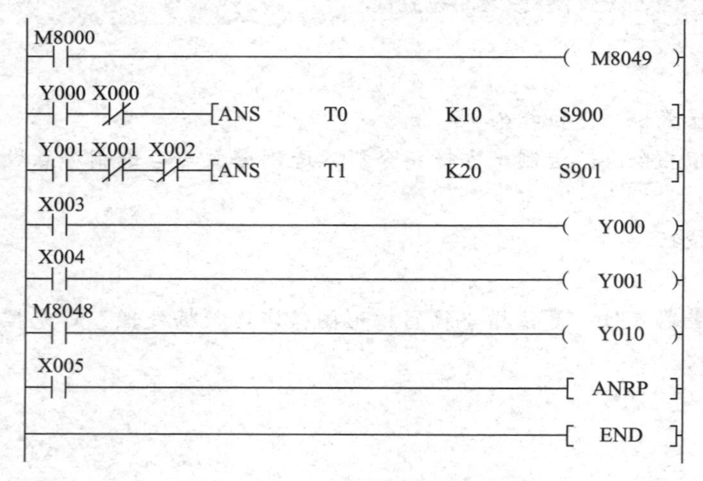

图 5-54　外部故障诊断梯形图

若图 5-54 中 M8000 的常开触点一直接通，则 M8049 的线圈通电，特殊数据寄存器 D8049 的监视功能有效。当按下 X003 时，Y000 为 ON，驱动机械前进。驱动机械前进后的 1 s 内，若向前运行检测端 X000 不工作，则表示机械没有向前运动，S900 动作，指示故障。若 ANS 指令的输入电路断开，则定时器 T0 复位，而 S900 仍保持为 ON。当按下 X004 时，Y001 为 ON，驱动机械上、下运行。驱动机械上、下运行后的 2 s 内，若上、下运行检测端 X001 和 X002 均不工作，则表示机械没有上、下运动，S901 动作，指示故障。

若 S900~S999 中的某一个接通，则 M8048 动作，故障指示输出 Y010 工作。可用复位按钮 X005 将外部故障诊断程序所造成的动作状态置为 OFF。每次将 X005 接通，新地址号的动作状态都会按顺序复位。

相关知识

一、报警器置位指令

报警器置位指令（ANS）的源操作数［S］为 T0～T199，目标操作数［D］为 S900～S999，定时器的设定值 m＝1～32 767（以 100 ms 为单位），如图 5-55a 所示。若 X000 与 X001 同时接通 1 s 以上，则 S900 被置位，以后即使 X000 或 X001 为 OFF，只是将定时器复位，S900 仍然继续动作。若接通不满 1 s，X000 与 X001 为 OFF，则定时器复位，S900 不动作。

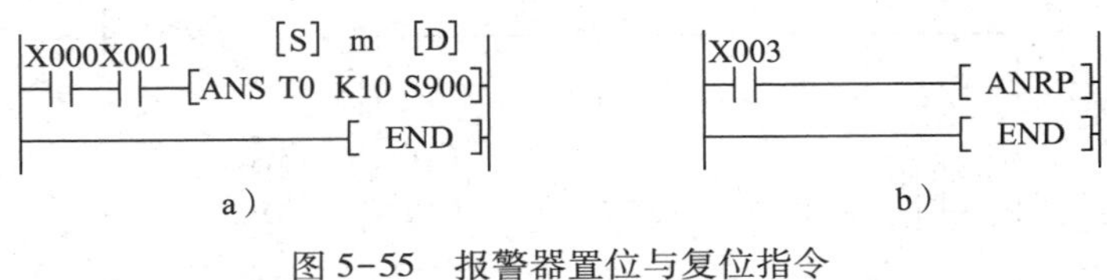

图 5-55 报警器置位与复位指令
a）ANS 指令 b）ANR 指令

二、报警器复位指令

报警器复位指令（ANR）无操作数，如图 5-55b 所示。若 X003 接通，则信号报警器 S900～S999 中正在动作的信号报警器复位。如果多个信号报警器动作，则将新地址号的状态复位。若将 X003 再次接通，则下一地址号的信号报警器复位。

若指令是连续执行型，则在各运算周期中按顺序将故障报警器复位。若为脉冲执行型，则每按一次复位按钮 X003，按元件号递增的顺序将一个故障报警器状态复位。

发生某一故障时，其对应的报警器状态将为 ON，如果同时发生多个故障，则 D8049 中是 S900～S999 中地址最低的被置位的报警器的元件号。将它复位后，D8049 中将是下一个地址最低的被置位的报警器的元件号。

三、平均值指令

平均值指令（MEAN）是用来求 n（1～64）个源操作数［S］的代数和被 n 除的商，商存在［D］中，余数略去。如图 5-56a 所示，当 X000 为 ON 时，进行以下动作：

$$\frac{D0+D1+D2+D3+D4}{5} \rightarrow D20$$

四、二进制平方根指令

二进制平方根指令（SQR）的源操作数［S］应大于 0，可取 K、H、D，目标操作数为 D。图5-56b 中，当 X002 为 ON 时，将存放在 D45 中的数开平方，结果存放在 D123 内，即 $\sqrt{D45} \rightarrow D123$。计算结果舍去小数，只取整数。当浮点数标志 M8023 为 ON 时，将对 32 位浮点数开方，结果为浮点数。当源操作数为整数时，将自动转换为浮点数。如果源操作数为负数，运算错误标志 M8067 将为 ON。

五、二进制整数与二进制浮点数转换指令

二进制整数与二进制浮点数转换指令（FLT）的源操作数和目标操作数均为 D。如图 5-56c 所示，当 X004 为 ON 且 M8023 为 OFF 时，该指令将存放在源操作数 D10 中的数据转换为浮点数，并将结果存放在目标寄存器 D13 和 D12 中。当 M8023 为 ON 时，将把浮点数转换为整数。用于存放浮点数的目标操作数应为双整数，源操作数可以是整数或双整数。

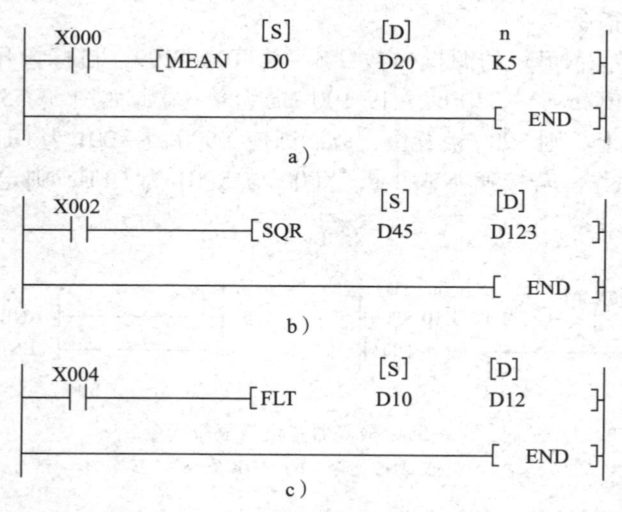

图 5-56　MEAN、SQR、FLT 指令说明

a）MEAN 指令　b）SQR 指令　c）FLT 指令

六、高低字节交换指令

一个 16 位的字由两个 8 位的字节组成。在进行 16 位运算时，高低字节交换指令（SWAP）会交换源操作数的高字节和低字节。在进行 32 位运算时，会先交换低位字的高字节和低字节，再交换高位字的高字节和低字节。

七、编程技巧

1. 数据计算与转换

PLC 控制中有不少场合要进行数值的计算与转换，如模拟量和数字量的处理、四则运算、函数运算、PID 处理等。这类程序先由控制要求拟定好运算式，然后用相关指令逐步完成运算，程序编制时要注意中间运算结果的存储。

2. 以某个数据作为控制条件

许多控制场合以数字量为控制条件，如温度或压力达到了一定的数值则启动下一个操作。这类程序离不开传送比较，通常用比较指令的比较结果元件作为下一道工序的开关。

3. 使用数据作为逻辑控制

梯形图的目的就是要得到符合控制要求的输出。在基本指令完成的逻辑控制任务中，把输出看成独立的，分别编写出每个输出的梯形图支路。而在应用指令程序中，要把 PLC 的输出口看作字元件，把某时刻输出口的状态看作一个数据。

4. 使用应用指令形成某种规律

工业控制中有不少的控制对象要按一定的方式循环动作。如步进电动机需要有一定规律的脉冲、彩灯按一定的规律形成流水灯等，这就要求机内器件能形成所需的规律，这类程序离不开移位、编码、译码。编程时应先从单周期的控制要求找寻合适的指令，再考虑循环的实现。

5. 数据管理

当控制中有较多中间数据、备查数据或历史数据时，需进行数据的科学管理。例如，将数据送入堆栈、将数据制成表格并进行查找等，这时编程就可以使用堆栈指令、表应用指令等指令。

6. 初始化及数据寄存单元的复位处理

编程离不开程序的初始化及数据寄存单元的复位处理。这些功能通常在主体功能实现后，通过在程序中增加相关程序段来实现。其中，循环功能的实现常借助加一指令、减一指令、复位指令及变址寄存器。

任务实施

1. 将 6 个输入按钮分别连接到 PLC 的 X000~X005，输出用指示灯代替，然后连接 PLC 的电源，确保接线无误。

2. 输入图 5-54 所示的梯形图，检查无误后运行程序。

3. 按下 X003，不按下 X000，观察报警情况；报警后按下 X000，观察报警情况。

4. 按下 X004，X001、X002 均不按下，观察报警情况；报警后按下 X001 或 X002，观察报警情况。

5. 按下 X005，观察报警复位。重复一次。

6. 按下 X003 后，1 s 内再按下 X000，观察是否报警。

7. 按下 X004 后，2 s 内再按下 X001 或 X002，观察是否报警。

思考与练习

1. 自行设计程序来计算 D0~D99 数据的平均值。

2. 试编写一个数字钟的程序。要求有时、分、秒的输出显示，并有启动和清除功能。完成后可考虑增加时间调整功能。

3. 阅读课题三到课题五中的程序，体会编程方法。

课题六　程序控制类应用指令

任务1　跳转程序

知识点：

- 掌握跳转指针、跳转指令和主程序结束指令

技能点：

- 会利用跳转指针和跳转指令编程实现多种工作方式的切换

任务提出

为了提高设备的可靠性，工业控制中许多设备要建立自动及手动两种工作方式。这就要在控制程序中编写两段程序，一段用于手动，另一段用于自动。然后设立一个自动/手动切换开关，以对程序段进行选择。

此类程序的梯形图一般采用图6-1所示的结构。X010是自动/手动切换开关，当它为ON时将跳过自动程序，执行手动程序；当X010为OFF时将跳过手动程序，执行自动程序。公用程序用于自动程序和手动程序相互切换的处理，自动程序和手动程序都需要完成的任务也可以由公用程序来处理。

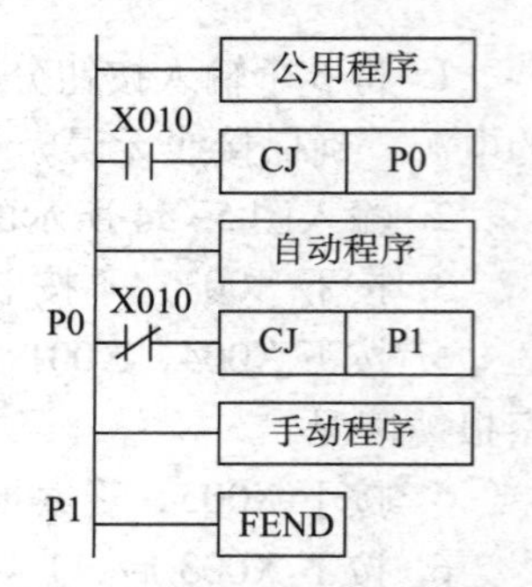

图6-1　自动/手动程序切换

任务分析

跳转指令（CJ）可用来选择执行指定的程序段，跳过暂且不执行的程序段。如图6-2所示，若X000接通，则跳到标号为P8的程序处执行。若X000断开，则不执行跳转指令CJ P8，顺序往下执行。

表6-1给出了图6-2中跳转发生前、后相关元件状态发生的变化。

表6-1　　跳转对元件状态的影响

元　　件	跳转前触点状态	跳转后触点状态	跳转后线圈状态
Y，M，S	X001，X002，X003 OFF	X001，X002，X003 ON	Y001，M1，S1 OFF
	X001，X002，X003 ON	X001，X002，X003 OFF	Y001，M1，S1 ON
100 ms定时器	X004 OFF	X004 ON	定时器不动作
	X004 ON	X004 OFF	定时器停止，X000 OFF后继续定时
1 ms定时器	X005 OFF，X006 OFF	X006 ON	定时器不动作
	X005 OFF，X006 ON	X006 OFF	定时器停止，X000 OFF后继续定时

续表

元　　件	跳转前触点状态	跳转后触点状态	跳转后线圈状态
计数器	X007 OFF，X010 OFF	X010 ON	计数器不动作
	X007 OFF，X010 ON	X010 OFF	计数器停止，X000 OFF 后继续计数
应用指令	X011 OFF	X011 ON	FNC52～FNC59 之外的其他应用指令不执行
	X011 ON	X011 OFF	

1. 由于被跳过的程序段不再执行，即使梯形图中涉及的工作条件发生变化，被跳过程序段中的输出继电器 Y、辅助继电器 M、状态继电器 S 的工作状态也将保持跳转发生前的状态不变。

2. 无论被跳过的程序段中的定时器及计数器是否具有断电保持功能，跳转发生后其定时值、计数值都将保持不变，当跳转中止、程序继续执行时，定时、计数将继续进行。另外，定时、计数器的复位指令具有优先权，即使复位指令位于被跳过的程序段中，当执行条件满足时，复位指令也将执行。

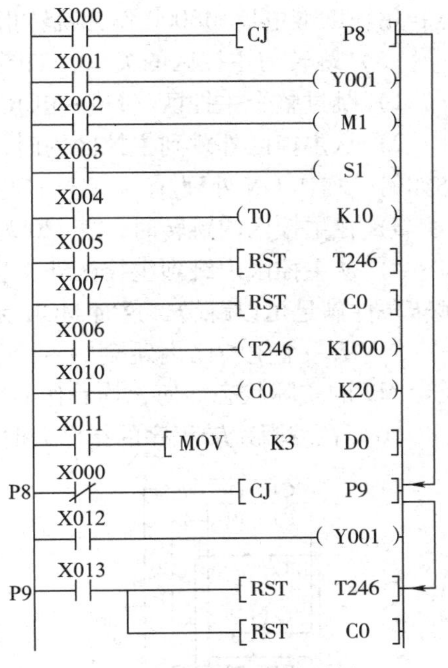

图 6-2　跳转程序梯形图

相关知识

一、跳转指针

FX_{2N}系列 PLC 的跳转指针（P）有 128 点（P0～P127），用于分支和跳转程序。使用指针时要注意：

（1）在梯形图中，指针放在左侧母线的左边，一个指针只能出现一次，如出现两次或两次以上，就会出错。

（2）多条跳转指令可以使用相同的指针。

（3）P63 是 END 所在的步序，在程序中不需要设置 P63。

（4）指针可以出现在相应跳转指令之前，但是，如果反复跳转的时间超过监控定时器的设定时间，会导致监控定时器出错。

二、跳转指令

当跳转指令（CJ）执行时，如果跳转条件满足，PLC 将不再扫描执行跳转指令与跳转指针间的程序，即跳到以指针为入口的程序段中执行，直到跳转的条件不再满足，跳转才会停止进行。在图 6-2 中，当 X000 置 1 时，跳转指令 CJ P8 的执行条件满足，程序将从 CJ P8 指令处跳至标号 P8 处，仅执行该梯形图中标号 P8 之后的程序。使用跳转指令时要注意：

（1）跳转指令具有选择程序段的功能。在同一程序中，位于不同程序段的程序不会被同时执行，所以不同程序段中的同一线圈不能视为双线圈。

（2）可以有多条跳转指令使用同一指针。在图 6-3 中，如果 X020 接通，第一条跳转指令有效，程序将从这一步跳到指针 P9。如果 X020 断开，而 X021 接通，则第二条跳转指令生效，程序将从第二条跳转指令处跳到 P9 处。但不允许一条跳转指令对应两个指针的情况。

（3）指针一般设在相关的跳转指令之后，也可以设在跳转指令之前。但要注意，从程序执行顺序来看，如果由于指针在前造成该程序的执行时间超过了警戒时钟设定值，程序就会出错。

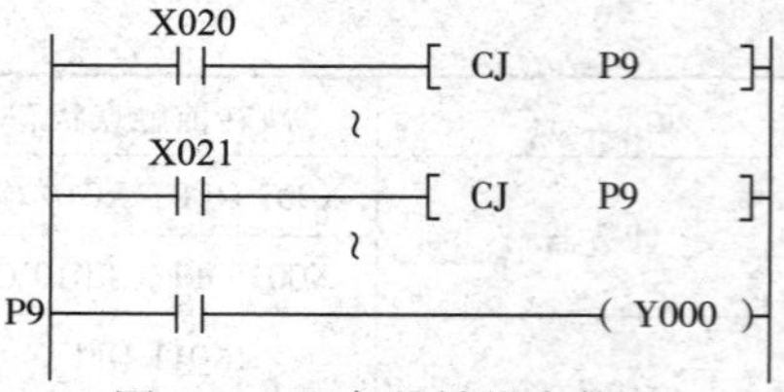

X020 CJ P9
X021 CJ P9
P9 Y000

图 6-3　两条跳转指令使用同一指针说明

（4）使用跳转指令时，跳转只执行一个扫描周期，但若用辅助继电器 M8000 作为跳转指令的工作条件，跳转就会成为无条件跳转。

（5）跳转与主控区的关系，如图 6-4 所示。

1）跳过整个主控区（MC～MCR）的跳转不受限制。

2）从主控区外跳到主控区内时，跳转独立于主控操作。当 CJ P1 执行时，无论 M0 状态如何，均作 ON 处理。

3）在主控区内跳转时，若 M0 为 OFF，则跳转不可能执行。

4）从主控区内跳到主控区外，当 M0 为 OFF 时，跳转不可能执行；当 M0 为 ON 时，若跳转条件满足可以跳转，这时 MCR 无效，但不会出错。

5）从一个主控区内跳到另一个主控区内，当 M1 为 ON 时，可以跳转。执行跳转时，无论 M2 的实际状态如何，均看作 ON。MCR N0 无效。

（6）在编写跳转程序的指令表时，指针需占一行，如图 6-5 所示。

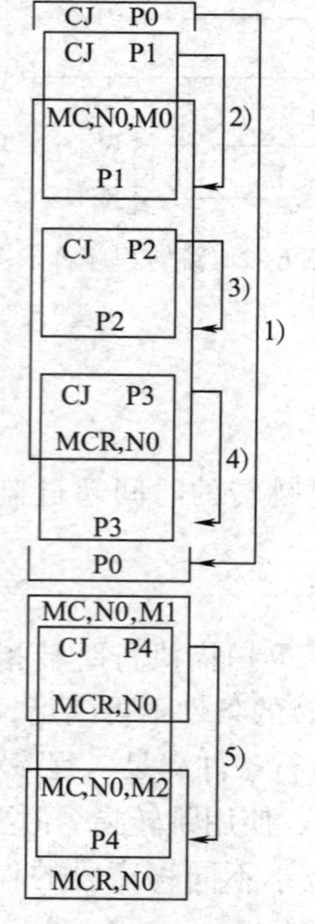

图 6-4　跳转与主控区的关系说明

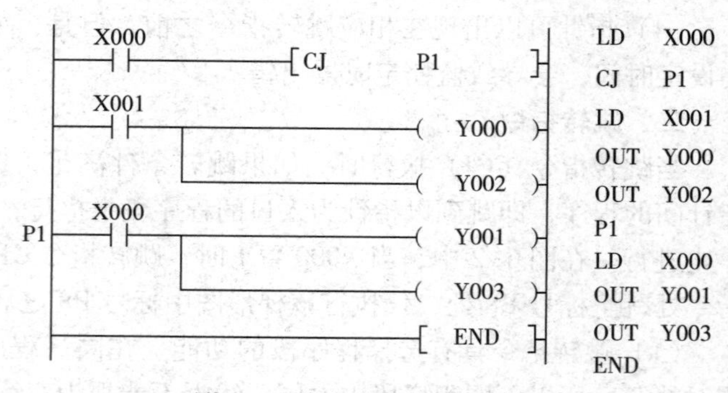

图 6-5　指令表中的指针说明

三、主程序结束指令

主程序结束指令（FEND）的使用方法与END指令相同。在编写子程序和中断程序时需要使用这个指令。

任务实施

1. 将两个带自锁功能的按钮分别连接到PLC的X000、X001，输出用指示灯代替，然后连接PLC的电源，确保接线无误。

2. 输入图6-5所示的梯形图，检查无误后运行程序。

3. 按下X000的输入按钮，观察输出继电器（Y000~Y003）的状态有无变化，理解跳转指令。

4. 按下X001的输入按钮，观察输出继电器（Y000~Y003）的状态有无变化，理解跳转指令。

思考与练习

1. 某报时器有工作日和休息日两套报时程序，请设计程序结构，编写这两套程序。

2. 试说明跳转与主控区的关系。

3. 用跳转指令设计一个用按钮X000来控制Y000的电路，要求第一次按下按钮X000，Y000变为ON，第二次按下按钮X000，Y000变为OFF。

任务2 子程序

知识点：

- 掌握子程序调用和返回指令

技能点：

- 会分析程序结构，读懂带子程序结构的程序，编写简单的子程序

任务提出

化工企业经常要完成多液体物料的混合工作，这就需要对物料的投入比例、送出以及混合炉的温度进行控制。物料的投入比例和混合物的送出可通过特定的运算结果来控制相关阀门的开度实现。温度控制则可以使用加热及降温设备，使温度维持在一个区间内。

任务分析

在利用PLC实现控制时，常常把以运算为主的程序内容作为主程序，把加热及降温等逻辑控制为主的程序作为子程序。主程序和子程序的程序结构如图6-6所示，其中X001为

上限位温度传感器，X002 为下限位温度传感器。当 X001 为 ON 时，调用降温控制子程序；当 X002 为 ON 时，调用升温控制子程序。

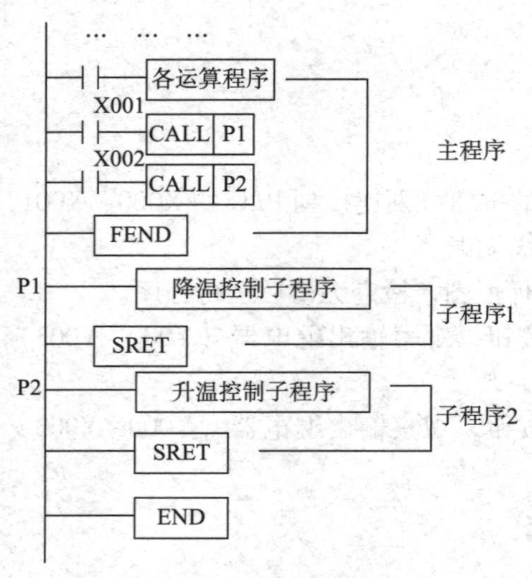

图 6-6　主程序和子程序结构示意图

相关知识

一、子程序调用指令

子程序调用指令（CALL）是为一些特定控制目的编制的相对独立的程序。为了区别于主程序，规定在程序编排时，将主程序写在前边，以 FEND 指令结束主程序，子程序写在 FEND 指令之后。当主程序带有多个子程序时，子程序可依次列在主程序结束指令之后。子程序调用指令安排在主程序段中。图 6-6 中，X001、X002 分别是两个子程序（指针分别为 P1 和 P2）执行的控制开关，当 X001 为 ON 时指针为 P1 的子程序得以执行，当 X002 为 ON 时指针为 P2 的子程序得以执行。

二、子程序返回指令

子程序返回指令（SRET）是不需要驱动触点的单独指令。子程序的范围从它的指针标号开始，到 SRET 指令结束。每当程序执行到 CALL 指令时，都转去执行相应的子程序，当遇到 SRET 指令时则返回原断点继续执行原程序。

子程序可以实现五级嵌套，图 6-7 所示是一级嵌套的例子。子程序 P1 是脉冲执行方式，即 X001 接通一次，子程序 P1 执行一次。当子程序 P1 开始执行且 X002 接通时，程序将转去执行子程序 P2，在 P2 子程序中执行到 SRET 指令后又会回到 P1 原断点处执行 P1。在 P1 子程序中执行到 SRET 指令后，则返回主程序原断点处继续执行。

任务实施

1. 将两个带自锁功能的按钮分别连接到 PLC 的 X001、X002，输出用指示灯代替，然后连接 PLC 的电源，确保无误。

2. 输入图 6-8 所示的梯形图，检查无误后运行程序。

3. 按下 X001 输入按钮，观察输出继电器（Y001 和 Y002）的状态有无变化，理解子程序。

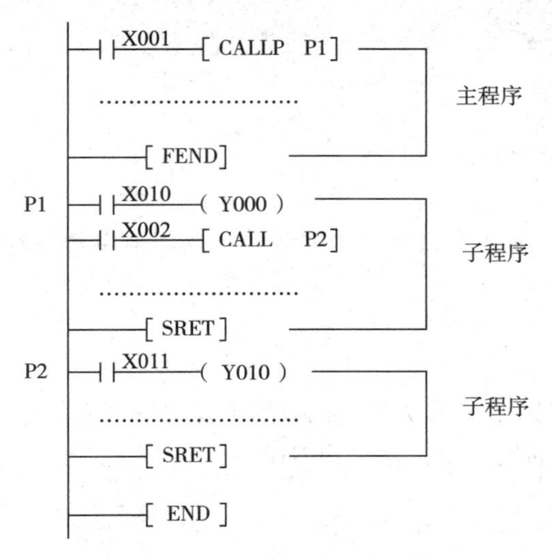

图 6-7 子程序嵌套结构示意图

```
     X001
 ----| |----------------[CALLP    P1   ]
     X001
 ----|/|----------------[RST      Y001 ]
     X002
 ----| |----------------[CALL     P2   ]
     X002
 ----|/|----------------[RST      Y002 ]
 -------------------------------[ FEND ]
     X001
P1---| |------------------------( Y001 )
 -------------------------------[ SRET ]
     X002
P2---| |------------------------( Y002 )
 -------------------------------[ SRET ]
 -------------------------------[ END  ]
```

图 6-8 子程序实施梯形图

4. 按下 X002 输入按钮，观察输出继电器（Y001 和 Y002）的状态有无变化，理解子程序。

思考与练习

某广告牌有 16 盏边框饰灯 L1~L16，当广告牌开始工作时，饰灯每隔 0.1 s 按 L1~L16 的顺序依次轮流点亮，重复进行；循环两周后，又按 L16~L1 的顺序每隔 0.1 s 依次轮流点亮，重复进行；循环两周后，再按 L1～L16 的顺序依次轮流点亮，重复上述过程。当按下停止按钮时，停止工作。试用嵌套子程序的方法设计此程序。

任务 3　循环程序

知识点：

- 掌握循环指令 FOR 和 NEXT

技能点：

- 会分析程序结构，读懂带循环结构的程序，编写简单的循环程序

任务提出

在进行数据处理时，经常要求从某一批数据中找出一些有特征值的数据来，例如，找出存储在 D0～D9 中的数据的最大值，存储到 D10。

任务分析

本任务将用循环指令实现，由此设计出的梯形图如图 6-9 所示。

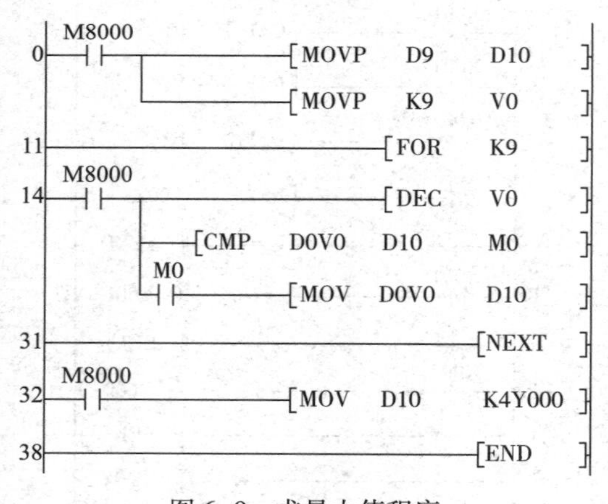

图 6-9　求最大值程序

相关知识

循环指令

循环指令由 FOR 和 NEXT 两条指令构成，这两条指令总是成对出现的。如图 6-10 所示，三条 FOR 指令和三条 NEXT 指令相互对应。在梯形图中，相距最近的 FOR 指令和 NEXT 指令是一对，其次是距离稍远一些的，再是距离更远一些的组成一对。图 6-10 所示是三级循环嵌套的情况，从图中还可看出，每一对 FOR 指令和 NEXT 指令间的程序就是执

行过程中需按一定的次数进行循环的部分。循环的次数由 FOR 指令后的源数据给出。

图 6-10 所示程序最中心的循环内容为向数据寄存器 D100 中加 1，它一共执行了 2×2×3=12 次。循环可以有 5 层嵌套，循环嵌套时循环次数的计算说明如图 6-11 所示。外层循环程序 A 嵌套了内层循环 B，循环 A 执行 5 次，每执行 1 次循环 A，就要执行 10 次循环 B，因此循环 B 一共要执行 5×10=50 次。利用循环中的 CJ 指令可跳出 FOR、NEXT 之间的循环区。

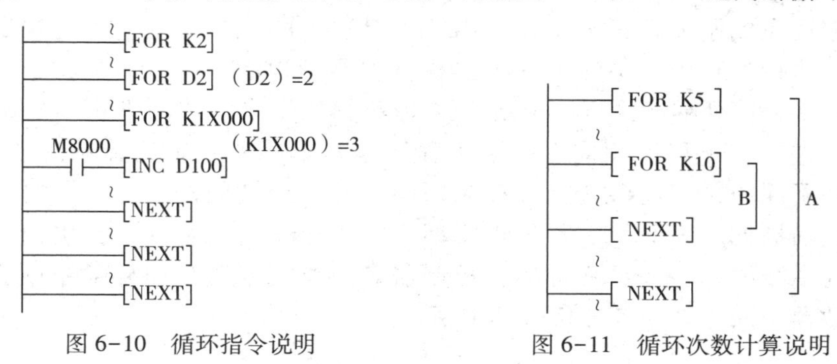

图 6-10　循环指令说明　　　图 6-11　循环次数计算说明

在某些操作需反复进行的场合，使用循环程序可以使程序简单，提高程序性能。如对某一取样数据做一定次数的加权运算，控制输出口按一定的规律做反复的输出动作，或利用反复的加减运算完成一定量的增加或减少，又或是利用反复的乘除运算完成一定量的数据移位等。

任务实施

1. 连接 PLC 的电源，确保无误。输入图 6-9 所示的梯形图，检查无误。
2. 设置 D0~D9 的值分别为 K10、K5、K100、K40、K30、K20、K318、K9、K123、K56，运行程序，观察 Y015~Y000 的指示是否为 0000 0001 0011 1110（即 K318）。
3. 改变 D0~D9 的设置值，再调试程序。
4. 修改程序，将它变为求最小值的程序，并调试。

思考与练习

将 100 个 16 位二进制数存放在 D10~D109 中，要求分别求出其最大值、最小值和平均值，并存放到 D110~D112 中。

任务 4　外部中断子程序

知识点：

- 掌握中断指针和与中断有关的指令（EI、DI 和 IRET）

技能点：

- 会分析程序结构，读懂带外部中断子程序结构的程序，编写简单的外部中断子程序

任务提出

在日常生活和工作中经常碰到这种情况：正在做某项工作时，有一件更重要的事情要马上处理，这时候必须暂停正在做的工作去处理这一紧急事务，等处理完这一紧急事务后，再继续完成刚才暂停的工作，PLC 也有这样的工作方式，称为中断。中断是指在主程序的执行过程中，中断主程序去执行中断子程序，执行完中断子程序后再回到刚才中断的主程序处继续执行，中断不受 PLC 扫描工作方式的影响，以使 PLC 能迅速响应中断事件。与子程序相同，中断子程序也是为某些特定的控制功能而设定的。与普通子程序不同的是，这些特定的控制功能都有一个共同的特点，即要求响应时间小于机器的扫描周期。因而，中断子程序都不能由程序内设定的条件引出。能引起中断的信号称为中断源，FX_{2N}系列可编程控制器有三类中断源，即外部中断、定时器中断和高速计数器中断。本任务分析外部中断。

任务分析

图 6-12 所示是一个带有外部中断子程序的梯形图。在主程序段中，当特殊辅助继电器 M8050 为 0 时，标号为 I001 的中断子程序允许执行。该中断在输入口 X000 送入上升沿信号时执行，上升沿信号出现一次则该中断执行一次，执行完毕后即返回主程序。本中断子程序的功能是 M8013 驱动输出继电器 Y011 工作。作为执行结果的输出继电器 Y011 的状态，取决于 X000 出现上升沿时 M8013 秒时钟脉冲的状态。即 M8013 置 1 则 Y011 置 1，M8013 置 0 则 Y011 置 0。

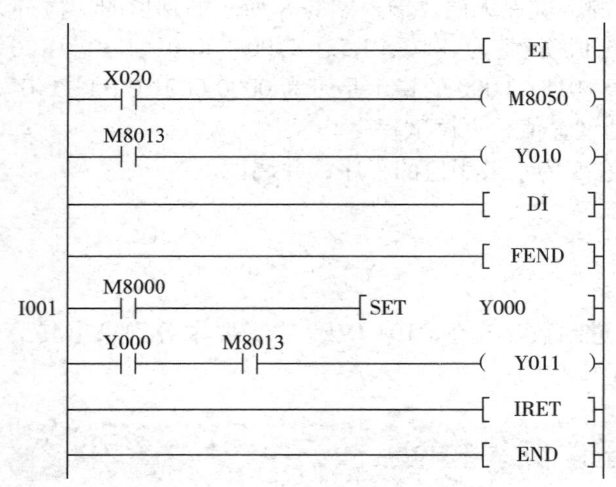

图 6-12　外部中断子程序梯形图

外部中断常用来引入发生频率高于机器扫描频率的外部控制信号，或用于处理需快速响应的信号。例如，在可控整流装置的控制中，取自同步变压器的触发同步信号可经专用输入端子引入可编程控制器作为中断源，并以此信号作为移相角的计算起点。

相关知识

一、中断指针

中断指针（I）用来指明某一中断源的中断程序入口，当执行到 IRET（中断返回）指令时返回主程序。中断指针应在 FEND 指令之后使用。

外部输入中断是指从输入端子送入，用于机外突发随机事件引起的中断。图 6-13 所示是外部输入中断指针编号的含义，输入中断指针为 I□0□，最高位与 X000～X005 的元件号相对应，即输入号分别为 0～5（从 X000～X005 输入），最低位为中断信号的形式，为 0 时表示下降沿中断，为 1 时表示上升沿中断。例如，中断指针 I001 之后的中断程序在输入信号 X000 的上升沿时执行。

同一个输入中断源只能使用上升沿中断或下降沿中断，例如，不能同时使用中断指针 I000 和 I001。用于中断的输入点不能与已经用于高速计数器的输入点冲突。

二、与中断有关的指令

与中断有关的指令有中断返回指令（IRET）、允许中断指令（EI）和禁止中断指令（DI），均无操作数。

1. PLC 通常处于禁止中断的状态，指令 EI 和 DI 之间的程序段为允许中断的区间，当程序执行到该区间时，如果中断源产生中断，CPU 将停止执行当前的程序，转去执行相应的中断子程序，执行到中断子程序中的 IRET 指令时，返回原断点，继续执行原来的程序。

2. 中断程序从它唯一的中断指针开始，到第一条 IRET 指令结束。中断程序应放在 FEND 指令之后，IRET 指令只能在中断程序中使用，中断程序的结构如图 6-14 所示。当特殊辅助继电器 M805△（△=0～8）为 ON 时，禁止执行相应的中断 I△□□（□□是与中断有关的数字）。例如，当 M8050 为 ON 时，禁止执行相应的中断 I000 和 I001。当 M8059 为 ON 时，关闭所有的计数器中断。

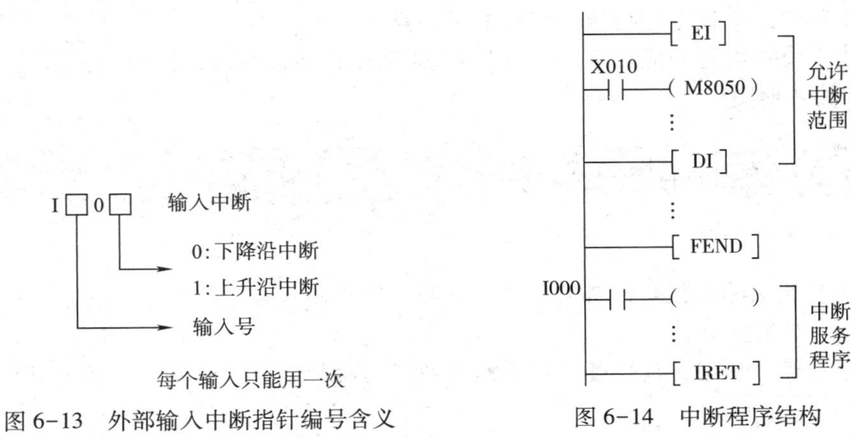

图 6-13　外部输入中断指针编号含义　　图 6-14　中断程序结构

3. 由于中断的控制是脱离于程序的扫描执行机制的，所以，当多个突发事件同时出现时必须有一个处理秩序，这就是中断优先权。中断优先权由中断号的大小决定，号数小的中断优先权高。由于外部中断号整体上小于定时器中断号，因此，外部中断的优先权较高。

4. 当执行一个中断子程序时，其他中断被禁止，在中断子程序中编入 EI 和 DI，可实现双重中断，子程序中只允许两级中断嵌套。一次中断请求，中断程序一般仅能执行一次。

5. 如果中断信号在禁止中断区间出现，该中断信号被储存，并在 EI 指令之后响应该中断。不需要关闭中断时，可只使用 EI 指令，不使用 DI 指令。

6. 中断输入信号的脉冲宽度应大于 200 μs，选择了输入中断后，其硬件输入滤波器会自动复位为 50 μs（通常为 10 ms）。

7. 直接高速输入可用于捕获窄脉冲信号。FX 系列 PLC 需要用 EI 指令来激活 X000～X005 的脉冲捕获功能，捕获的脉冲状态存放在 M8170～M8175 中。接收到脉冲后，相应的特殊辅助继电器 M 会变为 ON，此时可用捕获的脉冲来触发某些操作。如果输入元件已用于其他高速功能，则脉冲捕获功能将被禁止。

任务实施

1. 将一个按钮接到 X000 模拟外部中断信号，将另一个带自锁功能的按钮接到 X020 模拟外部中断禁止信号，输出用指示灯代替，然后连接 PLC 的电源，确保无误。

2. 输入图 6-12 所示的梯形图，检查无误后运行程序。

3. 先按下 X020，再按 X000，观察输出继电器（Y010、Y011）的状态有无变化，判断有无中断。

4. 再按一下 X020，解除 M8050 的禁止中断后，再按 X000，观察输出继电器（Y010、Y011）的状态有无变化，判断有无中断。

思考与练习

1. 试比较中断子程序和普通子程序的异同点。

2. 某化工设备设有外应急信号，用以封锁所有输出口，以保证设备的安全。试用中断方法设计相关梯形图。

任务 5　定时中断子程序

知识点：

- 掌握监控定时器指令、斜坡指令，掌握定时中断入口

技能点：

- 会分析程序结构，读懂带定时中断子程序结构的程序，编写简单的定时中断子程序

任务提出

在电动机等设备的软启动控制中经常要用到斜坡信号，FX 系列可编程控制器的斜坡输

出指令是用于产生线性变化的模拟量输出指令，使用定时中断实现。

任务分析

斜坡信号发生电路的梯形图如图 6-15 所示，其中指针 I610 是定时中断入口地址，RAMP 指令为斜坡输出指令。RAMP 指令源操作数 D1 为斜坡初始值，D2 为斜坡最终值，D3 为斜坡数据的当前值，辅助操作数 K1000 为从初始值到最终值需经过的指令操作次数。该指令如不采取中断控制方式，从初始值到最终值的时间及变化速率就会受到扫描周期的影响。但在图 6-15 中，由于使用了指针为 I610 的定时中断程序，所以 D3 数值的变化时间及变化的线性就得到了保障。

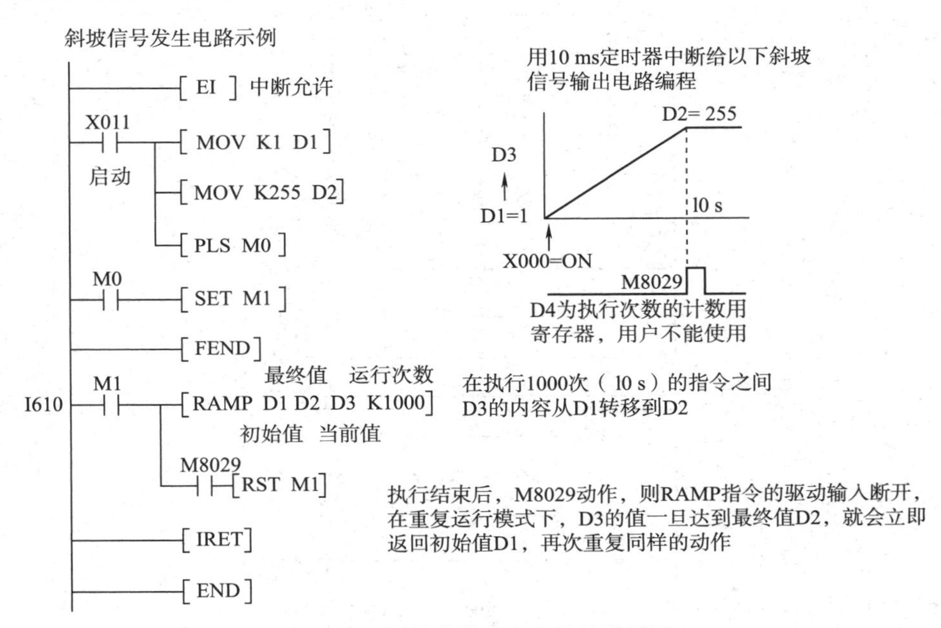

图 6-15 斜坡信号发生电路的梯形图

定时中断在工业控制中还常用于快速采样处理和定时快速采集外界变化的信号等方面。

相关知识

一、定时中断入口

FX_{2N} 和 FX_{2NC} 系列 PLC 有 3 点定时中断，如图 6-16 所示。中断指针为 I6□□~I8□□，低两位是以 ms 为单位的定时时间。定时中断使 PLC 以指定的周期定时执行中断子程序，循环处理某些任务，处理时间不受 PLC 扫描周期的影响。定时中断是机内中断，使用定时器引出，多用于周期性工作的场合。

用特殊辅助继电器 M8056~M8058 来实现中断的选择，当这些辅助继电器通过控制信号被置 1 时，其对应的中断就会被封锁。

图 6-17 所示为一段试验性质的定时中断子程序。中断指针 I610 是中断号为 6、时间周期为 10 ms 的定时器中断。从梯形图的内容来看，每执行一次中断程序，数据寄存器 D0 中数据加 1，当加到 1000 时 Y002 置 1。为了验证中断程序执行的正确性，在主程序段中设有定时器 T0，设定值为 100，并用此定时器控制输出口 Y001，这样当 X020 由 ON 至 OFF 并经历 10 s 后，Y001 及 Y002 会同时置 1。

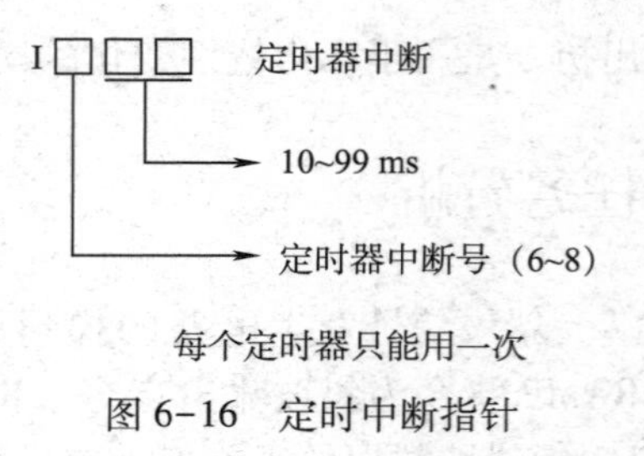

图 6-16　定时中断指针

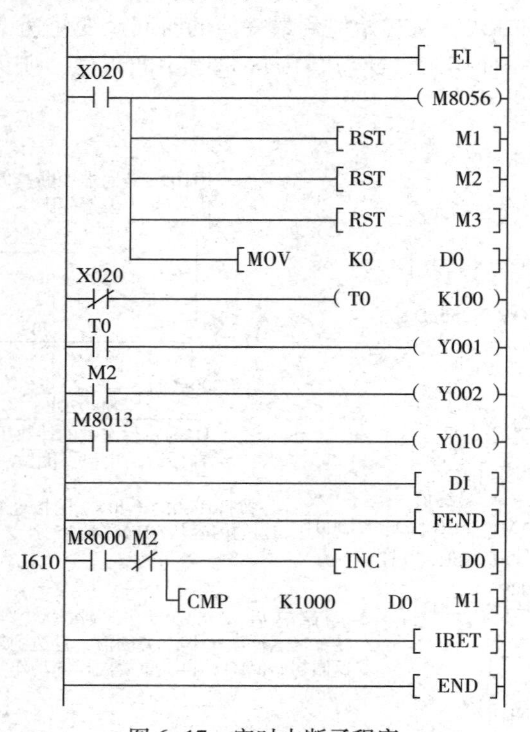

图 6-17　定时中断子程序

二、监控定时器指令

监控定时器指令（WDT）无操作数。当执行 FEND 和 END 指令时，监控定时器被刷新（复位），PLC 正常工作时扫描周期（从 0 步到 FEND 或 END 指令的执行时间）小于它的定时时间。如果强烈的外部干扰使 PLC 偏离正常的程序执行路线，那么，监控定时器不再被复位，定时时间到时，PLC 将停止运行，它上面的 CPU-E 发光二极管亮。监控定时器定时时间的缺省值为 200 ms，可通过修改 D8000 来设定它的定时时间。如果扫描周期大于它的定时时间，可将 WDT 指令插入合适的程序步中刷新监控定时器。如图 6-18 所示，将240 ms 的程序一分为二并在它们中间加入 WDT 指令，则前半部分和后半部分都在 200 ms 以下。如果 FOR-NEXT 循环程序的执行时间可能超过监控定时器的定时时间，可将 WDT 指令插入循环程序中。条件跳转指令 CJ 若在它对应的指针之后（即程序往回跳），可能因连续反复跳转使它们之间的程序被反复执行，这样总的执行时间可能超过监控定时器的定时时间，为了避免出现这样的情况，可在 CJ 指令和对应的指针之间插入 WDT 指令。

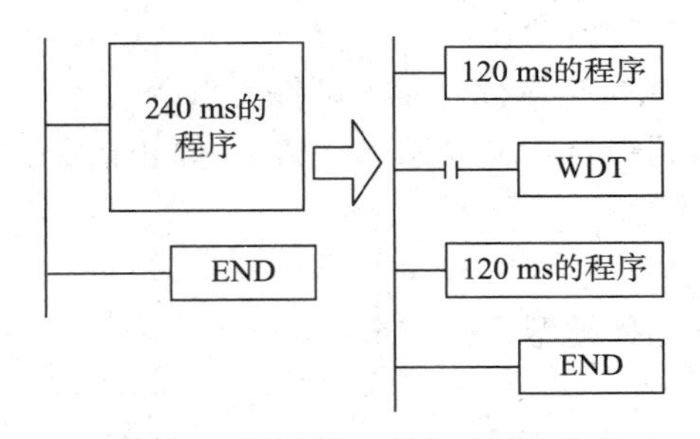

图 6-18 WDT 指令插入程序步中刷新监控定时器

三、斜坡指令

斜坡指令（RAMP）的说明如图 6-19 所示，预先把设定的初始值与最终值写入 D1、D2，当 X000 为 ON 时，D3 的内容将从 D1 的值通过几次移动到达 D2 的值，D4 用来存入扫描次数，此指令形成的斜坡信号如图 6-20 所示。

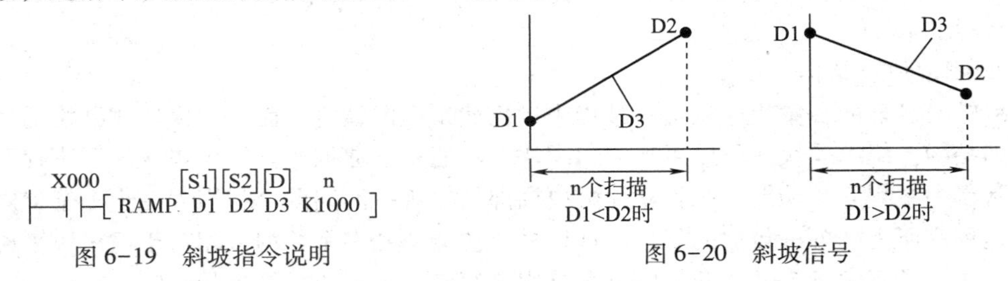

图 6-19 斜坡指令说明

图 6-20 斜坡信号

如果把所定的扫描时间（稍长于程序实际扫描时间）写入 D8039，并驱动 M8039，可编程控制器就变为恒定扫描运行模式。例如，当所定的扫描时间为 20 ms 时，上例中 D3 的值将经过 1 000×20 ms＝20 s 的时间从 D1 变化到 D2。

RAMP 模式标志位 M8026 作斜坡指令保持方式用，它的作用如图 6-21 所示。

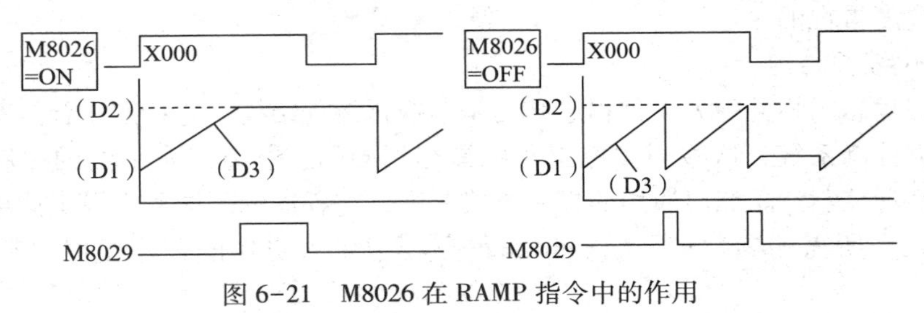

图 6-21 M8026 在 RAMP 指令中的作用

（1）当 M8026 为 ON 时，若驱动条件 X000 为 ON，则斜坡信号 D3 的值由初始值 D1→最终值 D2 变化，最终保持为 D2，即使 X000 变为 OFF，斜坡信号 D3 的值仍然保持为 D2，除非再次将 X000 置为 ON，斜坡信号再从初始值开始变化。

（2）当 M8026 为 OFF 时，若驱动条件 X000 为 ON，则斜坡信号 D3 的值由初始值 D1→最终值 D2 变化，达到最终值后，若 X000 仍为 ON，则 D3 的值回到初始值 D1，然后再向最终值 D2 变化，若变化过程中 X000 复位为 OFF，则变化中止，直到再次将 X000 置为 ON，斜坡信号又从初始值开始向最终值变化。

（3）传送完毕后，指令执行结束标志位 M8029 置 ON。

将斜坡指令与模拟输出相组合，可以输出软启动/停止指令，另外当 X000 为 ON 的状态下 RUN 开始时，D4 应预先清除。

四、程序结构

常用的程序结构有以下几种类型：

1. 简单结构

简单结构也称为线性结构，即指令按照顺序写下来，执行时也是按照顺序运行。程序中也会有分段，简单结构的特点是每个扫描周期中每一条指令都要被扫描。

2. 有跳转及循环的简单结构

按照控制要求，程序需要有选择地执行时要用到跳转指令，如自动、手动程序段的选择及初始化程序段、工作程序段的选择。这时在某个扫描周期中就不一定扫描全部指令，被跳过的指令不被扫描。循环可以视为相反方向的选择，当多次执行某段程序时，其他程序就相当于被跳过。

3. 组织模块式结构

有跳转及循环的简单程序从程序结构来说仍然是纵向结构，而组织模块式结构的程序则存在并列结构。组织模块式程序可分为组织块、功能块、数据块。组织块专门解决程序流程问题，常作为主程序。功能块则独立地解决局部的、单一的问题，相当于一个个子程序。数据块则是程序所需的各种数据的集合。这里多个功能块和多个数据块相对于组织块来说是并列的程序块。子程序指令及中断程序指令常用来编制组织模块式结构的程序。

组织模块式结构为编程提供了清晰的思路。组织块主要解决程序的入口控制，子程序完成单一的功能，程序的编制无疑得到了简化。当然，作为组织块的主程序和作为功能块的子程序，也还是简单结构的程序，不过并不是将简单结构的程序简单地堆积而不用考虑指令排列的次序。PLC 的串行工作方式使得程序的执行顺序和执行结果有十分密切的联系，这在编程中是需要高度重视的。

4. 结构化编程结构

同先进编程思想相关的另一种程序结构是结构化编程结构。它特别适合具有许多同类控制对象的庞大控制系统，这些同类控制对象具有相同的控制方式及不同的控制参数。编程时，先针对某种控制对象编出通用的控制方式程序，在程序的不同程序段中调用这些控制方式程序时再赋予所需的参数值。结构化编程有利于多人协作的程序组织，有利于程序的调试。

任务实施

1. 将输入按钮连接到 X000，然后连接 PLC 的电源，确保无误。
2. 输入图 6-15 所示的梯形图，检查无误后运行程序。
3. 按下输入按钮，观察 D1～D4 中的数值，尤其是 D3 中数值的变化。

思考与练习

设计一个定时中断子程序，要求每 20 ms 读取输入口 K2X0 数据一次，每秒计算一次平均值，并送 D100 存储。

任务 6 高速计数器

知识点：

- 掌握高速计数器和高速计数器指令
- 了解高速计数器中断入口

技能点：

- 会分析程序结构，读懂带高速计数器中断子程序结构的程序，编写简单的高速计数器中断子程序

任务提出

普通计数器的工作受扫描频率的限制，只能对低于扫描频率的信号计数，这无法满足许多工业控制场合的要求。

在工业控制中，许多物理量都可以转变为脉冲列。例如，用光电编码器可以将转速变换为脉冲信号，速度越高，单位时间内脉冲数就越多。用压敏器件可以将电压变为脉冲信号，然后用计数器统计每秒接收到的脉冲数，再经过一定的当量运算就可求出对应的电压值。这种由其他物理量转化成的信号的频率一般高于扫描频率，能达到数千赫兹，普通计数器无法胜任这种计数工作，高速计数器便应运而生。

任务分析

图 6-22a 所示为用高速计数器控制电动机的启动、高速运行、低速运行和停止运行的时序图，图 6-22b 所示为实现此控制的梯形图。电动机启动前，应使 Y010～Y012 和 C251 均复位，因为高速计数器区间比较指令 HSZ 是在计数脉冲输入时进行驱动比较然后将结果输出，所以即使 C251 的当前值为 0，启动时 Y010 也会变为 OFF。因此，为使 Y010 启动时为 ON，应使用区间比较指令 ZCP，当启动脉冲为 ON 时，比较 C251 的当前值和 K1000、K1200，来驱动 Y010。这利用了即使 ZCP 指令为 OFF，比较结果仍被保留这一特点。

相关知识

一、高速计数器

FX_{2N}系列 PLC 设有 C235～C255 共 21 点高速计数器，它们共享 8 个高速计数器输入口

（X000～X007）。使用某个高速计数器时可能要同时使用多个输入口，而这些输入口又不能被多个高速计数器重复使用。在实际应用中，最多只能有 6 个高速计数器同时工作。这样设置是为了使高速计数器能具有多种工作方式，以方便在各种控制工程中选用。FX_{2N} 系列 PLC 的高速计数器可分为一相无启动/复位端子、一相带启动/复位端子、一相双输入型和二相 A-B 相型高速计数器。

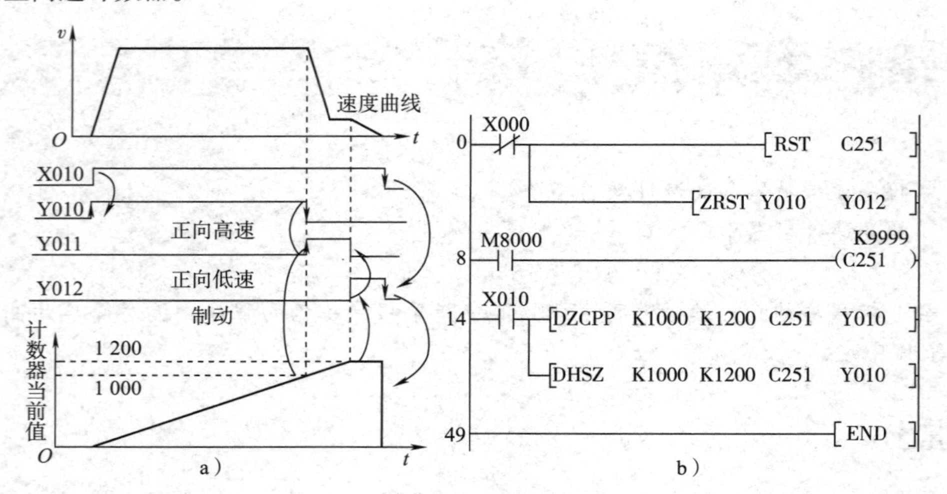

图 6-22　高速计数器控制电动机运行

a）时序图　b）梯形图

高速计数器均为 32 位增减计数器。表 6-2 列出了它们和各输入端之间的对应关系。

表 6-2　FX_{2N} 系列可编程控制器高速计数器与各输入端的对应关系

输入	一相无启动/复位端子						一相带启动/复位端子					一相双输入型					二相 A-B 相型				
	C235	C236	C237	C238	C239	C240	C241	C242	C243	C244	C245	C246	C247	C248	C249	C250	C251	C252	C253	C254	C255
X000	U/D						U/D			U/D		U	U		U		A	A		A	
X001		U/D					R			R		D	D		D		B	B		B	
X002			U/D					U/D			U/D		R		R			R		R	
X003				U/D				R			R			U		U			A		A
X004					U/D				U/D					D		D			B		B
X005						U/D			R					R		R			R		R
X006										S					S					S	
X007											S					S					S

表中：U 表示增计数输入，D 表示减计数输入，A 表示 A 相输入，B 表示 B 相输入，R 表示复位输入，S 表示启动输入。

1. 一相无启动/复位端子

一相无启动/复位端子的高速计数器为 C235～C240，共 6 点。它们的计数方式及触点动作与普通 32 位计数器相同。增计数时，若计数值达到设定值则触点动作并保持；减计数时，若计数值达到设定值则复位。其计数方向取决于计数方向标志继电器 M8235～M8240。M8□□□后三位为对应的高速计数器号。

图 6-23 所示为一相无启动/复位端子高速计数器工作的梯形图，这类计数器只有一个脉冲输入端。图中计数器为 C235，其输入端为 X000。图中 X012 为 C235 的启动信号，这是

由程序安排的启动信号。X010 为由程序安排的计数方向选择信号，接通时为减计数，断开时为增计数（程序中无辅助继电器 M8235 相关程序时，机器默认为增计数）。X011 为复位信号，接通时，执行复位。Y010 为计数器 C235 的控制对象。

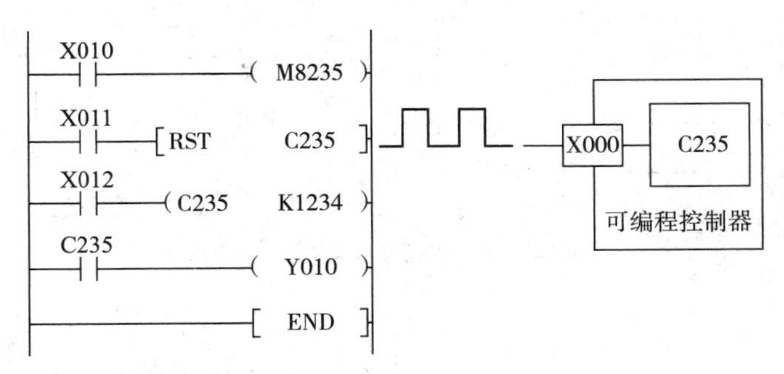

图 6-23　一相无启动/复位端子高速计数器

2. 一相带启动/复位端子

一相带启动/复位端子的高速计数器为 C241～C245，共 5 点，这些计数器较一相无启动/复位端子的高速计数器增加了外部启动和外部复位控制端子，它们的梯形图结构是相同的，如图 6-24 所示。需要注意的是，X007 端子上送入的外启动信号只有在 X015 接通，计数器 C245 被选中时才有效。而 X003（系统复位）及 X014（用户程序复位）两个复位信号则并行有效。

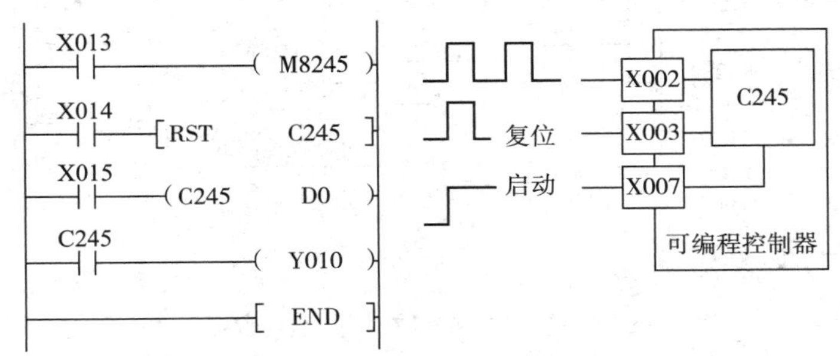

图 6-24　一相带启动/复位端子高速计数器

3. 一相双输入型

一相双输入型高速计数器为 C246～C250，共 5 点。一相双输入型高速计数器有两个外部计数输入端子，一个端子送入的计数脉冲为增计数，另一个端子送入的为减计数。图 6-25 所示为高速计数器 C246 的信号连接情况及梯形图，其中 X000 及 X001 分别为 C246 的增计数输入端及减计数输入端。C246 是通过程序安排启动及复位条件的，如图中的 X011 及 X010。也有部分一相双输入型高速计数器还带有外复位及外启动端，如高速计数器 C250，图 6-26 所示是 C250 的信号连接情况及梯形图，图中 X005 及 X007 分别为外复位及外启动端。它们的工作情况和一相带启动/复位端子高速计数器的相应端子相同。

4. 二相 A-B 相型

二相 A-B 相型高速计数器为 C251～C255，共 5 点。二相 A-B 相型高速计数器的两个脉冲输入端子是同时工作的，外计数方向控制方式由两相脉冲间的相位决定。如图 6-27 所示，当 A 相信号为 1 且 B 相信号为上升沿时为增计数，B 相信号为下降沿时为减计数。其余功能与一相双输入型高速计数器相同。

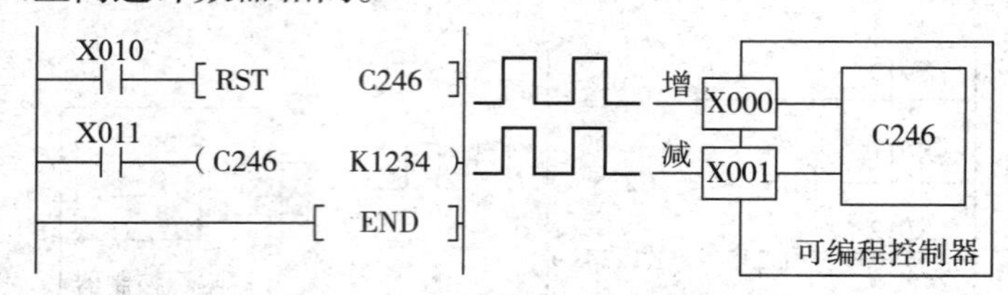

图 6-25　一相双输入型高速计数器

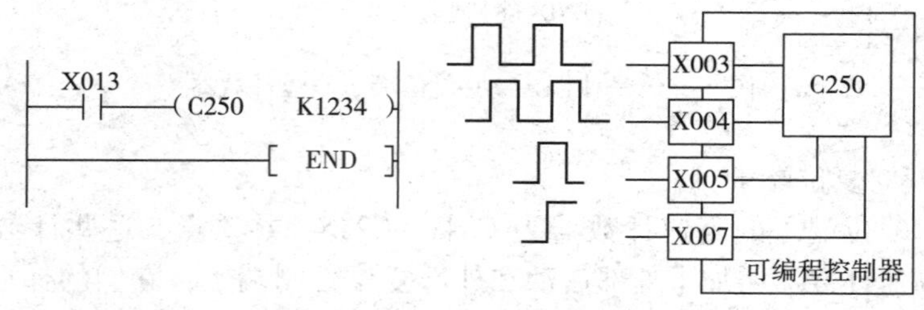

图 6-26　一相双输入型带复位/启动端子高速计数器

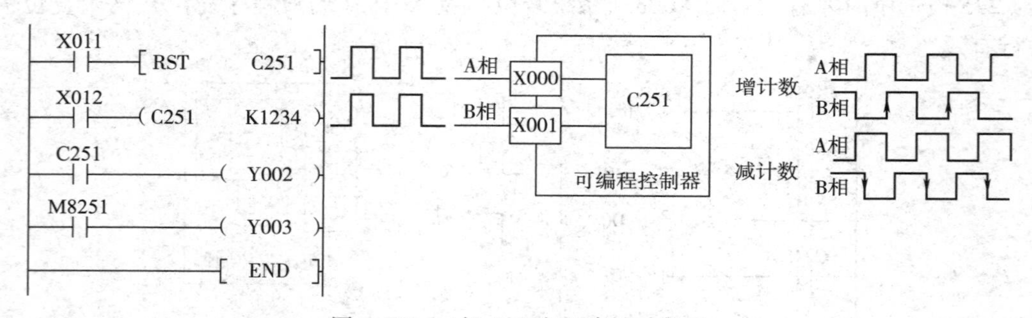

图 6-27　二相 A-B 相型高速计数器

需要说明的是，带有外计数方向控制端的高速计数器也配有与编号相对应的特殊辅助继电器，只是它们没有控制功能，只有指示功能。当采取外部计数方向控制方式工作增计数时，相应的特殊辅助继电器的状态会随着计数方向的变化而变化。高速计数器设定值的设定方法和普通计数器相同，也有直接设定和间接设定两种。此外，也可以使用传送指令修改高速计数器的设定值及当前值。

5. 高速计数器的频率总和

高速计数器的频率总和指同时在 PLC 输入端口上出现的所有信号的最大频率之和。高速计数器采取中断方式工作，它受机器中断处理能力的限制。使用高速计数器，特别是一次使用多个高速计数器时，要注意高速计数器的频率总和。

以 FX_{2N} 系列 PLC 为例，最大频率总和不得超过 20 kHz。安排高速计数器的工作频率时需考虑两个问题：

一是各输入端的响应速度。受硬件限制，只使用一个高速计数器时，输入端 X000、

X002、X003 的最高响应频率为 10 kHz，输入端 X001、X004、X005 的最高响应频率为 7 kHz。

二是被选用的高速计数器及其工作方式，一相型高速计数器无论是增计数还是减计数，都只需一个输入端送入脉冲信号。一相双输入型高速计数器在工作时，如已确定为增计数或为减计数，则情况和一相型类似。如增计数脉冲和减计数脉冲同时存在，则同一高速计数器所占用的工作频率应为两相信号频率之和。二相 A-B 相型高速计数器工作时不但要接收两路脉冲信号，还需同时完成对两路脉冲的解码工作，其每相的计数频率不得高于 2 kHz。且在计算总的频率时，要将它们的工作频率乘 4。

6. 高速计数器的两种使用方式

高速计数器是一种用于实现数值控制的设备，使用的目的是通过高速计数器的计数值控制其他器件的工作状态。高速计数器通常有两种使用方式：

一是和普通计数器相同，通过高速计数器本身的触点在高速计数器达到设定值时动作并完成控制任务，如图 6-24 所示，利用 C245 触点控制 Y010 线圈，这种工作方式要受扫描周期的影响。从高速计数器计数值达到设定值至输出动作的时间有可能大于一个扫描周期，这显然会影响高速计数器的计数准确性。

二是直接使用高速计数器工作指令，这种指令以中断方式工作，在高速计数器达到设定值时立即驱动相关器件动作。

二、高速计数器指令

1. 高速计数器置位指令

高速计数器置位指令（HSCS）的说明如图 6-28 所示。在图 6-28a 中，当 C255 的当前值由 99 变为 100 或由 101 变为 100 时，Y010 立即变为 ON（即置位）。在图 6-28b 中，当 C255 的当前值由 99 变为 100 或由 101 变为 100 时，Y010 也变为 ON，但它会受到扫描周期的影响。

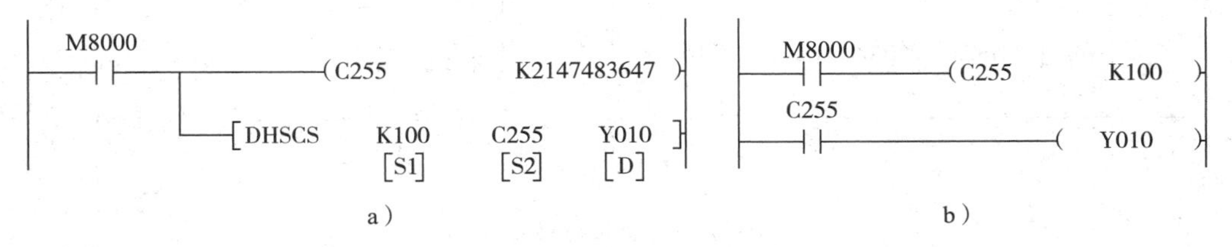

图 6-28　高速计数器置位指令

a）使用高速计数器置位指令　b）通过计数器触点控制线圈

使用高速计数器置位指令时，梯形图应含有高速计数器设置内容，以明确某个高速计数器被选用。当不涉及高速计数器触点控制时，高速计数器的设定值可设为高速计数器计数最大值或任意高于控制数值的数据，如图 6-28a 中 C255 的设定值为 K2147483647。

2. 高速计数器复位指令

高速计数器复位指令（HSCR）的用法之一如图 6-29a 所示，当 C255 的当前值由 99 变为 100 或由 101 变为 100 时，Y010 立即变为 OFF（即复位）。

图 6-29b 所示是高速计数器复位指令的另一种用法，高速计数器复位的对象是高速计

数器本身。它采用计数器触点控制方式和中断控制方式相结合的方法，使高速计数器的触点按一定的时间要求接通或复位以形成工作脉冲波形。

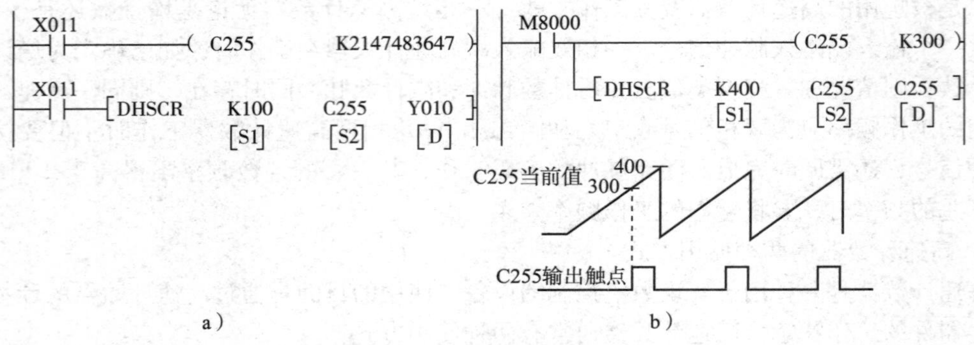

图 6-29　高速计数器复位指令

a）用法一　b）用法二

特殊辅助继电器 M8025 为高速计数器指令的外部复位标志。当 M8025 置 1 且高速计数器的外部复位端送入复位脉冲时，高速计数器复位指令指定的高速计数器立即复位。因此，高速计数器的外部复位输入端在 M8025 置 1 且使用高速计数器复位指令时，可作为高速计数器的计数起始控制。图 6-30a 所示为 M8025 在实际控制中的应用。

如图 6-30b 所示，当 M8025 置 1 且高速计数器复位指令的设定值为 0 时，外部复位端 X001 的复位脉冲可以使指令的控制对象立即动作，从而通过外部复位端使 Y010 复位。

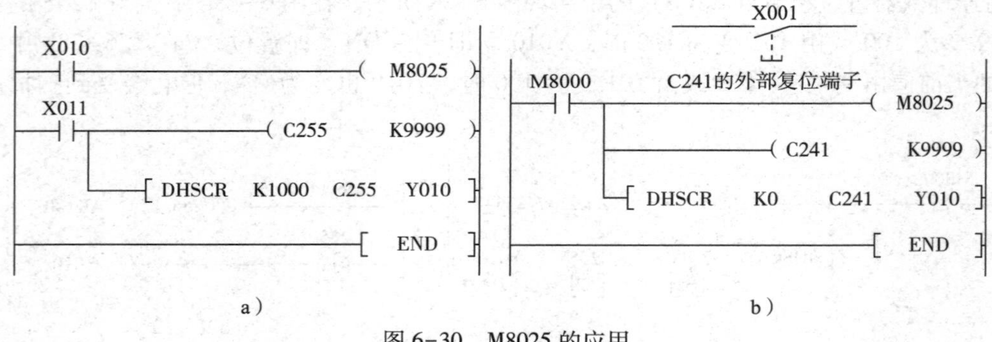

图 6-30　M8025 的应用

3. 高速计数器区间比较指令

高速计数器区间比较指令（HSZ）的说明如图 6-31 所示，当高速计数器 C251 的当前值小于 1 000 时，Y000 置 1；大于等于 1 000 且小于等于 2 000 时，Y001 置 1；大于 2 000 时，Y002 置 1。

三、高速计数器中断入口

FX_{2N}和 FX_{2NC}系列 PLC 有 6 点计数器中断，中断指针为 I0□0（□ = 1 ~ 6）。通过计数器中断与高速计数器指令的配合使高速计数器工作有中断方式，可根据高速计数器的计数当前值与计数设定值的关系来确定是否执行相应的中断程序。

如图 6-32 所示，当 C255 的当前值由 99 变为 100 或由 101 变为 100 时，中断指针 I010

立即置位。转入中断程序运行，中断程序运行完毕后，又回到主程序断点处运行。

在同一程序中如多处使用高速计数器控制指令，则其控制对象输出继电器的编号的高位应相同，以便在同一中断处理过程中完成控制。

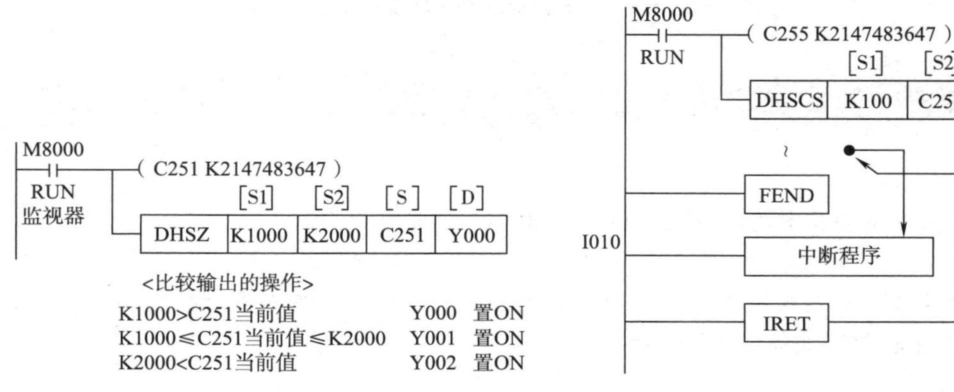

图 6-31　高速计数器区间比较指令说明

图 6-32　高速计数器中断程序

任务实施

1. 以图 6-23 所示的梯形图为例进行高速计数器调试，利用信号发生器输出 5 kHz 的方波，连接到 PLC 的 X000，再将 3 个按钮连接到 PLC 的 X010~X012，输出用指示灯代替，然后连接 PLC 的电源，确保无误。

2. 输入图 6-23 所示的梯形图，检查无误后运行程序，观察输出继电器（Y010）的状态有无变化。

3. 用以上方法调试本任务中的相关程序。

思考与练习

1. 高速计数器与普通计数器在使用方面有哪些异同点？

2. 如何控制高速计数器的计数方向？

3. 某生产设备需每分钟记录一次温度值，温度经传感变换后以脉冲序列输出，请编写出能实现此功能的梯形图。

课题七　特殊功能模块

任务 1　模拟量输入/输出模块及其应用

知识点：

- 掌握常用的模拟量输入/输出模块和 FROM/TO 指令

技能点：

- 会连接特殊功能模块与 PLC 主单元，会按照连接顺序对特殊功能模块编号，会使用 FROM/TO 指令对外部设备进行读写和控制

任务提出

在图 7-1 所示的设备中有一个水箱，水箱中安装有一压力变送器（压力传感器）和一温度传感器，电动调节阀控制进水量，温度传感器检测水温，压力传感器检测水压。现要用 PLC 来检测水温、水压，控制进水量。

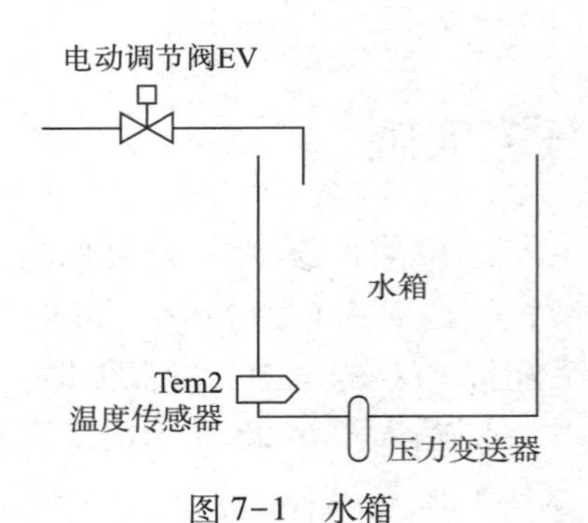

图 7-1　水箱

任务分析

PLC 是从继电器控制系统的替代产品发展而来的，主要的控制对象是机电产品，以开关量居多。但许多实际生产控制中，控制对象往往既有开关量又有模拟量，因而 PLC 必须有处理模拟量的能力。PLC 的许多功能指令可以处理各种形式的数字量（16/32 位，整数/实数），只需加上硬件的 A/D、D/A 接口，实现模/数、数/模转换，就可以方便地处理模拟量。图 7-2 所示为 PLC 处理模拟量的流程图，从流程图中可以看出，实际上 PLC 在用户程序中处理的只是与模拟量成比例的数字量。

在本任务中，温度传感器连接到模拟量输入模块 FX_{2N}-4AD-PT 的通道 1，压力传感器连接到模块 FX_{0N}-3A 的输入通道 1，电动调节阀的控制信号连接到 FX_{0N}-3A 的输出通道（模块输出电流 4~20 mA）。图 7-3 所示为 PLC 主单元与扩展模块的实物图。

1. 读取水箱温度

图 7-4 所示为读取水箱温度的梯形图程序，第一行表示将 0 号模块 CH1~CH4 的用于计算的平均值为 50，第二行表示将 0 号模块 CN1 的平均温度值写到 D1 中。

2. 读取水箱压力

图 7-5 所示为读取水箱压力的梯形图程序，第一行、第二行表示 1 号模块选择了模拟输入通道 1（BFM17 的 b0=0），并且启动 A/D 转换处理（BFM17 的 b1=0→1），第三行表示将 1 号模块 CH1（即水箱压力）经 A/D 转换处理后的数字量写到 D0 中。

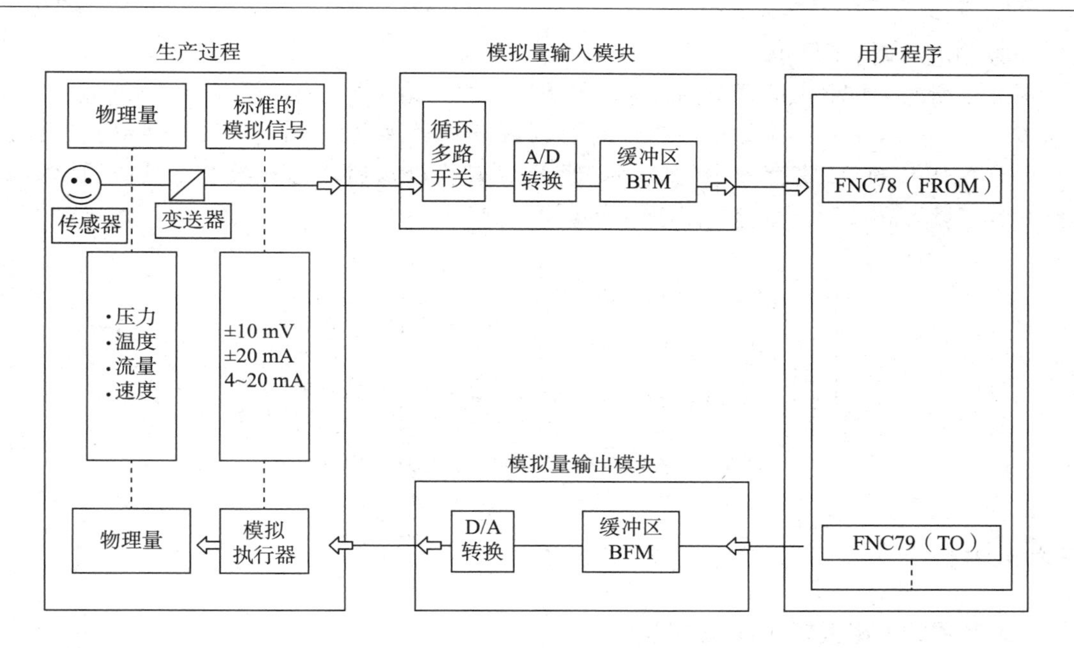

图 7-2　模拟量处理流程图

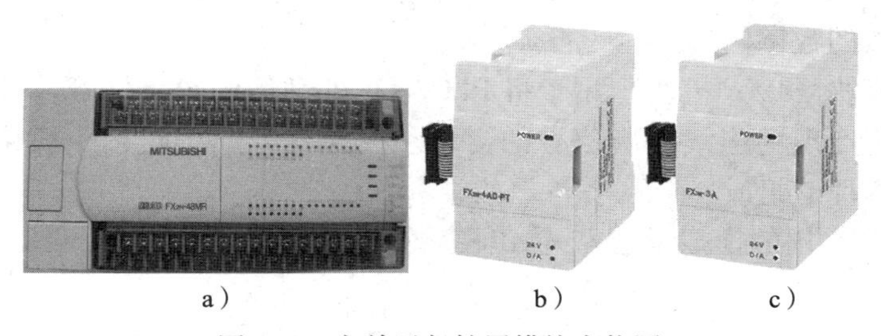

a）　　　　　　b）　　　　　　c）

图 7-3　主单元与扩展模块实物图

a）主单元　b）FX_{2N}-4AD-PT　c）FX_{0N}-3A

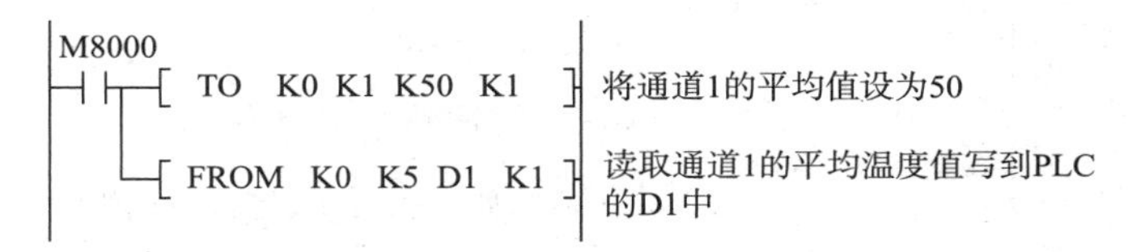

图 7-4　读取水箱温度的梯形图程序

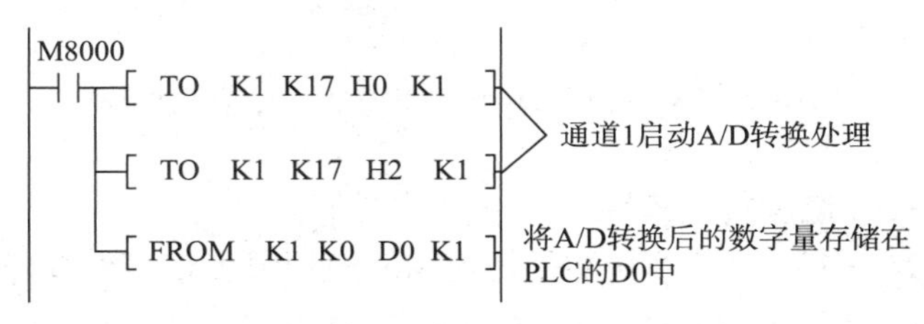

图 7-5　读取水箱压力的梯形图程序

3. 控制电动调节阀开度

图 7-6 所示为控制电路调节阀开度的梯形图程序，第一行、第二行表示 1 号模块模拟输出通道（FX_{0N}-3A 只有一个输出通道）启动 D/A 转换处理（BFM17 的 b2＝0→1），第三行表示存储在 PLC 的 D2 寄存器中的数字量经 D/A 转换处理后输出与数字量等值的模拟量。本例中数字量为 0~250，对应电流输出为 4~20 mA。

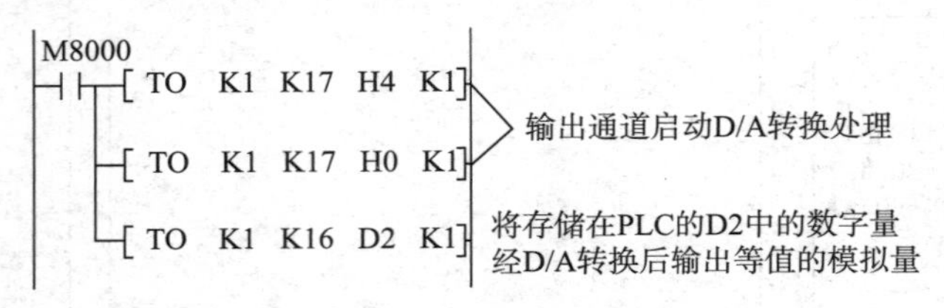

图 7-6　控制电动调节阀开度的梯形图程序

相关知识

一、常用的模拟量输入/输出模块

模拟量输入模块（A/D 模块）用于把现场连续变化的模拟信号转换成适合 PLC 内部处理的数字信号。输入的模拟信号经运算放大器放大后进行 A/D 转换，再经光电耦合器为 PLC 提供一定位数的数字信号。

模拟量输出模块（D/A 模块）用于将 PLC 运算处理后的数字信号转换为相应的模拟信号输出，以满足生产现场连续控制信号的需求。模拟信号输出接口一般由光电隔离、D/A 转换和信号驱动等环节组成。

FX_{2N}系列 PLC 常用的模拟量输入/输出模块如图 7-7 所示。

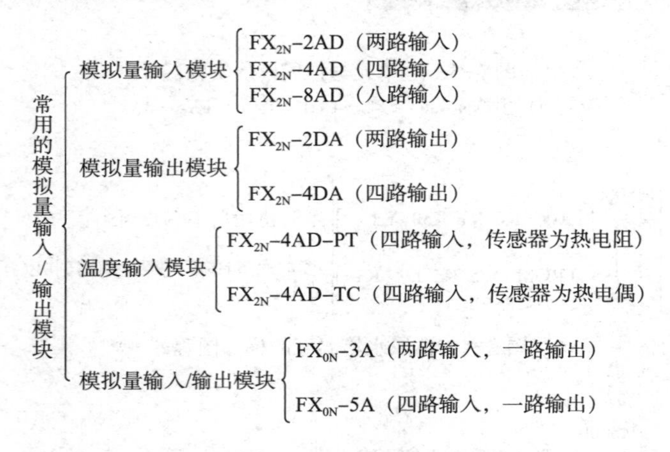

图 7-7　FX_{2N}系列 PLC 常用模拟量输入/输出模块

二、FX_{2N}-4AD-PT 温度输入模块

温度输入模块 FX_{2N}-4AD-PT 的功能是把现场的模拟温度信号转换成相应的数字信号送给 PLC 主单元。

FX_{2N}有两种温度输入模块，一种是热电偶传感器，另一种是热电阻铂温度传感器，两者基本原理相同。现介绍 FX_{2N}-4AD-PT 温度输入模块。

1. 特点

FX_{2N}-4AD-PT 温度输入模块将来自 4 个铂温度传感器（Pt100，3 线，100 Ω）的输入信号放大，并将数据转换成 12 位的可读数据，存储在 PLC 主单元中。摄氏温度和华氏温度数据都可读取，读分辨率是 0.2~0.3 ℃/0.36~0.54 °F。

所有的数据传输和参数设置都可以通过 FX_{2N}-4AD-PT 的软件调整，由 FX_{2N}系列 PLC 的 TO/FROM 应用指令完成。

FX_{2N}-4AD-PT 的占用 FX_{2N}扩展总线的 8 个点，这 8 个点可分配为输入或输出，FX_{2N}-4AD-PT消耗 FX_{2N}主单元或有源扩展单元 5 V 电源槽的 3 mA 电流。

2. 接线

FX_{2N}-4AD-PT 的接线如图 7-8 所示。模拟输入电缆使用 Pt100 传感器的电缆线或双绞线屏蔽电缆，与电源线或其他可能产生电气干扰的电线隔开，以压降补偿的方式配线以提高传感器的精度。为了防止电气干扰，将外壳地线端子（FG）连接 FX_{2N}-4AD-PT 的接地端与 FX_{2N}主单元的接地端使用 3 级接地。PLC 的外部或内部 24 V 电源都可使用。

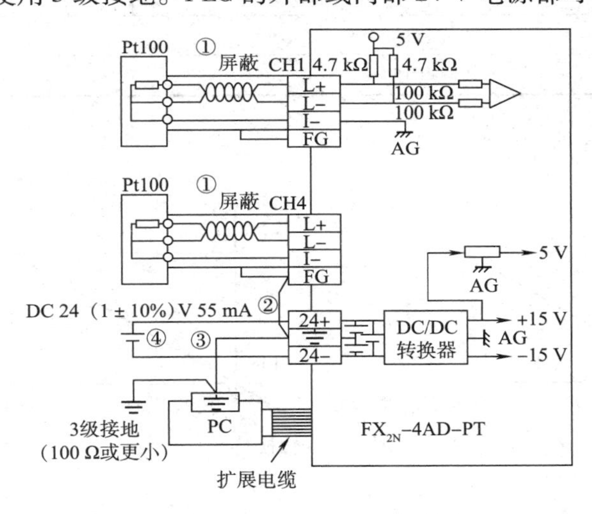

图 7-8 FX_{2N}-4AD-PT 接线图

3. 技术指标与转换特性

技术指标见表 7-1、表 7-2 和表 7-3。

表 7-1 环境指标

项目	说明
环境指标（不包括下面一项）	与 FX_{2N}主单元相同
耐压绝缘电压	AC 500 V，1 min（在所有端子和地之间）

表 7-2　　**电源指标**

项　　目	说　　明
模拟电路	DC 24（1±10%）V，50 mA
数字电路	DC 5 V，30 mA（源于主单元的内部电源）

表 7-3　　**性能指标**

项　　目	摄氏度	华氏度
	通过读取适当的缓冲区，可以得到摄氏度和华氏度两种可读数据	
模拟输入信号	铂温度传感器 Pt100（100 Ω），3 线，4 通道（CH1、CH2、CH3、CH4），3 850×10^{-6}/℃（DIN 43760，JIS C1604-1989）	
传感器电流	1 mA 传感器，Pt100（100 Ω）	
补偿范围	-100~600 ℃	-148~1 112 ℉
数字输出	-1 000~6 000	-1 480~11 120
	12 位转换（11 数据位+1 符号位）	
最小可测温度	0. 2~0. 3 ℃	0. 36~0. 54 ℉
总精度	全范围的±10%	
转换速度	4 通道 15 ms	

转换特性如图 7-9 所示。

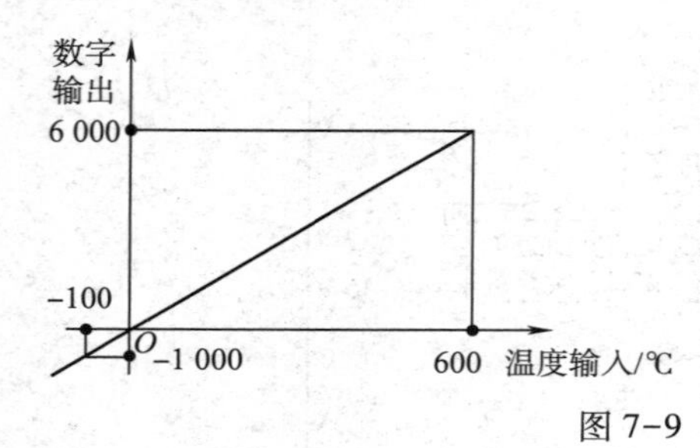

图 7-9　转换特性

4. 缓冲寄存器的分配

每一个模拟量输入/输出模块都有一个缓冲寄存器（BFM），FX_{2N}-4AD-PT 的 BFM 分配见表 7-4。

表 7-4　　**FX_{2N}-4AD-PT 模块 BFM 的分配**

BFM	内　　容	说　　明
* #1~#4	包含采样数（1~4 096），用于得到平均结果，默认值=8	被平均的采样值被分配给 BFM#1~BFM#4，只有 1~4 096 的范围是有效的，溢出的值将被忽略。使用默认值 8 最近转换的一些可读值被平均后，给出一个平滑后的可读值。平均数据保存在 BFM#5~BFM#8 和 BFM#13~BFM#16 中
* #5~#8	CH1~CH4 在 0. 1 ℃单位下的平均温度	
* #9~#12	CH1~CH4 在 0. 1 ℃单位下的当前温度	

续表

BFM	内容	说明
* #13~#16	CH1~CH4 在 0.1 ℉单位下的平均温度	BFM#9~BFM#12 和 BFM#17~BFM#20 用于保存输入数据的当前值，这个数值以 0.1 ℃或 0.1 ℉为单位，不过可用的分辨率只有 0.2~0.3 ℃或 0.36~0.54 ℉
* #17~#20	CH1~CH4 在 0.1 ℉单位下的当前温度	
* #21~#27	保留	
* #28	数字范围错误锁存	
* #29	错误状态	
* #30	识别码 K2040	
* #31	保留	

（1）BFM#28。数字范围错误锁存见表 7-5，BFM#28 锁存每个通道的错误状态，并且可用于检查热电偶是否断开。

表 7-5　　数字范围错误锁存

b15~b8	b7	b6	b5	b4	b3	b2	b1	b0
未用	高	低	高	低	高	低	高	低
	CH4		CH3		CH2		CH1	

低：当温度测量值下降且低于最低可测量温度极限时，锁存 ON。

高：当测量温度升高且高过最高温度极限或热电偶断开时，打开 ON。

如果出现错误，则在错误出现之前的温度数据被锁存。如果测量值返回到有效范围内，则温度数据返回正常运行（注：错误仍然被锁存在 BFM#28 中）。

用 TO 指令向 BFM#28 写入 K0 或者关闭电源，可清除错误。

（2）BFM#29。错误状态见表 7-6，BFM#29 的 b10（数字范围错误）用于判断测量温度是否在允许范围内。

表 7-6　　BFM#29 错误状态表

BFM#29 的位设备	开	关
b0：错误	如果 b1~b3 中任何一个为 ON，出错通道的 A/D 转换停止	无错误
b1：保留	保留	保留
b2：电源故障	DC 24 V 电源故障	电源正常
b3：硬件错误	A/D 转换器或其他硬件故障	硬件正常
b4~b9：保留	保留	保留
b10：数字范围错误	数字输出/模拟输入值超出指定范围	数值正常
b11：平均错误	所选平均结果的数值超出可用范围，参考 BFM#1~BFM#4	平均正常（为 1~4 096）
b12~b15：保留	保留	保留

（3）BFM#30。可以使用 FROM 指令从 BFM#30 中读出特殊功能模块的识别码或 ID 号。FX_{2N}-4AD-PT 模块的识别码是 K2040。在 PLC 的用户程序中可以使用这个号码，以在传输和接收数据之前确认此特殊功能模块。

三、FX_{0N}-3A 模拟量输入/输出模块

模拟量输入/输出模块 FX_{0N}-3A 的功能是把现场的模拟信号转换成相应的数字信号送给 PLC 主单元，也把 PLC 的数字信号转换成模拟信号送给生产现场以满足连续控制信号的需求。

1. 特点

模拟量输入/输出模块 FX_{0N}-3A 为两通道输入，一通道输出，在输入/输出的基础上选择电流或电压由用户的接线决定。

2. 接线

FX_{0N}-3A 模块的接线如图 7-10 所示。模拟量输入/输出模块 FX_{0N}-3A 的输入通道 1 有“VIN1”“IIN1”“COM” 3 个接线端，输入通道 2 有“VIN2”“IIN2”“COM” 3 个接线端，输出通道有“VOUT”“IOUT”“COM” 3 个接线端。

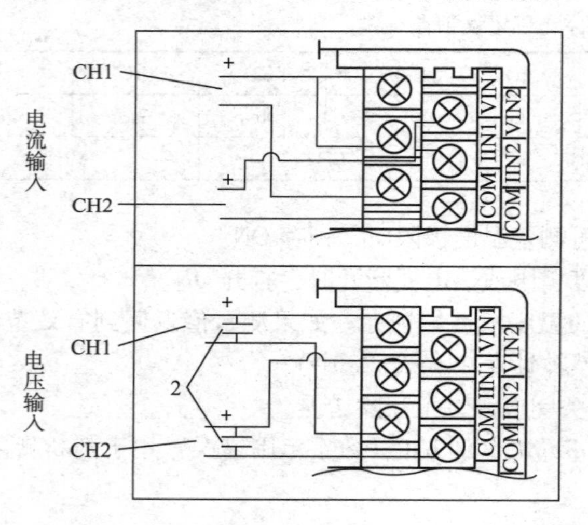

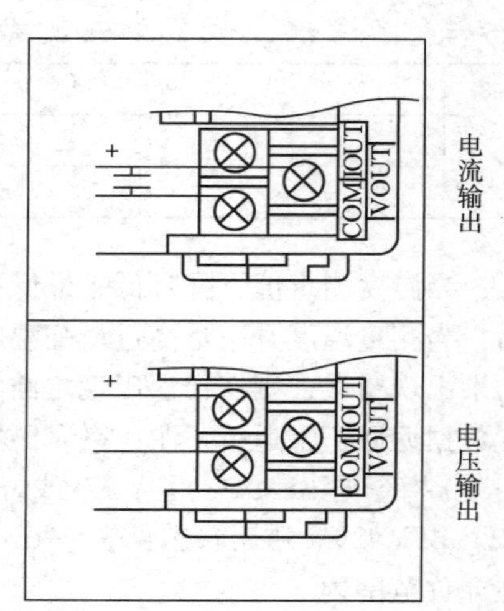

图 7-10　FX_{0N}-3A 模块接线图

3. 技术指标

FX_{0N}-3A 的技术指标见表 7-7。

表 7-7　模拟量输入/输出模块 FX_{0N}-3A 的技术指标

项　目	说　明
模拟电路电源要求	DC 24 V（1±10%），90 mA（来自主单元的内部电源）
数字电路电源要求	DC 5 V，30 mA（来自主单元的内部电源）
绝缘	模拟和数字电路之间光电耦合器绝缘 模拟通道之间无绝缘
占用的 I/O 点数	在扩展母线上占用 8 个 I/O 点（输入或输出）

续表

项目	说明	
	电压输入	电流输入
模拟输入范围	在出货时，已为 DC 0~10 V 输入选择了 0~250 的范围 如果把 FX_{0N}-3A 用于电流输入或区分 DC 0~10 V 之外的电压输入，则需要重新调整偏置和增益 模块不允许两个通道有不同的输入特性	
	DC 0~10 V，0~5 V，电阻 200 kΩ 警告：输入电压超过-0. 5 V、+15 V 就可能损坏该模块	4~20 mA，电阻 250 Ω 警告：输入电流超过-2 mA 或 60 mA 就可能损坏该模块
数字分辨率（输入）	8 位	
最小输入信号分辨率	40 mV：0~10 V/0~250（出货时），依据输入特性而定	64 μA：4~20 mA/0~250，依据数据输入特性而变
总精度	±0. 1 V	±0. 16 mA
处理时间	TO 指令处理时间×2+FROM 指令处理时间	
输入特点	[出货时] 数字值 255 250 1 O 0.040 10 10.2 模拟输入电压/V 数字值 255 250 1 O 0.020 5 5.1 模拟输入电压/V	数字值 255 250 1 O 4 4.064 20 20.32 模拟输入电流/mA
	模块不允许两个通道有不同的输入特性	
	电压输出	电流输出
模拟输出范围	在出货时，已为 DC 0~10 V 输出选择了 0~250 的范围 如果把 FX_{0N}-3A 用于电流输出或区分 DC 0~10 V 之外的电压输出，则需要重新调整偏置和增益	
	DC 0~10 V，0~5 V，外部负载：1 kΩ~1 MΩ	4~20 mA，外部负载：500 Ω 或更小
数字分辨率（输出）	8 位	
最小输出信号分辨率	40 mV：0~10 V/0~250（出货时），依据输入特性而变	64 μA：4~20 mA/0~250，依据数据输入特性而变
总精度	±0. 1 V	±0. 16 mA
处理时间	TO 指令处理时间×3	
输出特点	[出货时] 模拟输出电压/V 10.2 10 0.040 O 1 250 255 数字值 模拟输出电压/V 5.1 5 0.020 O 1 250 255 数字值	模拟输出电流/mA 20.32 20 4.064 4 O 1 250 255 数字值
	如果使用大于 8 位的数字源数据，则只有 8 位的数据有效，附加（高）位将被忽略	

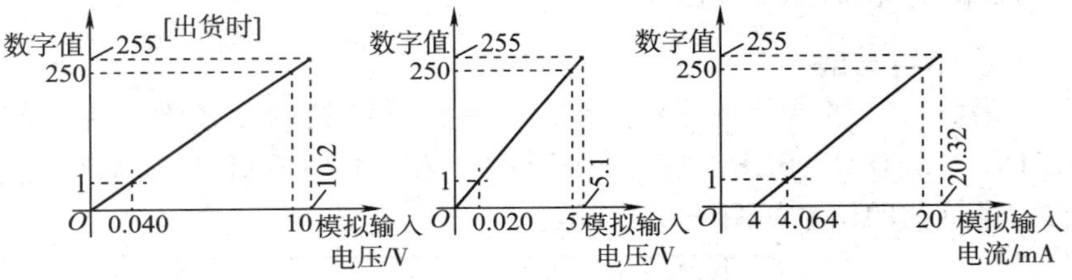

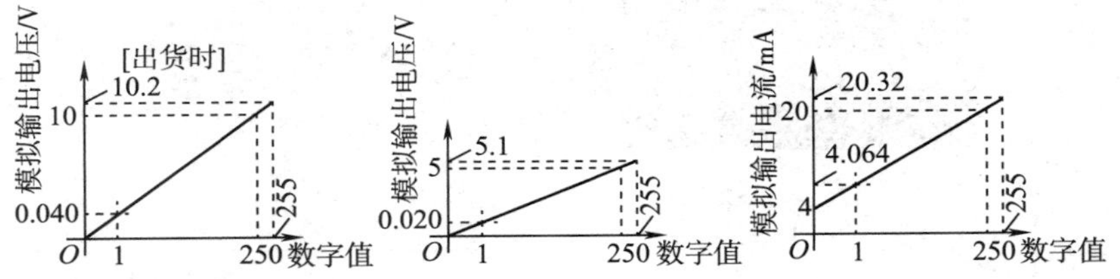

4. 缓冲寄存器的分配

FX_{0N}-3A 模块 BFM 的分配见表 7-8。

表 7-8　　FX_{0N}-3A 模块 BFM 的分配

缓冲寄存器编号	b15~b8	b7	b6	b5	b4	b3	b2	b1	b0
0	保留	通过 BFM#17 的 b0 选择的 A/D 通道的当前值输入数据（以 8 位存储）							
16		在 D/A 通道上的当前值输出数据（以 8 位存储）							
17	保留						D/A 启动	A/D 启动	A/D 通道
1~5，18~31	保留								

①BFM0 存储输入模拟信号转换成的数字量；

②BFM16 输出与数字量等量的模拟信号；

③BFM17：

b0=0，选择模拟输入通道 1；

b0=1，选择模拟输入通道 2；

b1=0→1，启动 A/D 转换处理；

b2=0→1，启动 D/A 转换处理。

5. 增益与偏移

增益与偏移是使用 FX_{0N}-3A 模块要设定的两个重要参数，可使用模块上的“A/D GAIN”“A/D OFFSET”“D/A OFFSET”和“D/A GAIN”旋钮来调整 FX_{0N}-3A 的增益与偏移，各旋钮的位置如图 7-11 所示。

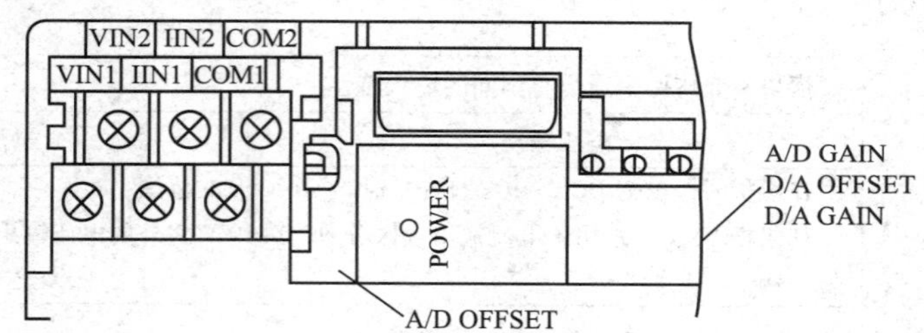

图 7-11　FX_{0N}-3A 模块的增益与偏移量调整旋钮

四、特殊功能模块的编号

如图 7-12 所示，接在 FX_{2N} 主单元右边总线上的特殊功能模块（如模拟量输入模块 FX_{2N}-4AD、温度输入模块 FX_{2N}-4AD-PT 等），从最靠近主单元（也称基本单元）的那一个开始顺次为 0~7 号。

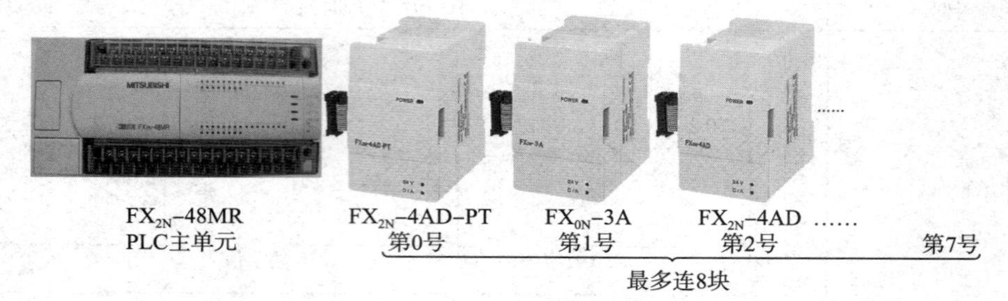

图 7-12　主单元和模块连接图

五、模拟量输入/输出模块的读写

BFM 中的数据通过 FROM 指令或 TO 指令与 PLC 主单元进行数据交换。FROM 是 PLC 主单元从 BFM 中读数据的指令，TO 是将 PLC 主单元数据写入 BFM 的指令。

1. FROM 指令

FROM 指令是 BFM 读出指令，助记符、指令代码、操作数、程序步见表 7-9。

表 7-9　　FROM 指令的属性

指令名称	助记符	指令代码	操作数				程序步
			m1	m2	D	n	
读特殊功能模块指令	FROM	FNC78	K、H（m1=0~7）	K、H（m2=0~31）	KnY、KnM、KnS、T、C、D、V、Z	K、H（n=1~32）	FROM-9 步（D）FROM-17 步

FROM 指令将第 m1 号扩展模块中从 m2 号 BFM 开始的 n 个数据读入 PLC 主单元，并存于 D 指定元件的 n 个数据寄存器中。FROM 指令的梯形图如图 7-13 所示。

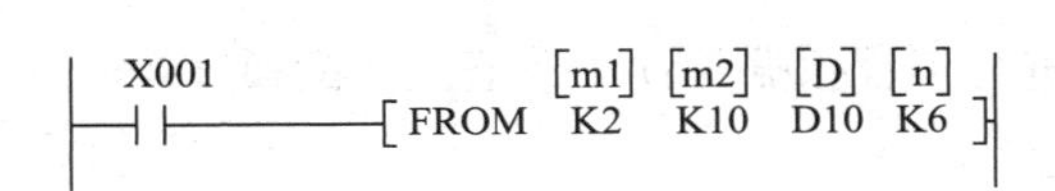

[m1] 扩展模块号m1=0~7
[m2] 扩展模块中BFM的编号m2=0~31
[D] 指定存放数据的元件号
[n] 指定扩展模块与PLC主单元之间传送的字数，16位操作时n=1~32，32位操作时n=1~16

图 7-13　FROM 指令的梯形图

图 7-13 中，第 2 号扩展模块中以 BFM#10 为首的连续 6 个 16 位数据（即#10 至#15），将传送到 PLC 主单元中以 D10 为首的 6 个寄存器（即 D10~D15）中。

当 X001 为 ON 时，扩展模块 BFM 的#10~#15 的数据不断传送到 PLC 中的 D10~D15。当 X001 为 OFF 时，停止传送。

2. TO 指令

TO 指令是 BFM 写入指令，助记符、指令代码、操作数、程序步见表 7-10。

表 7-10　　TO 指令的属性

指令名称	助记符	指令代码	操作数				程序步
			m1	m2	S	n	
写特殊功能模块指令	TO	FNC79	K、H（m1=0~7）	K、H（m2=0~31）	K、H、KnX、KnY、KnM、KnS、T、C、D、V、Z	K、H（n=1~32）	TO-9 步（D）TO-17 步

TO 指令将 PLC 主单元以 S 元件为首地址的 n 个字数据写到第 m1 号扩展模块中，并存于以 m2 号 BFM 开始的 n 个缓冲寄存器中。TO 指令的梯形图如图 7-14 所示。

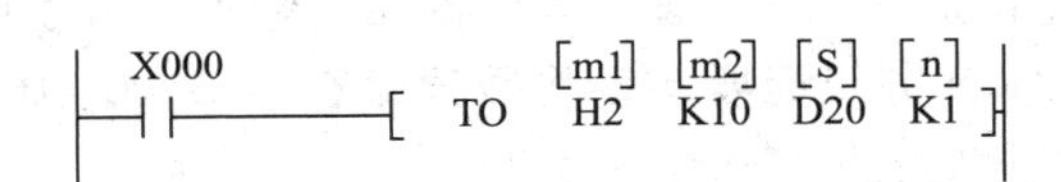

[m1] 扩展模块号m1=0~7
[m2] 扩展模块中BFM的编号m2=0~31
[S] 指定读取数据的元件号
[n] 指定扩展模块与PLC主单元之间传送的字数，16位操作时n=1~32，32位操作时n=1~16

图 7-14　TO 指令的梯形图

图 7-14 中，PLC 主单元中以 D20 为首的 1 个寄存器（即 D20）中的数据，将写到第 2 号扩展模块以 BFM#10 为首的 1 个 16 位数据（即#10）中。

当 X000 为 ON 时，PLC 中的 D20 的数据不断写到扩展模块 BFM 的#10 中。当 X000 为 OFF 时，停止写操作。

任务实施

本任务的实施需要任务中指定的硬件条件与现场控制设备，在具备硬件条件与现场控制设备的情况下，按以下步骤进行任务实施：

1. 连接并调整调试好现场控制设备，确保完好。
2. 按顺序接入 PLC 主单元、FX_{2N}-4AD-PT 特殊功能模块和 FX_{0N}-3A 特殊功能模块。
3. 确定特殊功能模块的编号。
4. 将温度传感器、压力传感器、电动调节阀的控制信号连接到相应的特殊功能模块。
5. 进行特殊功能模块 BFM 的分配。
6. 确定 A/D、D/A 转换中的比例关系，进行工程数据与读入数值之间的换算。
7. 编写用户程序。
8. 各单元单独调试后进行系统调试。

思考与练习

1. 常用的模拟量输入/输出模块有哪些？请列举 3 种。
2. FROM 指令和 TO 指令的功能是什么？

任务 2　通信模块及其应用

知识点：

- 掌握串行通信指令 RS 和并行通信指令 PRUN

技能点：

- 会使用串行通信模块和 RS 指令、PRUN 指令实现 PLC 与外部设备、PLC 与 PLC 之间的通信

任务提出

在工业控制中，经常要用到 PLC 与计算机的通信，PLC 与其他设备如变频器、触摸屏、机械手、视觉系统、数据检测系统等的通信。本任务只简要实现将数据寄存器 D100～D109 中的数据按 16 位通信传送出去，并将接收的数据转存到 D000～D008 中。

任务分析

要想完全实现 PLC 与其他设备之间数据的发送和接收，还必须有相应的支持该 PLC 通信的驱动程序，包括通信接口、端口设置、通信模式设置、程序传送、数据传送、系统监控等。应用系统不同，设置方式也不同。本任务编写的梯形图如图 7-15 所示。

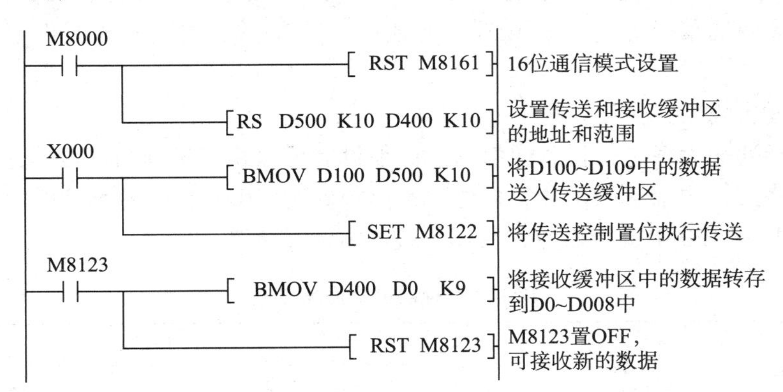

图 7-15　数据通信传送程序梯形图

相关知识

一、异步串行通信接口

RS232C 是电子工业协会（electronic industries association，EIA）在 1962 年公布的一种标准化接口。它采用按位串行的方式，传递的波特率值规定为 19 200、9 600、4 800、2 400、1 200、600、300 等。在通信距离较近且要求不高的场合可以直接采用，既简单又方便。但由于 RS232C 接口采用单端发送、单端接收，所以在使用中有数据通信速率低、通信距离近（15 m）、抗共模干扰能力差等缺点。

RS422 接口采用差动发送、差动接收的工作方式，发送器、接收器仅使用+5 V 电源，因此在通信速率、通信距离、抗共模干扰能力等方面较 RS232C 接口都有了很大提高。使用 RS422 接口，最高通信速率可达 10 Mbit/s（对应通信距离为 12 m），最大通信距离为 1 200 m（对应通信速率为 10 kbit/s）。

RS485 接口的信号传送是用两根导线之间的电位差来表示逻辑 1 和逻辑 0，这样，RS485 接口仅需两根传输线就可完成信号的接收和发送任务。传输线也采用差动接收、差动发送的工作方式，而且输出阻抗低、无接地回路问题，所以它的干扰抑制性很好，传输距离可达 1 200 m，传输速率达 10 Mbit/s。

为了适应 PLC 网络化的要求，扩大联网功能，很多的 PLC 厂家都为 PLC 开发了与上位机通信的接口或专用的通信模块，很多小型 PLC 上都设有 RS422 通信接口或 RS232C 通信接口。应用 RS422 和 RS232C 通道，可配置一个与外部计算机进行通信的系统。该系统中，PLC 和计算机相互传送数据，从而实现计算机对 PLC 的直接控制。

二、PLC 与计算机的通信

PLC 与计算机连接，构成 PLC 和计算机的综合系统，可使 PLC 与计算机互补功能上的不足。许多小型 PLC 都设有通信模块，用于与其他 PLC 或计算机的通信。如 FX 系列中有 FX-232ADP、FX-232AW，A 系列中有 AJ71C24、AD51E、AOJ2-C214 可实现此种通信功能。

FX 系列 PLC 与通信设备间的数据交换，由特殊寄存器 D8120 的内容指定，交换数据的点数、地址用串行通信指令（RS）设置，并通过 PLC 的数据寄存器和文件寄存器实现数据交换。

1. 通信参数设置

在两个串行通信设备进行任意通信前，必须设置可以相互辨认的参数，这些参数是指传送数据的信息格式，包括起始位、数据位、奇偶校验位、停止位、比特率等。这些参数都可以在数据寄存器 D8120 中进行设置，具体的设置方法见表 7-11。

表 7-11　　D8120 寄存器设置通信模式

D8120 的位	含义	位状态	
		0（OFF）	1（ON）
b0	数据长度	7 位	8 位
b1 b2	校验位 （b2 b1）	（00）无校验 （01）奇校验 （11）偶校验	
b3	停止位	1 位	2 位
b4 b5 b6 b7	比特率（b7 b6 b5 b4）	0011　300 bit/s 0100　600 bit/s 0101　1 200 bit/s 0110　2 400 bit/s 0111　4 800 bit/s 1000　9 600 bit/s 1001　19 200 bit/s	
b8	报头（起始字符）	无	D8124
b9	报尾（结束字符）	无	D8125
b10 b11	控制线	计算机链接（b11，b10） （0，0）：RS-485/RS-422 接口 （1，0）：RS-232C 接口	
b12	不可以使用		
b13	和检验码	不附加	附加
b14	协议	无协议	专用协议
b15	控制顺序	协议格式 1	协议格式 4

例如，D8120＝E89EH，其中 E89E 是数据，H 表示十六进制数。则对应的参数选择如下：

E=1110，即选择7位数据、偶校验、2位停止。

9=1001，即选择比特率为19 200 bit/s。

8=1000，即选择无报头、无报尾、计算机链接方式下的RS-232C接口。

E=1110，即选择附加和校验码、专用协议、协议格式4。

在通信参数设定时，起始字符和结束字符可以根据用户的需要自行设定，但必须注意将接收缓冲区的长度与所要接收的最长数据的长度设为一致。

2. 串行通信指令

串行通信指令是利用PLC的通信适配器FX-232ADP进行通信控制的，实现PLC与外围设备的数据传送与接收，指令形式如图7-16所示。其中，源［S］和目标［D］操作数为数据寄存器D，m的操作数为K、H、D，n的操作数为K、H。

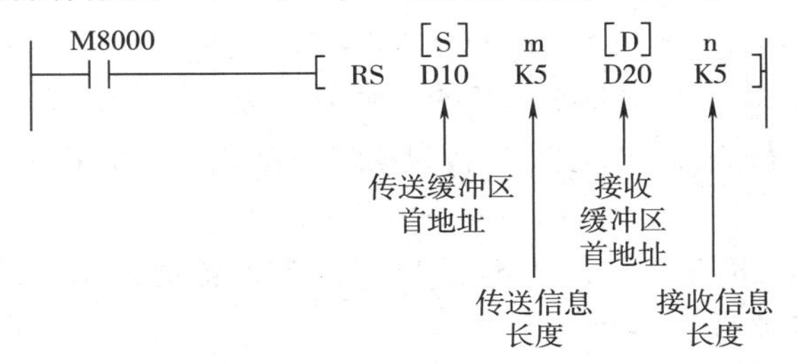

图7-16 RS指令梯形图

使用本指令时应注意，当进行信息接收时不能发送信息，此时如果执行发送，发送将被推迟（M8121为ON）。传送和接收缓冲区的大小决定每传送一次信息所允许的最大数据量，缓冲区的大小可在下列情况下修改：

传送缓冲区——在发送之前，即M8122置1之前。

接收缓冲区——在信息接收完毕之后，即M8123复位之后。

此外，RS指令中自动定义的软元件如下：

D8120——存放通信参数。

D8122——存放当前发送信息中尚未发出的字节数。

D8123——存放接收信息中已接收的字节数。

D8124——存放表示一条信息的起始字符串的ASCII，默认值为“STX”，（02）16。

D8125——存放表示一条信息的结束字符串的ASCII，默认值为“ETX”，（03）16。

M8121——传送延时标志。为ON时表示传送被延时，直到目前的数据接收操作完成。

M8122——数据传送触发标志，该标志为ON时开始传送数据。

M8123——信息接收完毕标志，该标志为ON时表示一条信息接收完毕。

M8124——载波检测标志。主要用于调制解调器通信。

M8161——8位操作或16位操作模式标志，ON时为8位操作，在各操作源或目标元件中只有低8位有效，OFF时是16位操作。

三、PLC与PLC的通信

在较大规模的控制系统中，有时需要两台或两台以上的PLC进行控制。利用光纤并行通信适配器FX40AP/AW和双绞线并行通信适配器FXW-40AW，可实现两台FX_{ZN}系列PLC

间数据的自动传送，达到两台 PLC 并联运行的目的，其原理示意图如图 7-17 所示。

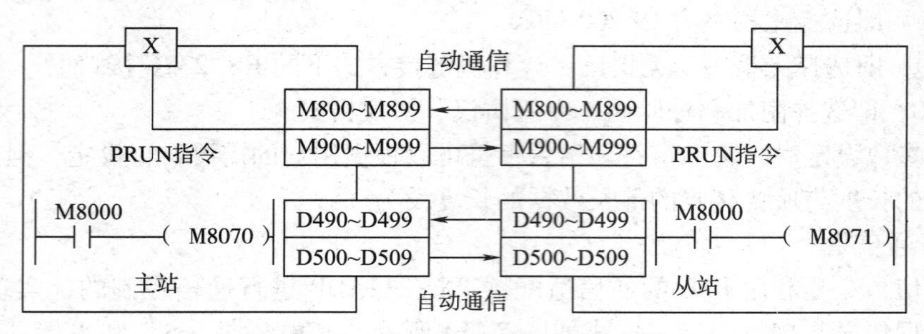

图 7-17　并行数据通信原理示意图

主站与从站之间可以是 100/100 点的 ON/OFF 的状态信号和 10 字/10 字的 16 位数据通信。用于通信的辅助继电器为 M800～M999，数据寄存器为 D490～D509。当主站的标志 M8070 和从站的 M8071 都为 ON 时才能执行数据的自动通信，而且必须在 PLC 处于 STOP 状态时进行。

数据传送使用并行通信指令（PRUN），可把源数据传送到指定的位元件区域，用专用的标志 M8070 和 M807l 来控制其传送。

例如，将主站 X00～X17 的状态通过 M800～M817 传送到从站。从站接收到信号后，如果 M800 和 M810 同时为 ON，则向主站发出收到信号，置 M900 为 ON，梯形图如图7-18所示。图中，［S］指定的操作单元为 KnX、KnM（n=1～8），［D］指定的操作单元为 KnX、KnY（n=1～8）。

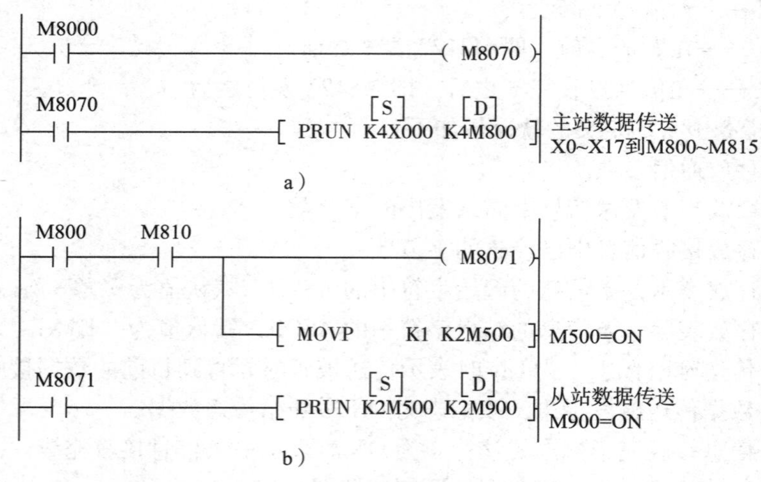

图 7-18　数据通信程序梯形图

a）主站程序　b）从站程序

任务实施

本任务的实施需要任务中指定的硬件条件与现场控制设备，在具备硬件条件与现场控制设备的情况下，按以下步骤进行任务实施：

1. 连接并调整调试好现场控制设备，确保完好。
2. 将 FX-232ADP 接入 PLC 主单元并利用通信线连接 PLC 与计算机。
3. 各单元单独调试后进行系统调试。

思考与练习

1. 传送缓冲区和接收缓冲区的大小分别在什么情况下可以修改？
2. FX 系列 PLC 与通信设备间是如何进行数据交换的？

附 录

附录1　FX_{2N} 系列PLC的特殊元件

一、PLC状态

元件号/名称	动作/功能
M8000（§）RUN监控常开触点	RUN；M8004；M8000；M8001；M8002；M8003；扫描时间
M8001（§）RUN监控常闭触点	
M8002（§）初始脉冲常开触点	
M8003（§）初始脉冲常闭触点	
M8004（§）出错	M8060或M8067接通时为ON
M8005（§）电池电压低	电池电压异常（低）时动作
M8006（§）电池电压低锁存	检出低电压后，若为ON，则将其值锁存
M8007（§）电源瞬停检出	M8007为ON的时间比D8008短，则PC将继续运行
M8008（§）停电检出	参照下图 若ON→OFF则复位
M8009（§）DC 24 V关断	基本单元、扩展单元、扩展块的任一DC 24电源关断则接通

元件号/名称	寄存器内容
D8000 警戒时钟	初始设置值：100 ms（PC电源接通时将ROM中的初始数据写入）可以以1 ms为单位改写
D8001（§）PC型号及系统版本	2 | 1 0 2 FX　V1.02　BCD数据
D8002（§）存储器容量	0002~2 K步 0004~4 K步 0008~8 K步
D8003（§）存储器类型	RAM/EEPROM/EPROM 内装/外接存储卡保护开关ON/OFF状态
D8004（§）出错M编号	8 0 8 0　BCD数据 8060~8068（M8004 ON）
D8005（§）电池电压	当前电压值（BCD码），以0.1 V为单位
D8006（§）电池电压低下时电压	初始值：3.0 V，PC上电时由系统ROM送入
D8007（§）瞬停次数	存储M8007为ON的次数，关闭电源后数据清除
D8008（§）停电检出时间	初始值10 ms（1 ms为单位） 上电时，读入系统ROM中数据，参照下图
D8009 DC 24 V关断的单元号	写入DC 24 V关断的基本单元、扩展单元、扩展块中最小的输入元件号

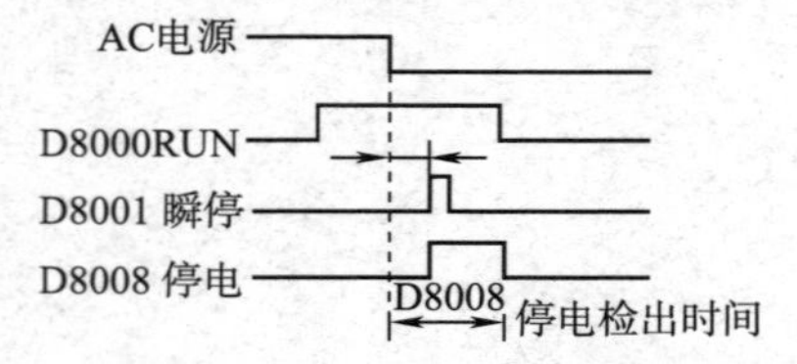

注：（1）用户程序不能驱动标有（§）记号的元件；
（2）除非另有说明，D中的数据通常用十进制表示。

当用AC 220 V电源供电时，D8008中的电源停电时间检测周期可用程序在10~100 ms范围内设置。

二、时钟

元件号/名称	动作/功能	元件号/名称	寄存器内容
M8010		D8010（§） 当前扫描时间	当前扫描周期时间（以0.1 ms为单位）
M8011（§） 10 ms时钟	每10 ms发一脉冲		
M8012（§） 100 ms时钟	每100 ms发一脉冲	D8011（§） 最小扫描时间	扫描时间的最小值（以0.1 ms为单位）
M8013（§） 1 s时钟	每1 s发一脉冲	D8012 最大扫描时间	扫描时间的最大值①（以0.1 ms为单位）
M8014（§） 1 min时钟	每1 min发一脉冲	D8013	

①不包括M8039接通时的定时扫描等待时间。

三、标志

元件号/名称	动作/功能	元件号/名称	寄存器内容
M8020（§） 零标志	加减运算结果为“0”时置位	D8020	
M8021（§） 借位标志	减运算结果小于最小负数值时置位	D8021	
M8022（§） 进位标志	加运算有进位或结果溢出时置位	D8022	
M8023		D8023	
M8024		D8024	
M8025	外部复位HSC方式	D8025	
M8026	RAMP保持方式	D8026	
M8027	PR 16数据方式	D8027	
M8028		D8028（§）	Z数据寄存器
M8029（§） 指令执行完成	指令完成时置位 如FNC 72（DSW）	D8029（§）	V数据寄存器

四、PC 模式

元件号/名称	动作/功能	元件号/名称	寄存器内容
M8030 电池欠压 LED 灭	M8030 接通后即使电源电压低，PC 面板上的 LED 也不亮	D8030	
M8031 全清非保持存储器	当 M8031 和 M8032 为 ON 时，Y、M、S、T 和 C 的映像寄存器及 T、D、C 的当前值寄存器全部清零。由系统 ROM 置预置值的数据寄存器和文件寄存器中的内容不受影响	D8031	
M8032 全清保持存储器		D8032	
M8033 存储器保持	PC 由 RUN→STOP 时，映像寄存器及数据寄存器中的数据全部保留	D8033	
M8034 禁止所有输出	虽然外部输出端均为“OFF”，但 PC 中的程序及映像寄存器仍在运行	D8034	
M8035① 强制 RUN 方式	用 M8035、M8036、M8037 可实现双开关控制 PC 启/停。即 RUN 为启动按钮，X00 为停止按钮②	D8035	
M8036① 强制 RUN 信号		D8036	
M8037① 强制 STOP 信号		D8037	
M8038		D8038	
M8039 定时扫描方式	M8039 接通后，PC 以定时扫描方式运行，扫描时间由 D8039 设定	D8039 定时扫描时间	初始值：0 ms，PC 通电时由系统 ROM 送入 可以 1 ms 为单位改变

①当 PC 由 RUN→STOP 时，M 继电器关断。
②无论 RUN 输入是否为 ON，当 M8035 或 M8036 由编程器强制为 ON 时，PC 运行。
在 PC 运行时，若 M8037 强制置 OFF，PC 停止运行。

五、步进顺控

元件号/名称	操作/功能	元件号/名称	寄存器内容
M8040 禁止状态转移	M8040 接通时禁止状态转移	D8040（§） ON 状态编号 1	状态 S0～S999 中正在动作的状态的最小编号存在 D8040 中，其他动作的状态号由小到大依次存在 D8041～D8047 中（最多 8 个）
M8041① 状态转移开始	自动方式时从初始状态开始转移	D8041（§） ON 状态编号 2	
M8042 启动脉冲	启动输入时的脉冲输出	D8042（§） ON 状态编号 3	
M8043① 回原点完成	原点返回方式的结束后接通	D8043（§） ON 状态编号 4	
M8044① 原点条件	检测到机械原点时动作	D8044（§） ON 状态编号 5	
M8045 禁止输出复位	方式切换时，不执行全部输出的复位	D8045（§） ON 状态编号 6	
M8046（§） STL 状态置 ON	M8047 为 ON 时若 S0～S899 中任意一处接通则为 ON	D8046（§） ON 状态编号 7	
M8047 STL 状态监控有效	接通后 D8040～D8047 有效	D8047（§） ON 状态编号 8	
M8048（§） 报警器接通	M8049 接通后 S900～S999 中任意一处为 ON 时接通	D8048	
M8049 报警器有效	接通时 D8049 的操作有效	D8049（§） ON 状态最小编号	存储报警器 S900～S999 中 ON 状态的最小编号

①当 PC 由 RUN→STOP 时，M 继电器关断。
注：当执行 END 指令时，所有与 STL 状态相连的数据寄存器都被刷新。

六、禁止中断

元件号/名称	操作/功能	元件号/名称	寄存器内容
M8050 I0□□禁止	由 FNC（EI）开中断后，可通过相应特殊辅助继电器禁止个别中断输入 例如，当 M8050 为 ON 时，I0□□中断被禁止	D8050	
M8051 I1□□禁止		D8051	
M8052 I2□□禁止		D8052	
M8053 I3□□禁止		D8053	
M8054 I4□□禁止		D8054	
M8055 I5□□禁止		D8055	
M8056 I6□□禁止		D8056	
M8057 I7□□禁止		D8057	
M8058 I8□□禁止		D8058	
M8059		D8059	

七、出错检测

编号	名称	PROGE 灯	PC 状态	编号	数据寄存器的内容	
M8060（§）	I/O 编号错	OFF	RUN	D8060（§）	引起 I/O 编号错的第一个 I/O 元件号①	
M8061（§）	PC 硬件错	闪动	STOP	D8061（§）	PC 硬件出错码编号	见出错码表
M8062（§）	PC/PP 通信错	OFF	RUN	D8062（§）	PC/PP 通信错的错码编号	
M8063（§）①	并机通信错	OFF	RUN	D8063（§）①	并机通信错码编号	
M8064（§）	参数错	闪动	STOP	D8064（§）	参数错的错码编号	
M8065（§）	语法错	闪动	STOP	D8065（§）	语法错的错码编号	
M8066（§）	电路错	闪动	STOP	D8066（§）	电路错的错码编号	
M8067（§）②	操作错	OFF	RUN	D8067（§）②	运算错的错码编号	
M8068	运算错锁存	OFF	RUN	D8068	运算错步序编号（锁存）	
M8069	I/O 总线检查③	—	—	D8069（§）③	M8065~M8067 错误的步序号	

①如果对应于程序中所编的 I/O 号（基本单元、扩展单元、扩展模块上的）并未装在 PLC 上，则 M8060 置 ON，其最小元件号写入 D8060 中。

②当由 STOP→ON 时断开。

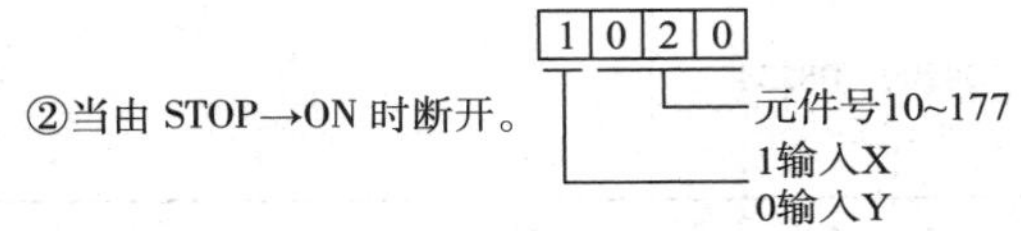

③M8069 接通后，执行 I/O 总线校查，如果有错，将写入出错码 6013 且 M8061 置 ON。

八、通信及特殊操作

元件号	操作/功能	元件号	数据寄存器内容
M8070	联机运行作为主站时为 ON	D8070（§）	确认联机运行出错等待时间 500 ms
M8071	联机运行作为从站时为 ON	D8071	
M8072（§）	联机运行时为 ON	D8072	
M8073（§）	联机运行时，若 M8070/M8071 设置不正确为 ON	D8073	
M8074		D8074	采样剩余次数
M8075	采样扫描准备开始指令	D8075	采样多次设置（1~512）
M8076	采样扫描运行开始指令	D8076	采样周期
M8077	采样扫描运行中标志	D8077	触发器指定
M8078	采样扫描结束标志	D8078	触发条件元件编号设置
M8079	扫描次数 512 次以上为 ON	D8079	采样数据指针
M8080		D8080	位元件编号 No. 0
M8081		D8081	位元件编号 No. 1
M8082		D8082	位元件编号 No. 2
M8083		D8083	位元件编号 No. 3
M8084		D8084	位元件编号 No. 4
M8085		D8085	位元件编号 No. 5
M8086		D8086	位元件编号 No. 6
M8087		D8087	位元件编号 No. 7
M8088		D8088	位元件编号 No. 8
M8089		D8089	位元件编号 No. 9
M8090		D8090	位元件编号 No. 10
M8091		D8091	位元件编号 No. 11
M8092		D8092	位元件编号 No. 12
M8093		D8093	位元件编号 No. 13
M8094		D8094	位元件编号 No. 14
M8095		D8095	位元件编号 No. 15
M8096		D8096	位元件编号 No. 0
M8097		D8097	位元件编号 No. 1
M8098		D8098	位元件编号 No. 2
M8099	高速环形计数器操作	D8099	环形计数器增计数，计数范围 0~32 767（以 0.1 ms 为单位）

九、加/减计数器

编号	功　能	编号	寄存器内容
M8200~M8234	M8000 为 ON 时，计数器 C□□□为减计数方式，为 OFF 时为加计数方式	D8200~D8234	

注：M8100~M8199 及 D8100~D8199 未使用。

十、高速计数器

编号	功　　能	编号	寄存器内容
M8235	M8□□□为 ON 时，单相高速计数器 C□□□为减计数方式；为 OFF 时为加计数方式	D8235（§）	保留为将来扩展功能用，用户编程时不要使用
M8236		D8236（§）	
M8237		D8237（§）	
M8238		D8238（§）	
M8239		D8239（§）	
M8240		D8240（§）	
M8241		D8241（§）	
M8242		D8242（§）	
M8243		D8243（§）	
M8244		D8244（§）	
M8245		D8245（§）	
M8246（§）	M8□□□为 ON 时，单相双输入计数器或双相计数器 C□□□为减计数方式；为 OFF 时为加计数方式	D8246（§）	
M8247（§）		D8247（§）	
M8248（§）		D8248（§）	
M8249（§）		D8249（§）	
M8250（§）		D8250（§）	
M8251（§）		D8251（§）	
M8252（§）		D8252（§）	
M8253（§）		D8253（§）	
M8254（§）		D8254（§）	
M8255（§）		D8255（§）	

附录2 出 错 码 表

一、出错码表一

<table>
<tr><th>错误类型</th><th>出错码</th><th>出错内容</th><th>处理办法</th></tr>
<tr><td rowspan="4">D8061
PC 硬件出错</td><td>0000</td><td>无错</td><td rowspan="4">检查扩展电缆的连接是否正确</td></tr>
<tr><td>6101</td><td>RAM 错</td></tr>
<tr><td>6102</td><td>运行电路错</td></tr>
<tr><td>6103</td><td>I/O 总线错（M8069 为 ON 时）</td></tr>
<tr><td rowspan="6">D8062
PC/PP 通信出错</td><td>0000</td><td>无错</td><td rowspan="6">检查编辑器与 PC 是否接触良好</td></tr>
<tr><td>6201</td><td>奇偶出错，溢出出错
成帧出错</td></tr>
<tr><td>6202</td><td>通信字符错</td></tr>
<tr><td>6203</td><td>通信数据检查和出错</td></tr>
<tr><td>6204</td><td>通信数据格式错</td></tr>
<tr><td>6205</td><td>指令错</td></tr>
<tr><td rowspan="7">D8063
联机通信错</td><td>0000</td><td>无异常</td><td rowspan="7">检查项目：
两台机器的电源是否都已接通
各机器的通信适配器是否连接良好</td></tr>
<tr><td>6301</td><td>奇偶出错，溢出出错
成帧出错</td></tr>
<tr><td>6302</td><td>通信字符错</td></tr>
<tr><td>6303</td><td>通信数据检查和错</td></tr>
<tr><td>6304</td><td>数据格式错</td></tr>
<tr><td>6305</td><td>指令错</td></tr>
<tr><td>6306</td><td>警戒时钟错</td></tr>
<tr><td rowspan="7">D8064
参数出错</td><td>0000</td><td>无异常</td><td rowspan="7">停止 PC，用参数方式设定正确的值</td></tr>
<tr><td>6401</td><td>程序检查和出错</td></tr>
<tr><td>6402</td><td>存储器容量设置错</td></tr>
<tr><td>6403</td><td>保持区设置错</td></tr>
<tr><td>6404</td><td>注释区域设置错</td></tr>
<tr><td>6405</td><td>文件寄存器的区域设置错</td></tr>
<tr><td>6409</td><td>其他设置错</td></tr>
<tr><td rowspan="7">D8065
语法出错</td><td>0000</td><td>无异常</td><td rowspan="7">编写程序时仔细检查每个指令，如果查出语法错，则在编程方式下修改</td></tr>
<tr><td>6501</td><td>不正确的指令、元件符号地址号组合</td></tr>
<tr><td>6502</td><td>设定值前无 OUTT、OUTC</td></tr>
<tr><td>6503</td><td>（1）OUTT、OUTC 指令后无设定值
（2）功能指令的操作数个数不足</td></tr>
<tr><td>6504</td><td>（1）标号号码重复
（2）重复使用同一中断输入或高速计数器输入口</td></tr>
<tr><td>6505</td><td>元件编号超出范围</td></tr>
<tr><td>6509</td><td>其他错</td></tr>
</table>

二、出错码表二

错误类型	出错码	出 错 内 容	处理办法
D8066 电路出错	0000	无异常	在校验输入的电路块时，如果指令的组合发生错误将产生电路错。应在编程时校正指令的错误
	6601	LD 或 LDI 连续使用了 9 次及以上	
	6602	（1）无 LD、LDI 指令 LD、LDI 及 ANB、ORB 使用错误 （2）以下指令未与母线相连： STL，RET，MCR，P（指针），I（中断），EI，DI，SRET，IRET，FOR，NEXT，FEND，END	
	6603	MPS 连续使用 12 次及以上	
	6604	错误使用 MPS、MRD 和 MPP	
	6605	（1）STL 连续使用 9 次及以上 （2）STL 中有 MC、MCR、I（中断）、SRET （3）STL 外有 RET （4）STL 无 RET	
	6606	（1）无 P（指针）、I（中断） （2）无 SRET、IRET （3）主程序中有 I（中断）、SERT、IRET （4）子程序和中断程序中有 STL、RET、MC、MCR	
	6607	（1）FOR 与 NEXT 关系不正确。嵌套为 6 级及以上 （2）FOR-NEXT 之间有 STL、RET、MC、MCR、IRET、SRET、FEND、END 指令	
	6608	（1）非法的 MC-MCR 关系 （2）无 MCR 编号 （3）在 MC 和 MCR 块中有 SRET、IRET 或 I（中断）指令	
	6609	其他	

三、出错码表三

出错类型	出错码	出 错 内 容	处理办法
D8067 运算出错	0000	无异常	这些错误在程序执行时产生。当运算错误发生时，停止 PC，转到编程方式下修改程序 有时当无语法错误时也会出错 如下例： D500Z 不引起错误。但作为运算结果的 Z 值如果为 100（Z= 100），则 D500Z 等于 D600，超出了允许元件号的范围，因此会产生错误
	6701	（1）CJ、CALL 指令无跳转目标 （2）END 指令后有标号 （3）FOR-NEXT 内或子程序内有独立的标号	
	6702	CALL 的嵌套层数为 6 及以上	
	6703	中断的嵌套层数为 3 及以上	
	6704	FOR-NEXT 的嵌套层数为 6 及以上	
	6705	功能指令使用了非法目标元件	
	6706	功能指令使用了非法目标元件	
	6707	所用的文件寄存器在设定范围之外	
	6709	其他（无 IRET 或 SRET、FOR-NEXT 非法关系等）	

附录3 知识点索引

一、PLC 控制器常识

二、PLC 的内部结构和控制系统

三、PLC 工作原理

四、编程元件

五、指令系统

六、实用技巧

参考文献

[1] 廖常初. PLC基础及应用 [M]. 北京：机械工业出版社，2004.
[2] 张万忠. 可编程控制器应用技术 [M]. 北京：化学工业出版社，2001.
[3] 李俊季，赵黎明. 可编程控制器应用技术实训指导 [M]. 北京：化学工业出版社，2001.
[4] 张桂香. 电气控制与PLC应用 [M]. 北京：化学工业出版社，2003.
[5] 钟肇新，范建东. 可编程控制器原理及应用 [M]. 3版. 广州：华南理工大学出版社，2003.
[6] 吕景泉. 可编程控制器技术教程 [M]. 北京：高等教育出版社，2000.
[7] 方爱平. PLC与变频器技能实训——项目式教学 [M]. 北京：高等教育出版社，2011.
[8] 岳庆来. 变频器、可编程序控制器及触摸屏综合应用技术 [M]. 北京：机械工业出版社，2008.
[9] 瞿彩萍，张伟林. PLC应用技术 [M]. 北京：人民邮电出版社，2007.